Nobel Prize
Master
诺奖大师通识经典

UNREAD

THE RESTLESS UNIVERSE

MAX BORN

永不停息的宇宙

经典物理到量子物理的转折

[德]
马克斯·玻恩
著

左安浦 译

北京联合出版公司
Beijing United Publishing Co.,Ltd.

永不停息的宇宙：经典物理到量子物理的转折

[德] 马克斯·玻恩 著
左安浦 译

图书在版编目（CIP）数据

永不停息的宇宙：经典物理到量子物理的转折 / (德) 马克斯·玻恩著；左安浦译. -- 北京：北京联合出版公司, 2023.3

ISBN 978-7-5596-6619-2

Ⅰ. ①永… Ⅱ. ①马… ②左… Ⅲ. ①物理学－普及读物 Ⅳ. ①O4-49

中国国家版本馆CIP数据核字(2023)第011596号

出 品 人	赵红仕
选题策划	联合天际·边建强
责任编辑	夏应鹏
特约编辑	孙成义　张启蒙
美术编辑	梁全新
封面设计	吾然设计工作室

出　　版	北京联合出版公司 北京市西城区德外大街83号楼9层 100088
发　　行	未读（天津）文化传媒有限公司
印　　刷	北京联兴盛业印刷股份有限公司
经　　销	新华书店
字　　数	220千字
开　　本	787毫米 × 1092毫米 1/16　17.75印张
版　　次	2023年3月第1版　2023年3月第1次印刷
I S B N	978-7-5596-6619-2
定　　价	75.00元

关注未读好书

客服咨询

本书若有质量问题，请与本公司图书销售中心联系调换
电话：(010) 52435752

献给

我的儿子

古斯塔夫

致读者

你也许很奇怪，为什么本书中有那么多相似的图片。很可能你已经发现了它们的作用。我将试着向你描述永不停息的宇宙，试着让你亲眼看到它的一些内在秘密。你会不时读到“动画 ×”之类的字眼，这时你可以把书横过来，从第120页往前翻，或从第121页往后翻，文字外侧的图片就会形成动画效果。因此，阅读本书前半部分时，你最好右手拿书，用左手的拇指在书页上快速翻动；而阅读后半部分时，左右手操作相反。先快速浏览每一部“动画”，然后慢一点儿，仔细观察究竟发生了什么。

马克斯·玻恩

目录

而在沉静的书斋里，哲人在沉思，设计
奥妙的图形，探究创造的精神，
试验物质的强力，观察磁铁的爱憎，
研究空气的传声、大气的透光，
通过偶然的奇迹探寻可靠的规律，
透过现象追求永恒的终极。[1]

——席勒，《散步》

① 译文参考了钱春绮的译本。后续注释如无特别说明，均为译者注。

第一章

空气及其相关物质

很奇怪，竟然有那么一个词，用来形容严格来说并不存在的事物。这个词就是“停息”。

我们会区分活物和死物，区分运动物体和静止物体。这是一种原始的观点。那些看上去是死物的东西，比如一块石头或者谚语中的“门钉”[①]，实际上一直在运动。我们只是习惯于通过外表来判断，习惯于依赖自己感官所提供的欺骗性印象。

我们必须学会用新的、更准确的方法描述事物。我们说，电影院的空气很“差”，山上的空气很“好”。但“好”或“差”并不是空气的属性，而是混在空气里的物质（包括灰尘、煤烟、水蒸气等）的属性。那么，空气究竟是什么？

1. 气压

我们在呼吸时一直需要空气。我们都知道，肺从空气中

---

① 门钉（doornail）：在英语中，如果说一个东西“as dead as a doornail”，意思是它已经彻底死了。

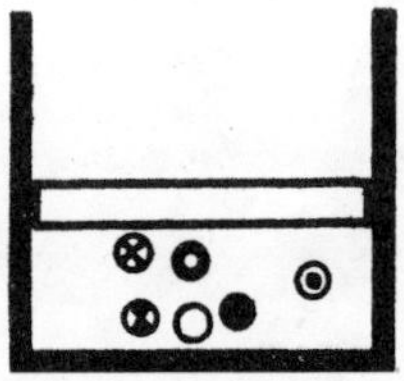

获得我们赖以生存的氧气。这属于化学，我们以后再谈。

闭上嘴巴，我们可以用吸入的空气吹鼓自己的脸颊。这属于物理学。事实上，这是关于气压的最简单的实验。然而，通过使用气泵，比如自行车打气筒，我们可以了解更多关于空气的知识。当我们往下推活塞的时候，打气筒内的空气就被挤压在一起，也就是说，我们压缩了空气。然后空气推开一个阀门，找到进入轮胎的路。你可能已经注意到了，打完气之后，打气筒变得很烫。你可能认为是摩擦导致发热，就像你在摩擦手掌时感到温暖。的确，一部分热量是摩擦产生的，但大部分热量的产生有别的原因。一项实验可以证明这一点：摘下打气筒夹在轮胎上的夹子，直接向空气中打气。这时，打气筒的温度几乎没有升高。因此，给轮胎打气是一个“压缩加热”的例子。

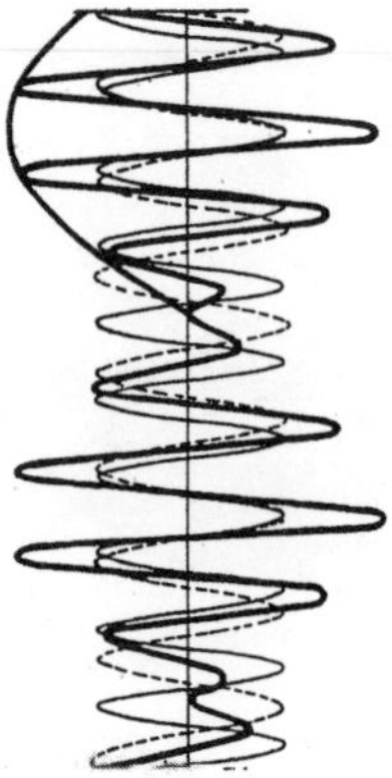

自行车打气筒是一种压缩泵。此外还有抽气泵，它可以把空气从封闭的容器里吸出来。例如，抽气泵可以用于制造电灯泡，抽走电灯泡里的空气就可以避免纤细的金属灯丝燃烧。由于现代科学的进步，我们可以制造出非常高效的泵，它能抽走封闭容器里几乎所有的空气（或气体）。但在这里我们不能详细讨论泵的结构。我们感兴趣的问题是：空气是怎样的物质？是什么阻止了我们把它挤压在一起？为什么它一有机会就立即向周围的空间扩散？

想象一下假期前学校里的一个班级。放学铃声响了，教室的门开了，孩子们急匆匆地跑出去，一两分钟后教室就变

图1

得“稀薄”（几乎没有一个人）。（图1）几分钟后，走廊上孩子的“浓度”也很低了。很快，所有学生都走出了学校的正门。假期开始了，校园里变成一片“真空”。

至少在1950年之前的100年或更长的时间里，物理学家对空气性质的看法就是这样的。物理学家理所当然地认为空气是由大量微小粒子构成的，他们把这些粒子称为“分子”。这些分子不停飞舞，不断相互碰撞，也不断与装空气的容器壁碰撞。如果容器壁的一部分可以移动，就像气泵里的活塞（图2），那么持续不断的分子“冰雹”就会把活塞往外推，除非活塞的另一头有什么东西阻止它移动。成群的分子倾向于在它们能到达的空间里均匀分布。如果通过挤压空气（就像往下推打气筒的活塞）使它变得更“浓厚”（密度更大），那么只要存在裂隙，分子就会由此逸出，直到它们再次在整个空间中均匀分布（尽管变得更为稀薄）。

图2

你也许会说：“是的，这很有可能，但要如何证明呢？为什么分子会有‘假日感’，像学校里即将放假的孩子一样，急匆匆地从门口冲出去呢？”

很好。我们已经建立了一种物理理论，现在必须做好准备出示证据来支持这种理论。

这种理论叫“气体分子运动论”。这个名字表明，该理论是基于分子的运动，也就是基于分子的永不停息。气体分子运动论不仅适用于空气，而且一般认为也适用于它的所有亲戚（其他气体），比如空气的组成成分——氧气和氮气，能燃

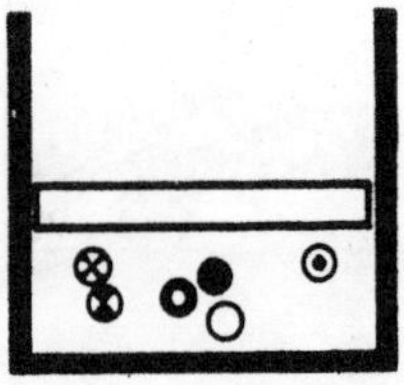

烧的氢气，可以灭火的二氧化碳，有毒的一氧化碳，气味强烈的氨气，黄绿色的氯气，被称为“惰性气体”、完全不参与化学反应的氖气和氩气，以及其他不计其数的气体。

曾经有一段时间，科学家习惯于区分“永久性”气体和其他气体，他们认为，“永久性”气体不能被液化，其他气体则是液体或固体物质的“蒸气”，比如水蒸气是液态水的蒸气。然而，随着能达到的温度越来越低（图3），气体一个接一个地被液化，首先是二氧化碳（−78.5℃），接着是空气（−193℃），然后是其他我们熟悉的气体。最后只剩下一种未被液化的气体——氦气。但最终，卡末林·昂内斯①在−269℃的极低温度下也成功地使其液化了。

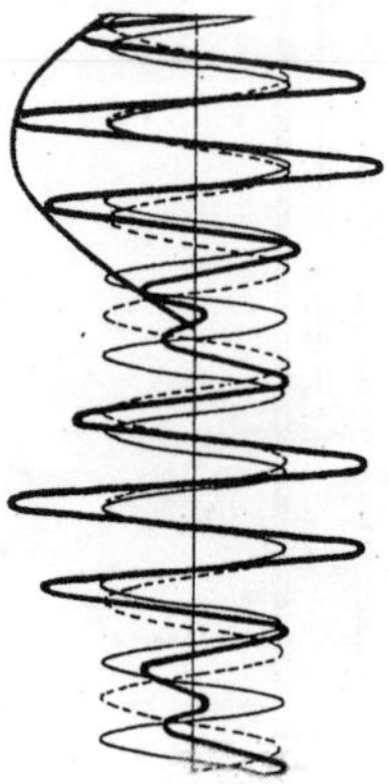

很明显，气体与固、液体的蒸气之间没有实质性的差别。相反，任何液体或固体都可以在高温下蒸发，转化为真正的气体。只要加热到足够高的温度，没有物质不会熔化或蒸发，即使铁、金、铂也不例外。钨是最难蒸发的金属之一，其沸点估计为4800 ℃②。

因此，只要温度足够高，气体的概念就可以包含一切物质；而气体分子运动论被认为适用于一切处于气态的物质。

现在，我们必须给出支持气体分子运动论的证据。

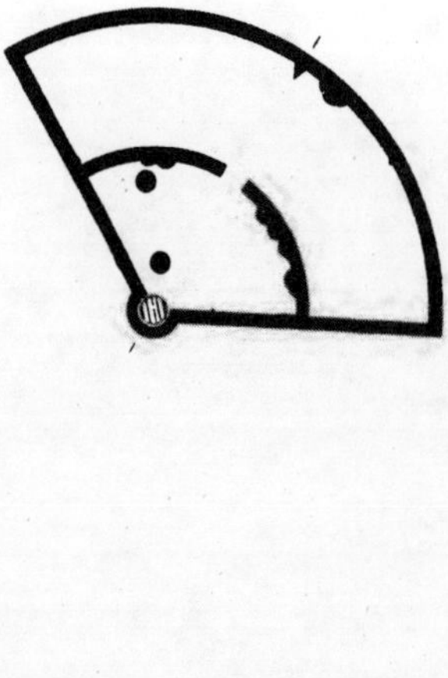

① 海克·卡末林·昂内斯（Heike Kamerlingh Onnes，1853—1926），荷兰物理学家，超导现象的发现者，低温物理学的奠基人。1913 年获得诺贝尔物理学奖。

② 原文如此，现在一般认为，钨的沸点接近 6000 ℃。

2. 碰撞及其影响

可以提出其他的理论吗？例如，我们可以设想组成空气的粒子并非奔腾不息，而是静止在容器内，且粒子之间有排斥力。当容器体积增大时，粒子就会因为这种相互排斥而任意膨胀。

一种对我们真正有用的理论，必须满足两个检验条件。第一，它不可以利用未经实验验证的想法，不能仅仅为了应付某些特定的难题而引入特殊的假设。第二，该理论不仅要解释我们已经知道的所有事实，还必须能够预测我们以前不知道的、可以通过进一步实验加以证实的其他事实。

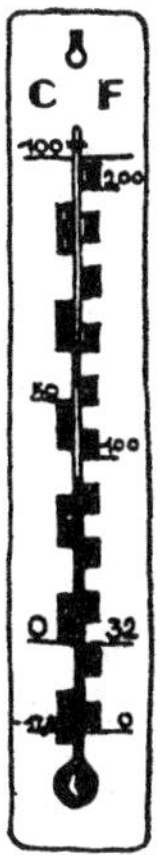

图3

现在我们来考虑上述那种理论。“空气中的粒子相互排斥”，这一假设与我们已知的所有的事实并不能完全相符，而且很明显是被强行拿来应付一个特定的难题。众所周知，我们可以通过冷却和压缩来液化空气。也就是说，当空气分子彼此非常靠近的时候，它们会相互吸引并粘在一起。但是，如果距离较远时每个空气粒子就相互排斥，那么距离较近时，两个空气液滴也应该强烈地相互排斥。所以排斥理论不成立。

另外，气体分子运动论的基础是一些我们已经确证的东西，即运动物体的力学定律，特别是惯性定律和碰撞定律。

大多数人看到“力学”这个词会联想到车间和机器。然而在这里，我们关心的并不是车床和铣床的机械部件，而是起源于天文学的一个科学分支，该分支研究运动的物体及决定其运动的定律。不幸的是，地球上的物体太密集，有太多

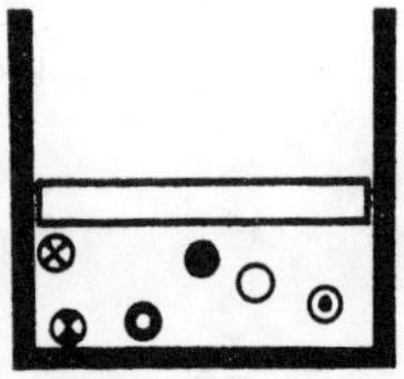

不可控的影响因素，因此很难以纯粹而简单的形式观察到它们遵从着某种运动定律。相反，人为地设计实验是必要的。读者可能还隐约记得枯燥的物理课堂上的那些实验，它们用到了单摆（图4）或者记录物体下落的仪器等。若有人认为自己已经听够了这些运动定律，他可以跳过本节后面的内容，不过依我看，他待会儿可能还要回到这里。

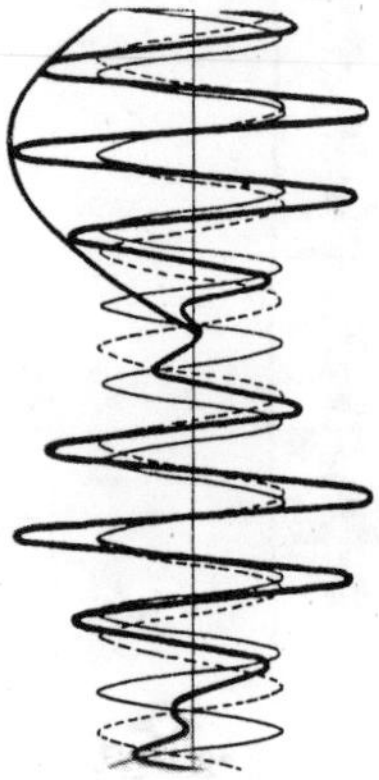

然而，考虑到其他读者，我将简要地介绍最重要的力学定律。这些定律在伽利略时代就为人所熟知。伽利略是最早提出速度①、加速度、质量和力等概念的人，并通过举例清楚地说明其含义。而我将以熟悉的台球为例（图5）。

真正证明力学价值的领域是牛顿创立的天体运动理论。可以说，在经受了天上的考验之后，力学又被带回到人间来解释地上的现象。

力学的第一条基本定律是惯性定律。惯性定律指出，任何不受其他物体干扰而自由运动的物体，都会保持它已有的运动状态。

显然，这样的表述很难通过地球上的实验加以验证。我们怎么可能把一个物体分离出来，使它不受任何外界干扰呢？哪怕在最理想的情况下，我们也摆脱不了地球自身的引力。然而，在台球的例子中，这个条件至少部分满足了：重力竖直向下，对球的水平运动没有影响；而且，除了球杆的

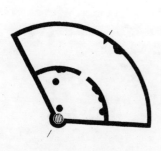

① 速度既考虑大小，又考虑方向；速率只考虑大小，不考虑方向。

作用，只剩下一点儿摩擦力和空气阻力。实际上，台球竞技就是惯性定律的一系列应用。击球使台球有了一定的速度，在击球后的一段时间内，台球仍然在以这个速度滚动。所有球类运动和许多其他例子中都有这种情况，例如，汽车并不会在关闭引擎的瞬间停下来。

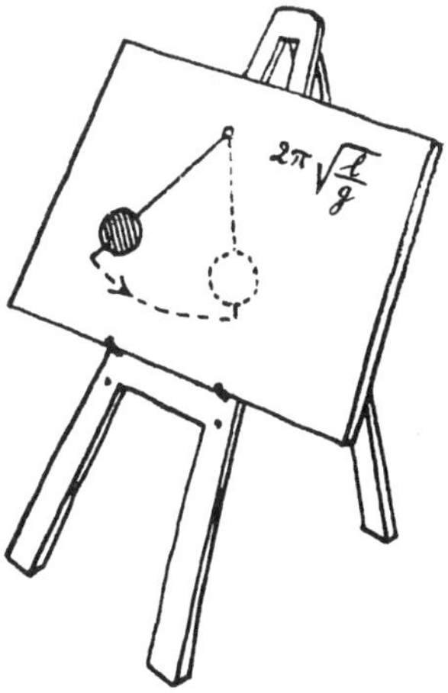

图4

然而，不同的物体具有不同的惯性。假设我们用轻的乒乓球取代台球中的母球。同样的力度，打在台球身上会使它缓慢地在绿色桌面上滚动很远的距离，打在乒乓球身上则会使它获得很大的速度并很快就消失在眼前：这样的乒乓球停下来所需的时间甚至比台球更短。这种行为差异所依赖的性质，我们称为球的“质量”。质量是一个人造的概念，我们用这个词表示“惯性的度量”，而非通常所说的“物质的数量”。台球的惯性比乒乓球的大，当受到同样力度的击打时，重球比轻球加速慢；但从另一角度来说，在摩擦力的作用下，重球能比轻球更持久地维持速度。

图5

读者必须清晰地理解：“沉重”不代表“迟缓”。物体所受的重力竖直指向下方。如果我们分别把这两个球放在厨房弹簧秤的托盘上，由于它们重量不同，弹簧被压缩的程度也不同（图6）。然而，用球杆击球的时候，重力不会参与进来，因为重力在水平方向上没有影响。在这个例子中，由于运动的持续性或惯性，相同的击球力量导致了不同的结果。重量是重力的度量，质量是惯性的度量。

图6

我们可以通过下列实验来确定一个物体的质量。我们可

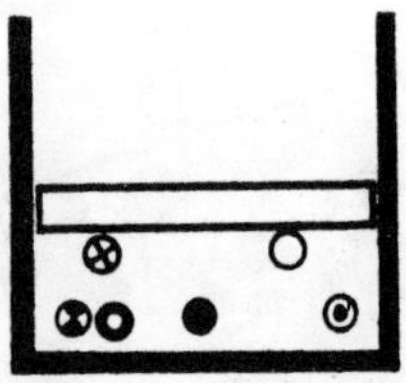

以设置一种装置，从而给予每个球相同的推动力，比如设置一个锤头状的单摆，它在击中球之前总是从相同的高度下落（图7）。我们可以使用所有可能的球，实心的或空心的，材质可以是铅、黄铜、木头、塑料等，它们的大小和光滑程度都相同。我们会发现，它们获得的速度是不同的。我们说，如果一个球的质量是另一个球的两倍，那么它的速度就只有后者的一半，以此类推。

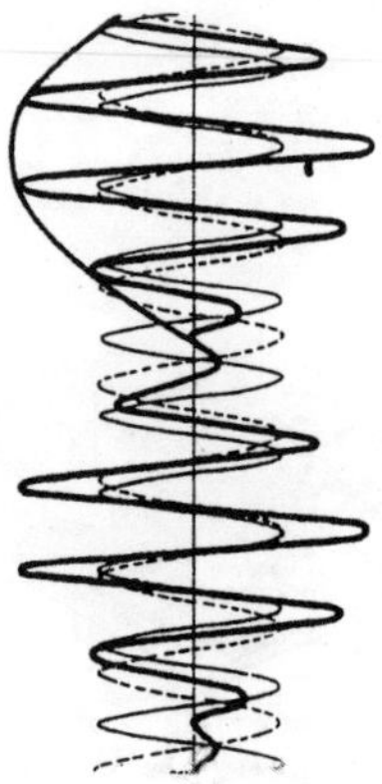

幸运的是，我们没有必要做这样的实验（可以肯定地说，这种实验无法非常精确地进行）。因为牛顿提出了一个基本定理：重量等于质量。那么，重量和质量一定是取决于物质中相同的内在特性。

在真空中，所有物体以相同的速度下落，这个事实证明该定理是成立的。的确，更重的物体受到了更强的地球引力，但更大的惯性使它在一定程度上可以抵抗速度的变化。通过利用单摆或者类似装置做实验（图8），我们可以非常准确地测出这两种效应是彼此平衡的。在这里，重量是驱动力，惯性总是与它抗衡。结果表明，在给定的时间内，相同长度、不同重量的单摆摆动次数完全相同。

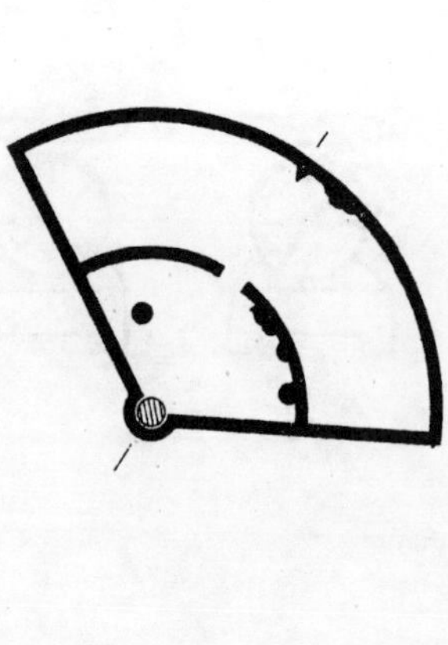

“重量总是与质量成正比”所蕴含的深层意义不但没有引起伟大的牛顿的注意，而且在接下来的两个世纪里也没有引起人们的怀疑，直到20世纪才被爱因斯坦的引力理论重新揭示。然而，这超出了本书的范围。

我们总是交替使用“重量”和“质量”这两个词。至于它们的单位和数值，则必须加以区分。质量的（科学）单位是克（g），人们出于实用的目的，通过相当随意的方法选择了它。对于质量为1 g的物体，其重量是它被重力（加速）往下拉时所受的力。当一个物体自由下落时，它获得的加速度为981 cm/s^2；质量为1 g的物体，重量为981 dyn①。换句话说，重量为1 dyn的物体，质量为1/981 g，或者大约是1/1000 g（1 mg）。

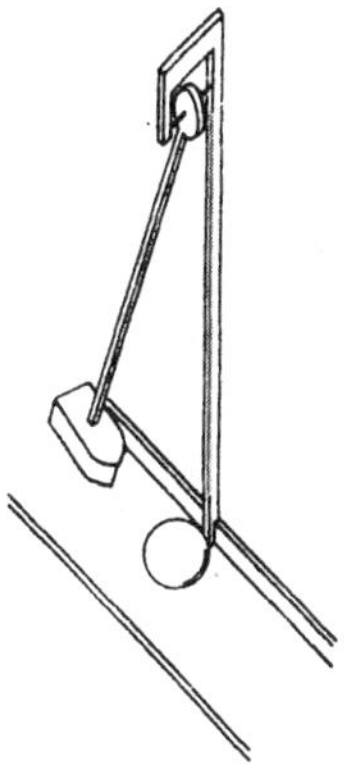

图7

物体的质量与速度的乘积，我们称为物体的“动量”。如果一个台球与另一个台球相撞，它的部分动量就会转移到另一个台球上：动量以某种方式在两个球之间分配，但总动量保持不变。也就是说，双球系统的重心在碰撞前后维持不变，继续沿着一条直线运动。我们用一幅图（图9）来说明球的碰撞，这些画在胶卷上的图，显示了双球及其重心的一连串位置。

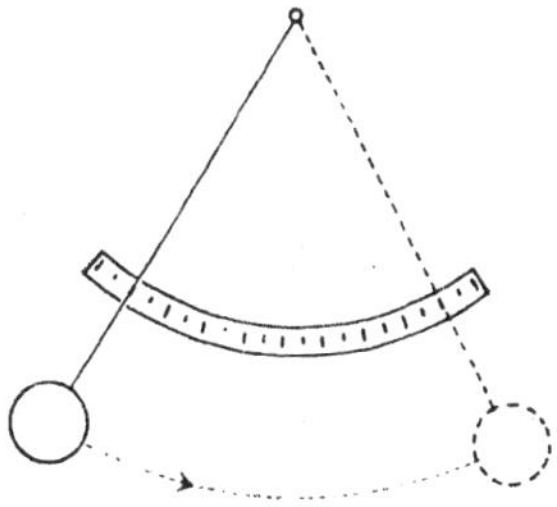

图8

像引力这样持续作用的力，我们可以把它设想为由许多微小的冲量组成。每一个冲量都对动量产生了细微的影响，但随着时间推移，这种影响变得越来越明显，我们就得到了一个运动定律：

动量随时间的变化率＝力

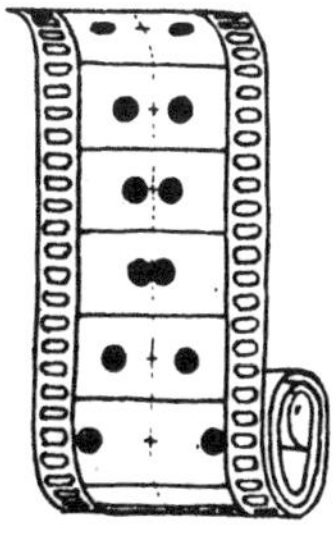

图9

这是牛顿运动定律的原始表述。我们之后会用到它，因为它很好地适应了由相对论引起的对力学的现代修正（第二章第6节）。然而，我们通常用另一种表述解释该定律。由于

① dyn：达因，力的单位，其定义为使质量是1 g的物体产生1 cm/s^{2}的加速度的力，1 dyn＝10^{-5} N。

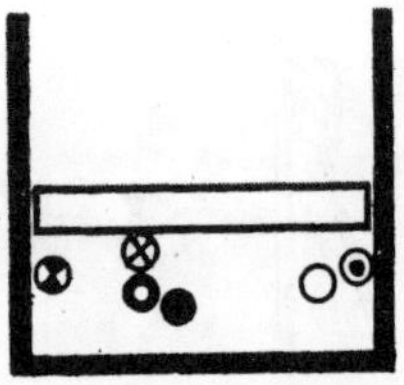

动量等于质量与速度的乘积，而速度随时间的变化率是加速度，我们可以写成：

$$质量 \times 加速度 = 力$$

在这里，我们理所当然地认为质量是一个常量。但之后我们将看到，对于高速移动的物体，质量未必是常量（第二章第5节）。

对于受力物体，如果我们知道力与该物体相对于施力物体的位置之间的关系，就可以计算出它将如何运动。这是牛顿力学的基本思想，我们可以通过它计算出天体运行的轨道。天文学家成功地预测了行星的位置，这是力学定律最强有力的证明。把这些定律应用在气体分子的运动上，是不会出错的。但在此之前，我们必须先讨论另一个概念：能量。

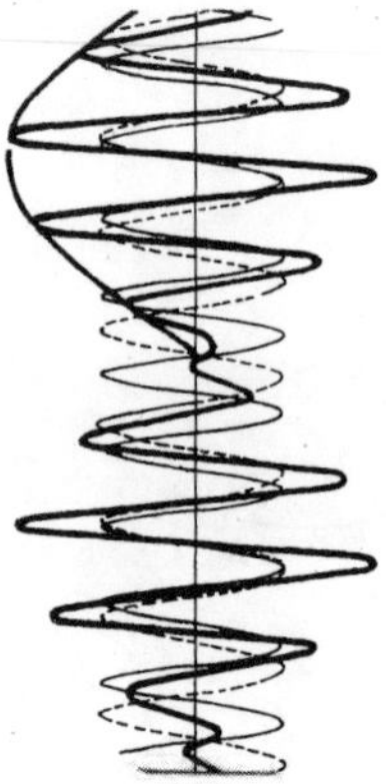

在日常生活中，“能量”这个词有许多种用法，比如，我们用它形容一个人做出决定并付诸行动的能力。在科学领域中，“能量”是一个人造的概念，指的是做功的能力，可以用一个数字来表示。

把重1磅（lb）的物体举到1英尺（ft）高，做功的量我们称为1英尺磅（ft-lb）。[1]如果该物体由蒸汽起重机吊起，那么锅炉中就消耗了一定量的热量。热量也是储存功的一种形式，它能做一定量的功，也就是储存了一定量的能量。在发电站中，热能首先转换成电能。电能进入我们的房子，我们为电

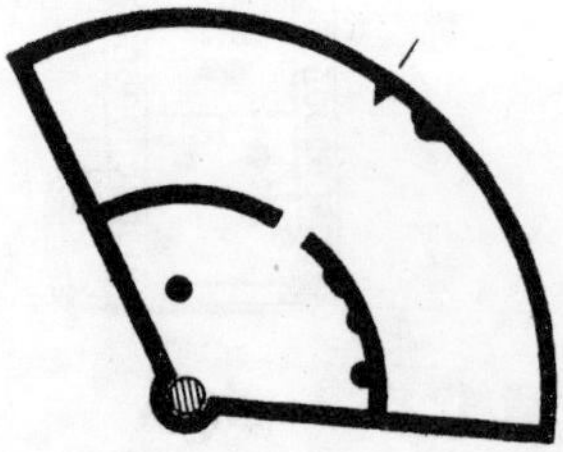

① 磅、英尺、英尺磅都是英制单位，分别衡量的是质量（或重量）、长度和能量。1 lb≈0.4536 kg；1 ft = 0.3048 m。

能付费，就像我们为其他商品付费一样。能量是一种不可能消失的存在，尽管它形式多变。

我们驾驶汽车上山的时候，首先要发动引擎使它快速运转，这样汽车就会往前冲，它的动量帮助它上山。哪怕在刚开始攀登的时候减小油门，汽车也会凭借其本身的动量以特定的方式前进。这种运动可以在抬升重物的过程中做功，因此，它也是能量的一种形式，我们称之为运动的能量或“动能”。

动能大小当然取决于物体的速度和质量，但它与动量不同。我们可以计算出不同物体做相同数量的功所需的起始速度，从而验证这一点。例如，我们可以射击一个靶子，让子弹嵌在靶中，这样子弹的动能就会转换成热能，因此可以间接地与举重物所做的功相比较。我们发现，子弹速度加倍与子弹质量变成4倍所产生的效果是一样的：大体来说，产生的热能与质量成正比，与速度的二次方成正比。质量（m）与速度（v）二次方的乘积的一半，我们称之为“动能”（E），即：

$$E=\frac{1}{2}mv^2$$

以前，物理学家认为这是能量最简单、最基本的形式，并试图用它表示所有其他形式的能量，方法是把这些能量看成隐含运动的动能。

在有关热能的问题上，这种方法非常适用，其结果就是气体分子运动论。这是我们现在要讨论的。然而对于其他形

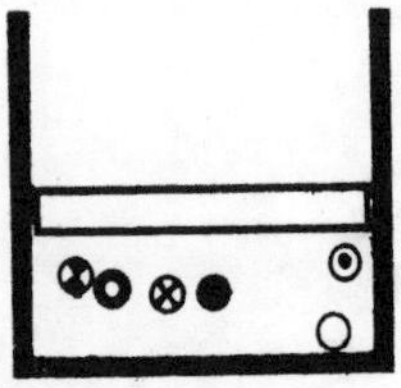

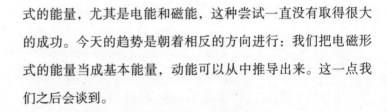

式的能量，尤其是电能和磁能，这种尝试一直没有取得很大的成功。今天的趋势是朝着相反的方向进行：我们把电磁形式的能量当成基本能量，动能可以从中推导出来。这一点我们之后会谈到。

3. 分子的运动

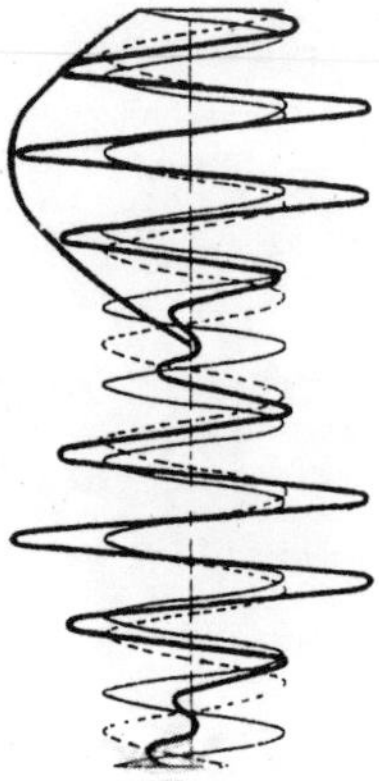

如果我们的台球桌边具有理想弹性，并且设想一个没有外部阻力的理想情况，比如没有摩擦力和空气阻力，那么球一旦被击中，就会永远沿“之”字形滚动。如果让几个球同时运动，那么每个球都会沿着相似的轨迹滚动，但偶尔会有两个球相撞。如果台球也是理想弹性的，那么整体上就不会有动量或能量的损耗。球会往不同的方向反弹，但它们的舞会永不散场。

这就是我们看到的气体分子运动论的图像，只不过要把二维改成三维。这些分子被认为是具有理想弹性的球，它们彼此反弹或者从容器壁反弹时不会损耗能量。一旦分子以任何方式开始运动，它们的惯性就会阻止该运动结束。

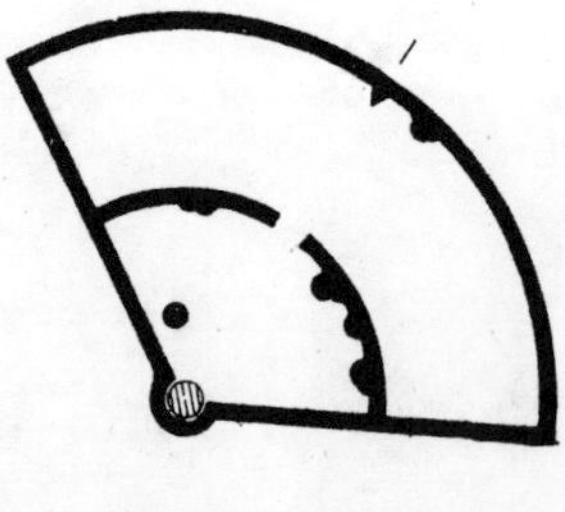

然而，我们肯定不能把分子看作“永动机”，因为不可能凭空产生能量。相反，它们实际上是能量的储存库。分子倾向于填满所有能到达的空间，这种趋势是储存能量的明显迹象。如果容器壁上有一个洞，分子当然就会设法通过它。此外，气体对容器壁施加的压力，是粒子持续不断的微小冲击的总和。

现在，我们将在动画 I 中看到分子之舞。当然，动画 I 被放大了很多倍。真正的分子太小了，我们根本看不见。所有人都很习惯在地图上用很小的比例描绘国家和大陆，但这里我们用的是相反的方法，用很大的比例来表示非常小的物体。

最开始，我们看到分子四处飞舞并与容器壁碰撞。然后，出现了一只向下压活塞的手，分子飞舞的空间更小了，每个分子与活塞碰撞的频率也更高了，因此，进一步缩减空间体积需要的压力越来越大。

与此同时，我们看到分子运动得越来越快。为什么？因为每一次碰到移动着的活塞时，分子就会获得额外的动量和能量（来自往下推活塞的手），反弹的速度比碰撞前的速度更快。有人可能认为这个过程没有什么影响，因为我们可以非常缓慢地推活塞。的确，这样做每次碰撞时传递给分子的能量会越来越少，但要把体积缩减到同样的程度，需要的时间会更长。因此，随着碰撞效率下降，碰撞次数会以同等的比例上升。也就是说，分子的平均增速只取决于体积的减小，而与活塞的速度（体积减小的速度）无关。

压缩空气的过程做了功，换来的是分子速率的增加。现在，这些分子运动的真正意义是显而易见的。它们代表热量。正如我们所知，压缩泵在工作时会发热。

加热意味着大规模的机械运动转换成不可见的分子运动，这不仅限于加热空气或其他气体，也包括加热液体和固体。

“不可见”这个词并没有什么特殊的含义。重点在于，分子的热运动是“随机”发生的，它太随机了，以至于不能完全归结为有用的有序运动。例如，蒸汽机的效率很少能达到可怜的30%。分子并不像一群理解命令并按计划协作执行的工人（图10），而是像一群绵羊，即使在牧羊犬的帮助下，牧羊人也很难控制它们（图11）。那位驱使着“眼瞎耳聋”的分子以疯狂而无意识的运动驱动机器的工程师，他实在有理由为自己感到骄傲。

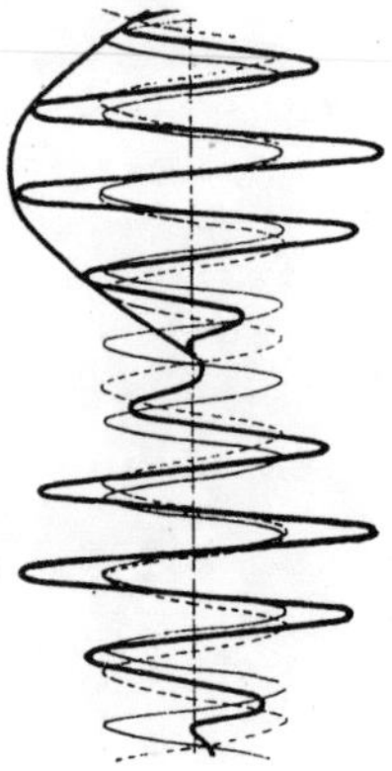

宇宙的微观世界是永不停息的，这是个非常实质的问题。或者说，它清楚地表明，什么是实质，什么不是实质。因为正是在这里，人类的聪明才智土崩瓦解。无论多么伟大的人来建造机器，都永远不可能超越分子运动的偶然性所允许的效率极限。他所能做的，就是准确解释能量损耗的原因。在现代的热学理论中，这是通过统计方法实现的。统计方法适用于我们必须处理大量随机事件的时候。这是我们现在要讨论的问题。

4. 偶然性定律

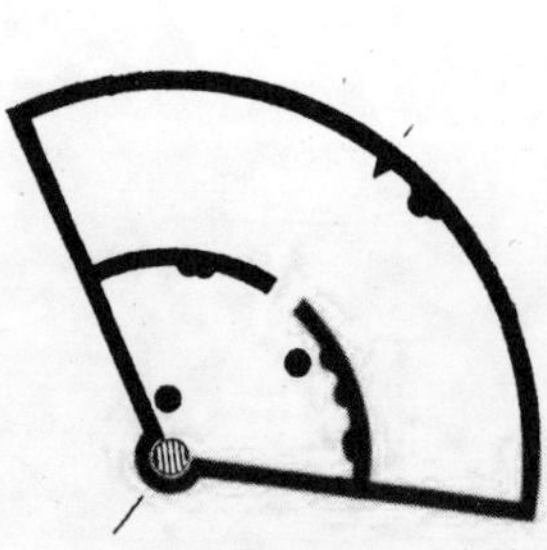

在物理学这样一门精确的科学中，“偶然性”是如何起作用的？如果承认“偶然性”的影响，那么我们是不是在怀疑自然定律的严格准确性？

要解决这一矛盾，我们必须更明确地考虑“自然定律”是什么意思。我们只需要提一个简单的力学现象，比如用大炮发射炮弹（图12）。决定炮弹路径的是确切的定律。每个学生都知道，如果没有空气阻力，炮弹的路径将是一条抛物线。那么，我们能确定炮弹会落在哪里吗？不能，我们还必须知道炮筒所指的方向，以及炮弹离开时的速度。

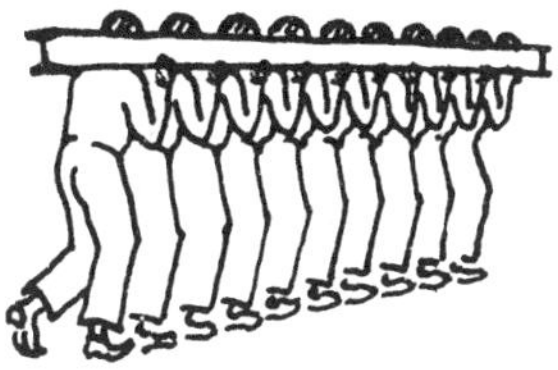

图10

我们可以把这些称为“初始条件”，显然它和“自然定律”没有什么关联。但如果要应用自然定律，就必须知道初始条件，否则我们无法做出有用的预测。

同样的过程在热量问题中反复发生，但存在着一个重要的补偿作用，即偶然性本身也遵循某种定律。这似乎有些自相矛盾，但它是无可置疑的。若非如此，人们就不会用流行歌曲纪念“在蒙特卡洛豪赌的男人”[①]。许多哲学家绞尽脑汁研究偶然性定律的深层含义，但这些定律却被赌徒、保险公司和物理学家及其他人所应用，并让这些人确信自己能得出正确的结论。

图11

于是，物理学家接受了偶然性定律，并把它作为一种自然定律，尽管他们说不清楚偶然性定律的终极形而上学意义是什么。法国伟大的数学家亨利·庞加莱曾经用典型的法式洞察力陈述了这一立场，他借一位著名的物理学家之口说：

“‘所有人都坚信这一点：数学家认为这是一个观察事实，观察者认为这是一个数学定理。’长期以来，能量守恒定律就

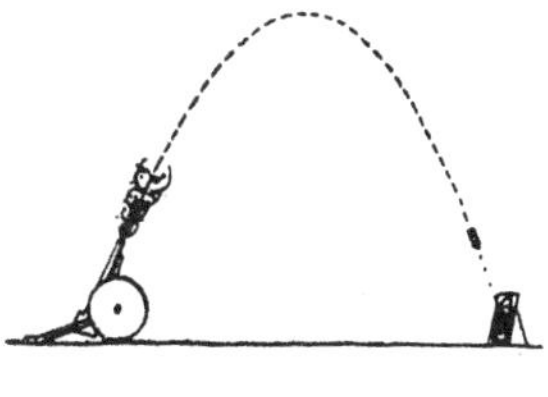

图12

① 《在蒙特卡洛豪赌的男人》是发行于1891年的一首歌曲，主人公在赌博中赢了很多钱。这首歌以英国赌徒、骗子查尔斯·威尔斯为原型，他曾经找到了一种欺诈的方法，在蒙特卡洛赌场大赚了一笔。

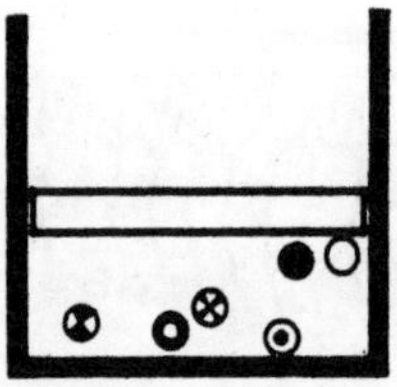

是这样。”[①]

但坦白地说，即便是那些通常认为的精确的自然定律，比如惯性定律或者牛顿著名的万有引力定律，我们就真的知道它的终极含义吗？

事实上，物理学的最新进展——量子力学（我们稍后会讨论）已经表明，我们必须放弃绝对定律的想法，一切自然定律实际上都是某种意义上的偶然性定律。

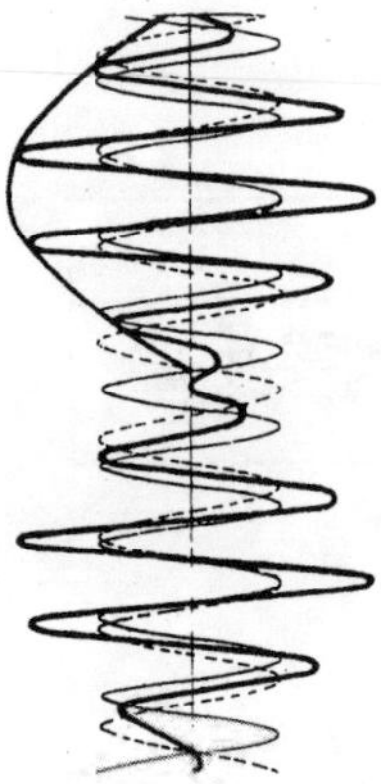

日常生活中的统计数据相当令人怀疑。“统计数据”这个词让人联想到许多事情，从赌徒和他的痛苦结局，到最受尊敬的保险公司。怀恨在心的人甚至会说：“统计数据证明不了任何东西。”人们也许并不总是以正当的方式应用统计数据。然而，有些业务直接依赖于统计数据的可靠性，比如人寿保险。在概率论的帮助下，保险精算师根据死亡率表格计算出不同年龄的保费。他的一个错误就可能会使保险公司破产。因此，那些为自己的生命投保的人，表明他们相信死亡率表格的正确性，也相信精算师计算的可靠性。

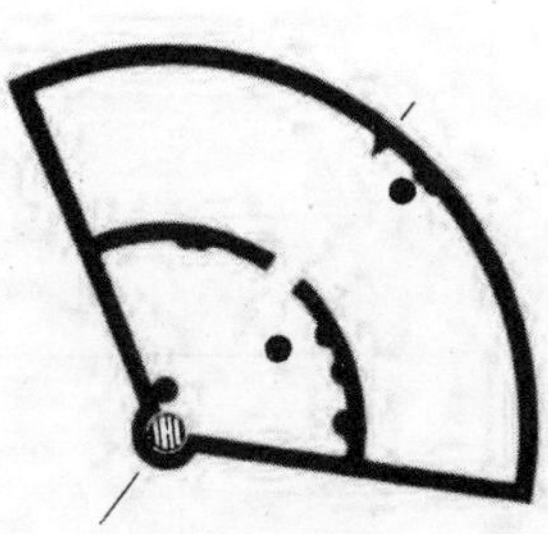

试图将统计理论应用于实际研究的物理学家，至少也是同等地相信自己的立场。他的原始素材并不是来自经验主义的表格，而是来自“等概率”的简单假设。从掷骰子的经验中我们知道这意味着什么。骰子的六个面朝上的可能性是均等的。除非骰子有问题，也就是说它的重心并不在正中心，

① 1892年出版于巴黎的《热力学》前言。——原文注

那么它的结果就会以其他方式偏离理想的形态。在仔细检查之后，如果没有发现这样的问题，那么我们就可以预测，某个特定的点数（比如说“4”）出现的概率是1/6。实验已经证实了这一点。

概率论告诉我们在复杂情况下可以期待发生什么。例如，同时掷几个骰子出现特定点数的可能性，或者结果偏离平均值（比如掷600次骰子，没有出现100次“4”点，而只出现了90次）的可能性。结果表明，这种“无知之学”是对的，就像其他所有的调查方法一样。我们考虑的例子越多，预测结果就越准确。所以，物理学家处于非常有利的地位，因为在物理现象中，粒子的数量通常极其庞大。

最简单的例子是气体，它也是我们最关心的。气体中有大量相似的分子，我们既不知道单个分子发生了什么，也不太关心。我们只想知道所有这些分子的平均属性，比如平均密度、平均速度等等。

我们可以这么说，动画Ⅰ中的每一张图片都是一幅分子快照，我们可以认为它给出了一个“初始条件”。因此，这些图片的特殊场景是相当“偶然的”，但并不意味着“毫无规律”。例如，每个人都会同意，对于一系列这样的快照，只在很少几幅图里所有分子集中在容器的右半部分。在绝大多数情况下，分子会平均地分布在容器的右半部分和左半部分。

为什么会这样呢？让我们只考虑很少的几个分子，比如四个，并给它们取名为约翰、爱德华、威廉和乔治。要把它

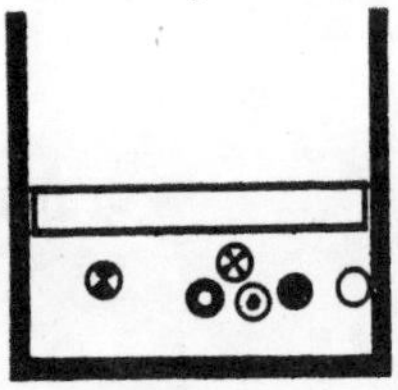

们中的两个放在容器的右边、两个放在容器的左边，有几种排列方式？显然有六种，即：

左	右
约翰和爱德华	威廉和乔治
约翰和威廉	爱德华和乔治
约翰和乔治	爱德华和威廉
爱德华和威廉	约翰和乔治
爱德华和乔治	约翰和威廉
威廉和乔治	约翰和爱德华

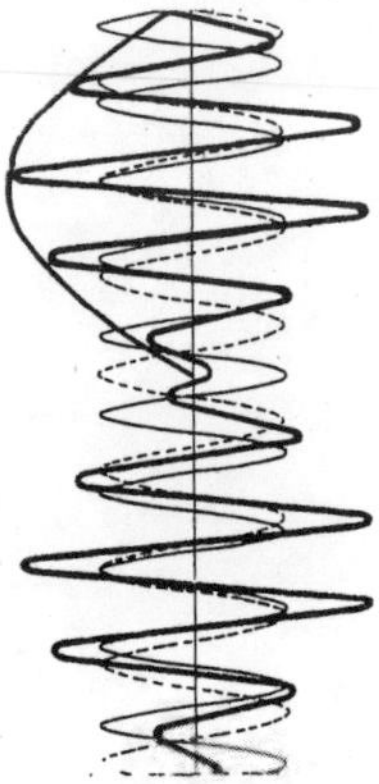

而要把它们都放在容器的右边，只有一种排列方式。要把三个放在右边、一个放在左边（任意一个都行），只有四种排列方式。

哪怕只有四个分子，这种均匀分布显然也是最常见的排列方式。而随着分子数量的增加，这种均匀分布肯定是最常见的一种。

要计算不同排列的相对概率并不困难，可以将其简化为别的熟悉的问题，比如抛硬币。

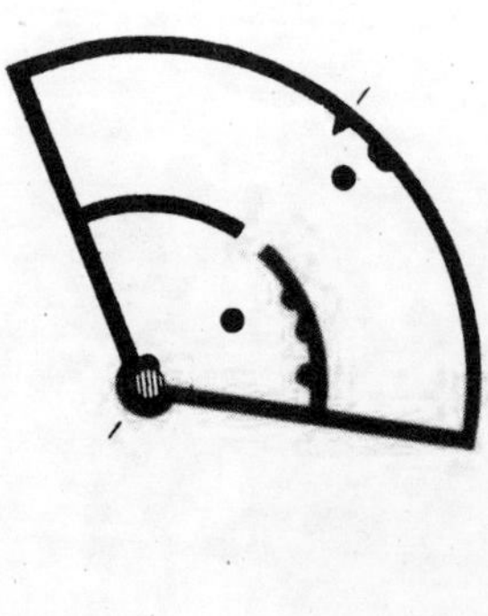

收集十枚硬币，然后抛起来，它们要么是正面，要么是反面。数一数有几枚硬币是正面朝上。假设有三枚，那么结果就是3正7反。把这些硬币抛很多次，比如500次，然后数一数这500次中有多少次是0正10反、1正9反、2正8反、3正7反……以此类推，一直到10正0反。在实验之前我就可以告诉你结果。抛500次，结果会非常接近这些数字：

正面	0	1	2	3	4	5	6	7	8	9	10
反面	10	9	8	7	6	5	4	3	2	1	0
	0~1	5	22	58	103	123	103	58	22	5	0~1

在你得到的结果中，如果有任何一个数字与上面的预期相差超过8，那就非常令人惊讶了。

现在，我们用“正面”代表容器右半部分的一个分子，用“反面”代表容器左半部分的一个分子。那么这张简表就立刻给出了10个分子的500幅快照中的分布频率。我们看到，5正5反（容器左右两个部分的分子数目相等）的分布概率是最高的（123/500），越不均匀的分布出现的频率越低。

如果分子的数目再大一些，这种均匀分布就体现得更明显。举例来说，如果有100个分子，那么50右50左的数量将远远大于90右10左的数量。事实上，前者是后者的10^{16}倍。

现在，我们正朝着统计定律前进。我们可以很有把握地打赌：在任何特定的情况下，分布几乎总是均匀的，因为均匀分布比其他分布更有可能发生。由于气体分子数量巨大，所以对气体来说更是如此。现在我们就可以理解，为什么所有分子不会同时集中在房间的一边，导致另一边的人窒息。必须承认，这种悲剧是可能发生的。但它极其罕见，以至于从“进化缺环”[①]到我们的终极后代，整个人类历史这么长的

① 有些哲学家假设，从人猿祖先到现代人类的进化过程中存在着一种我们不知道的过渡物种，并称之为“进化缺环”。进化缺环的概念并没有科学证据。

时间都不足以让它发生一次。

然而，正是这些偏离平均值的罕见事件，才特别令人感兴趣，因为它们证明了统计思想的真实性。这是物理学家找寻的东西。我们之后再讨论（第一章第9节）。在这之前，我们只关注“普通”事件。

5. 温度与分子速率

就像许多其他的科学概念一样，温度的想法也是直接产生于我们的感觉。我们可以感受到一个物体比另一个物体更热，那么我们就会说它的温度更高。这并不意味着它有更多的热量。喝一勺热茶可能会烫伤舌头，喝很多杯凉茶却没事，但一勺热茶的热量比几杯凉茶少得多。所以，温度是一种属性，热是一种量。在测量“温度”的时候，温度计是对手指的改进。最简单的情况是两个物体温度相等。很明显，这与所使用的温度计的刻度无关。例如，我们选择不同的气体，把它们加热到相同的温度，我们可以用任意种类的温度计测量。那么它们就“处于热平衡”，也就是说它们不再交换热量。当“热平衡”出现时，分子会发生什么变化？

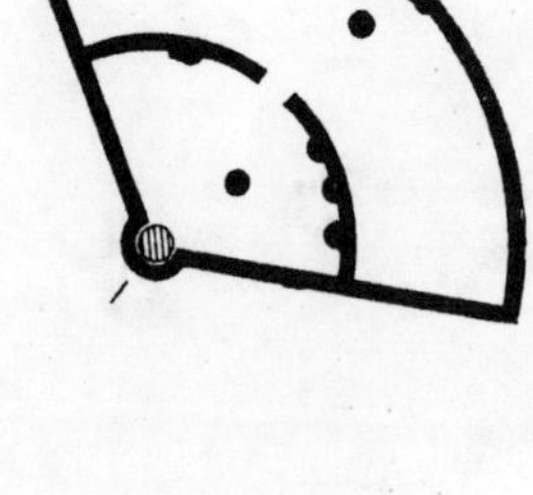

通过一个简单的实验，我们就可以找到正确答案。如果两种不同的气体体积相等、温度相同，那么它们的压强总是相等的。压强是由壁上的“粒子雨”造成的，因此它正比于粒子的数量和粒子速度二次方的均值。这是因为，如果速度加倍，不仅每次碰撞的效果会加倍，而且特定时间内的碰撞次数也会加倍，所以压强变成了原来的4倍。

前面我们已经提到，粒子的质量与速度二次方的乘积的一半就是粒子运动能量的度量，叫作“动能”。通过这个表达，我们可以说，气体的压强正比于所包含粒子的平均动能。由此我们得到了这样一种结论：两种气体的温度相等，不过是意味着它们分子的平均动能相等。细致的研究可以证明这一点。研究表明，两种气体相互接触或彼此混合时会交换能量，直到一种气体分子的平均动能等于另一种气体分子的平均动能。

温度的自然定义是气体分子平均动能的体现，这已经被科学界采纳。但由于很难通过实验确定分子的平均动能，因此我们宁愿利用气体的压强来测量温度。在选择刻度的时候，我们通常把水的冰点和沸点之间的间隔规定为100摄氏度。但哪个温度的值更低呢，是冰点吗？我们已经对这样的结论达成共识：表示温度的数值也可以用来度量分子的平均动能。显然，存在一个“绝对零度”，即所有分子处于静止状态，压强降至零。通过观察冷却过程中压强的下降速度，我们可以发现绝对零度比冰点低273.15℃，所以温度最低点就是−273.15℃。我们把这个刻度称为“绝对温标”，也叫“绝对温度”或“开氏温度”（K[①]），因为这个温标是开尔文勋爵发明的。室温约为290 K。那么，室温下的气体分子平均速率是

① 马克斯·玻恩在写作本书的时候，开氏温标的符号记作“° K”，但1967年的第13届国际计量大会将其改成“K”，并沿用至今。因此，本书的开氏温标一律记作“K”。

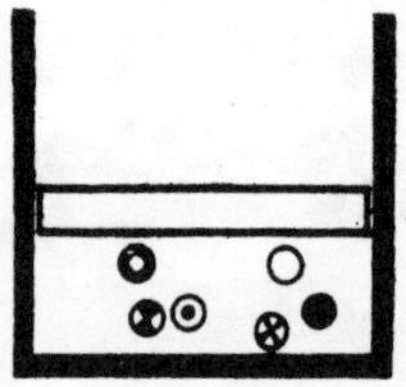

多少呢？这种计算只涉及力学和概率论的一些知识。我们不需要让读者做这些计算，因为毫无疑问读者会信任数学家的计算。结果表明，在房间里奔波不停的空气分子，它们的平均速率约为1300 ft/s！

19世纪，气体分子运动论首次提出时，这个结果十分令人惊讶。例如，人们可以这样反驳：如果厨师碰巧没有关煤气炉的阀门，那么我们会立刻在房子的所有地方闻到煤气的气味。遗憾的是，这种事情并不会发生，否则许多悲剧就可以避免。那么，气味的缓慢扩散与分子的快速运动是否矛盾呢？气体中还有其他缓慢“蠕动”的运动。这些都是相互关联的，我们现在就来解释一下。

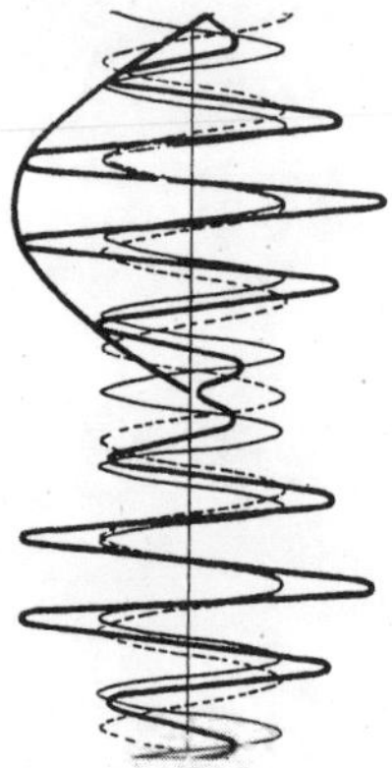

6. 热传导

——你有没有想过在冬天的晚上为什么要盖着毯子？

——当然是因为我们想保暖！

——但是，毯子本身并不发热呀。

——当然不，没有必要；我们本身就是一种便携式火炉。

——那么，毯子的作用是防止散热吗？它是不是一种热的不良导体？

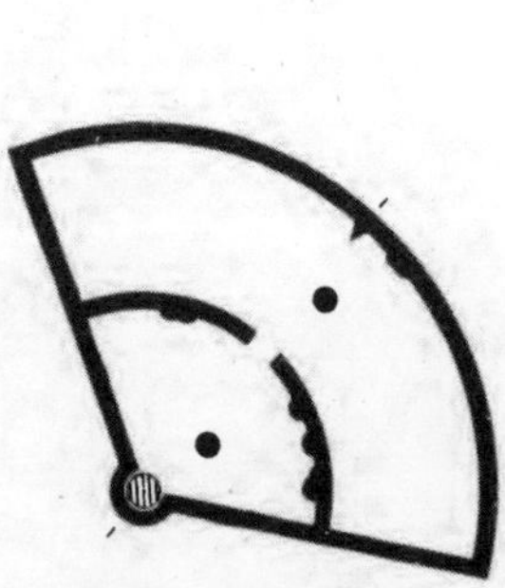

——非也，毯子的导热性比空气还好，物理学家已经证明了这一点。

——那么，人为什么不披着空气？那样更简单，也更便宜！

——的确，如果空气保持不动就好了。然而在现实中，暖空气会上升，把冷空气拉下来。这就是为什么没有毯子就无法保暖。毯子减缓了空气的流动，把空气夹在纤维之间，形成了一种固定的胶状物。从这个意义上来说，我们的确是披着空气做的毯子，从而利用了“空气是热的不良导体”这一事实。

但这是怎样发生的呢？如果空气分子真的以1300 ft/s的速度奔腾不息，那么任何局部加热，也就是说某一特定位置分子平均速率增加，为什么没有引起所有气体分子以更快的速度传播呢？

毫无疑问，读者已经猜到了答案：分子之间相互阻碍。我们在动画Ⅰ中看到了这一幕。尽管某一个分子运动速率更快，但它要想走得更远就会与另一个分子相撞，然后偏离原来的方向，就像台球一样。很明显，这阻止了任何特殊情况下的快速扩散（比如高温），而且连续两次碰撞之间的平均自由路径（平均自由程）越短，所以扩散速率就越慢。

平均自由程取决于两个因素：每立方厘米体积中分子的数量，以及分子的大小。分子数目越多，每个分子体积越大，平均自由程就越短。

这个结果很重要。因为通过测量不同温度下的传播速率（热导率）或者煤气等气体在空气中的传播速率（扩散速率），我们可以得到关于分子的数目和大小的信息。物理学家已经做到了这一点。但需要的数学计算十分庞大，结果还是不够精确。

在科学领域，我们并不总是从简单走向复杂。通常是相反的：我们先用间接、烦琐的方法得出一个结果，然后再找到一些直接的、简单的方法来证明它。

现在的物理学家可以通过简单而直接的实验确定分子的速率、大小和数量。

7. 分子束

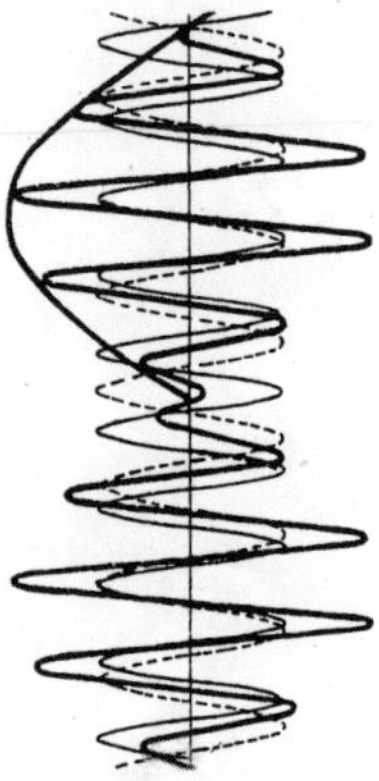

物理学家使用了一种现代物理学特有的方法——创造分子束。

稍后我们将看到，我们对最小粒子的了解，绝大多数是建立在使它们快速运动的基础上的：发射一“束”粒子，让它们与其他物质撞击，然后观察发生了什么。

产生分子束的实用仪器是快速运转的高真空泵（这些泵的原理是基于气体分子运动论发现的现象，其中最重要的是扩散）。在高真空环境下，分子从容器的一边飞到另一边时不会与其他物质相互碰撞。如果用一根管子把一个装有压强较大气体的容器与高真空环境连接起来，分子就会通过管道，变成一道泾渭分明的粒子束。然后，为了防止它们破坏真空，我们要做的是使它们粘在对面的容器壁上，同时证明粒子束的存在。我们使用的“捕蝇纸”只是简单的低温。容器壁扮演了“分子捕集器”的角色，它保持低温，逐渐吸收以粒子束形式抵达的分子冷凝物。

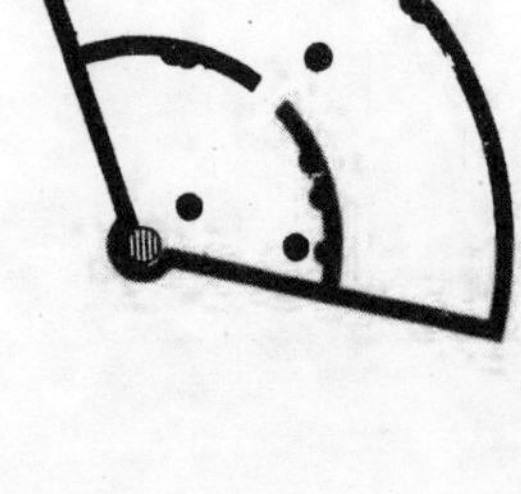

当然，这个实验成功的事实本身就是对气体分子运动论

的一个可喜的证明。它直接表明，气体膨胀的趋势实际上就是气体分子在惯性定律下保持直线飞行的趋势。

现在我们可以测量分子的速度。动画Ⅱ展示了一种方法，这种方法归功于奥托·斯特恩[①]，其中包含一种快速旋转分子束的仪器。分子源于中心用电加热的铂丝，铂丝上镀了一层银。银粒子蒸发并沿直线往各个方向发射，其中大多数打在容器中心的屏幕上。然而，还有一些粒子穿过了屏幕上的孔，变成一道粒子束。当仪器静止的时候，分子束在孔正对的外壁接收器上留下一块银色的斑点。动画Ⅱ的每一幅图都有这个斑点。当仪器开始旋转时，动画也随之开始了。当然，粒子无视仪器的旋转，继续沿直线飞行，从而落在接收器偏左[②]的位置（与旋转的方向相反），并留下第二个斑点。根据这两个斑点的距离以及接收器的旋转速度，我们可以立即求出分子的速度。结果与气体分子运动论的计算完全一致。

科学家还使用了其他更精细的力学方法，比如其中一个模仿了著名的测光速的方法[③]。两个相同的齿轮在同一根轴上旋转（图13），如果齿轮

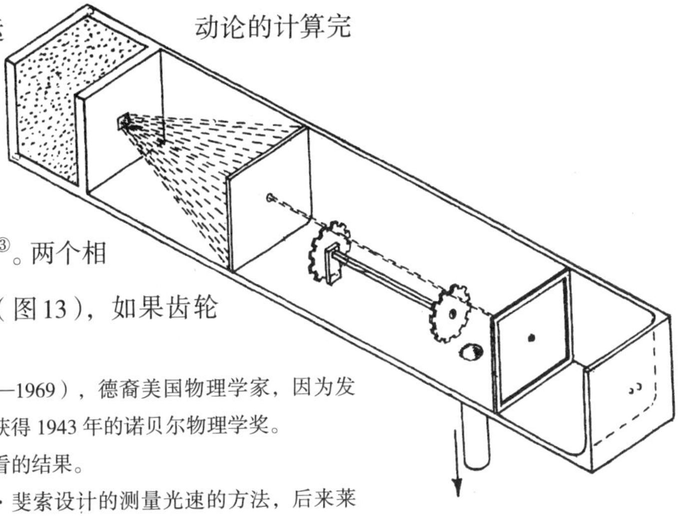

图13

① 奥托·斯特恩（Otto Stern，1888—1969），德裔美国物理学家，因为发展了分子束法以及发现了质子磁矩而获得1943年的诺贝尔物理学奖。

② 这是以正对分子发射源的视角来看的结果。

③ 指1848年法国物理学家阿曼德·斐索设计的测量光速的方法，后来莱昂·傅科做出了改进。他们设计的仪器叫斐索－傅科仪。

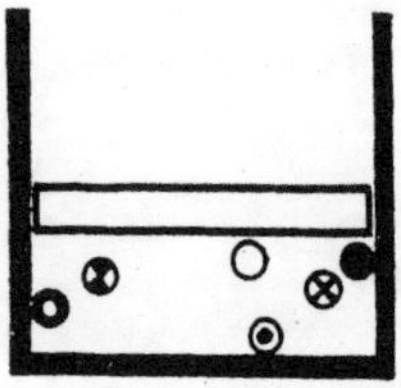

静止，分子束就会穿过第一个齿轮的齿槽，也会穿过第二个齿轮的齿槽。但如果让齿轮转得越来越快，那么恰好穿过第一个齿轮的齿槽的分子，就会撞上第二个齿轮的轮齿；但如果转得再快一些，分子就又会穿过第二个齿轮的下一个齿槽。这种方法非常精确，我们不仅可以测出平均速度，还可以确定存在许多种速度不同的分子，并得出每一种分子的数目。

会有一组非常快的分子，也会有其他组比较慢的分子，最慢的速度可以为零。分布规律可以从理论上告诉我们每一组中有多少个分子，实验表明该理论的预测与事实非常吻合。

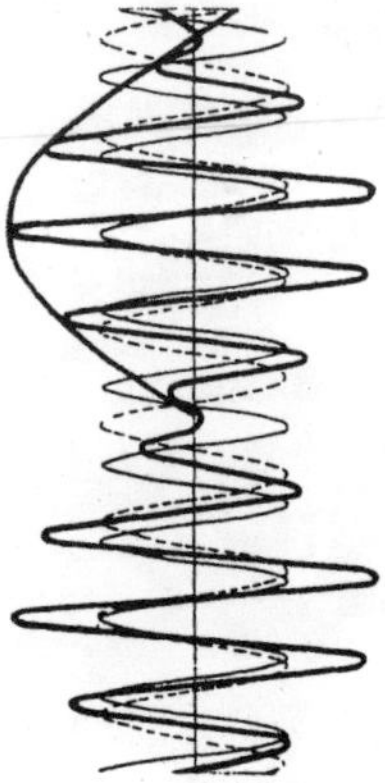

此外，这种仪器可以用于产生几乎匀速的分子束。我们之后会用到这一点（第三章第9节）。

8. 分子的大小和数量

假设我们有一个装满豌豆的篮子（图14），想知道总共有多少粒豌豆。一个个数当然是很费力的。

下面有一个更快捷的方法：

我们假设篮子的体积相当于一个边长$b=10$ cm的立方体。那么它的体积是：

$$V=b^3=10^3=1000(\mathrm{cm}^3)$$

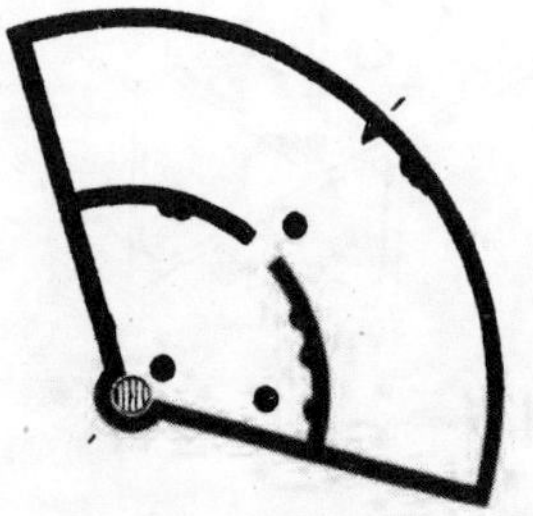

如果每一粒豌豆都是边长为a的小立方体，那么它的体积为a^3，因此n个豌豆的体积为：

$$na^3=V=1000(\mathrm{cm}^3)$$

现在把豌豆平铺在桌子上（图15），让它们彼此接触，然后测量它们占据的面积，假设面积$A=1600\ \mathrm{cm}^2$。由于代表豌豆的每一个小立方体的底面积为a^2，总面积为$na^2=A=1600\ \mathrm{cm}^2$。两个方程相除，我们得到：

$$\frac{na^3}{na^2}=a=\frac{V}{A}=\frac{1000}{1600}=\frac{5}{8}(\mathrm{cm})$$

图14

当然，相较于立方体，豌豆更像是球（图16），但我们暂且忽略这一点。我们可以有把握地假设：计算出的边长$a=\frac{5}{8}\mathrm{cm}$可以粗略表示豌豆的直径。那么豌豆的总数可以这么计算：由于$na^3=V=b^3$，所以$n=\left(\frac{b}{a}\right)^3=\left(10\div\frac{5}{8}\right)^3=16^3$，大约是4100。图17表示把体积$V$沿一边平均切成16片，然后并排放在一起变成面积$A$。

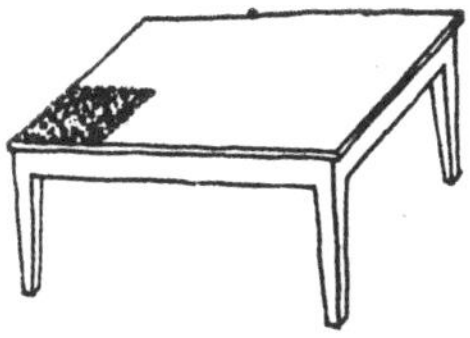

图15

上述过程展示了物理学家用于计算和测量分子的方法的主要特征。他们首先把一定数量的分子压缩成一个坚实的固体，测量其体积，然后让相同数量的分子（或其中已知的一部分）形成一个连贯的单分子表面层，测量分子的面积。体积和面积的比值就是分子层的厚度，从而就得到了分子直径的近似值。在此基础上，我们可以求出单个分子的体积。用总体积除以单个分子的体积，我们就得到了分子的数量。

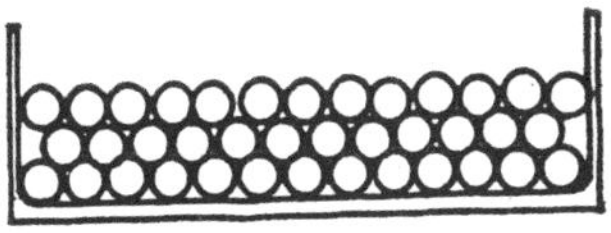

图16

第一步很容易通过实验来完成，因为所有物质在冷却后都变成固体。我们有充分的理由假设，固体的结构类似于一团紧凑的豌豆。

但到了第二步，我们必须将这种物质的一部分以某种方式展开，得到“单分子”的表层，并测量它的面积。这并不容易。

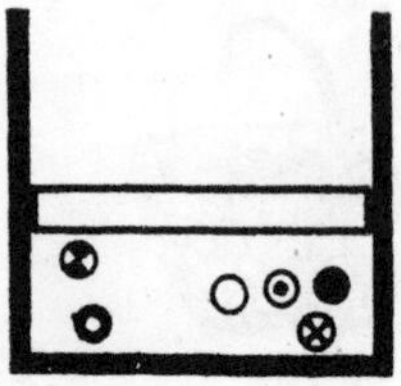

我要提一下，我们的确有可能在另一种液体的表面形成单分子厚度的油膜，并且已经实现了。但这样涉及复杂的有机物，而我们使用的是简单的气体。

这里我们再一次用到了分子束法。在一个高真空的容器里产生一束银分子，然后放进来少量我们感兴趣的气体，比如空气，从而破坏了真空。现在，银分子束由于碰撞而削弱。如果吸入的空气非常稀薄，那么所有银分子就像处于同一个平面上，因为只有在极罕见的情况下，才会出现两个分子的方向完全一致（图18）。就像在疏散的树林中开枪射击，子弹有可能击中一棵树并穿透它，但几乎不可能再击中另一棵树。假设现在我们让足够多的空气进入，使银分子数量减少一半。如果银分子束的横截面积是a（比如2 mm^2），那么被空气分子遮盖的面积将会是$\frac{1}{2}a$（或1 mm^2，前提是它们并排放置）。

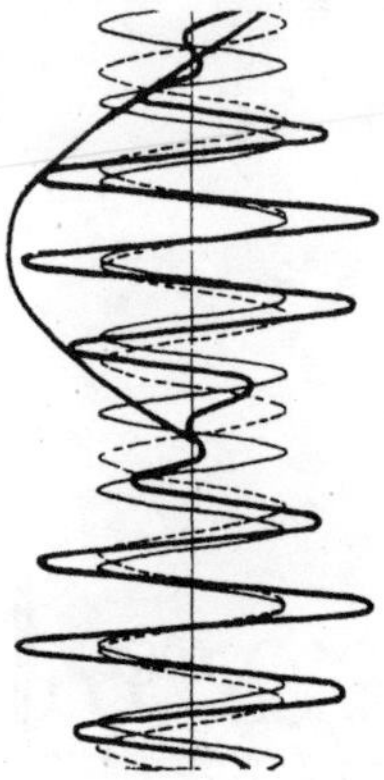

接下来我们要确定由这些分子组成的固体空气颗粒有多大。仪器中的压强与标准大气压的比值为P。如果分子束的体积为$h\times a$（cm^3），那么相比于1 cm^3标准空气的分子数量，它包含的分子数量是$h\times a\times P$倍。通过特殊的实验我们已经知道，1 cm^3标准空气凝结成固体颗粒后体积为$\frac{1}{2000}$ cm^3。因此，如果把我们的气体束压缩成固体颗粒，体积将是$\frac{1}{2000}\times h\times a\times P$（$cm^3$）。把这个数值除以面积$\frac{1}{2}a$，我们得到分子直径

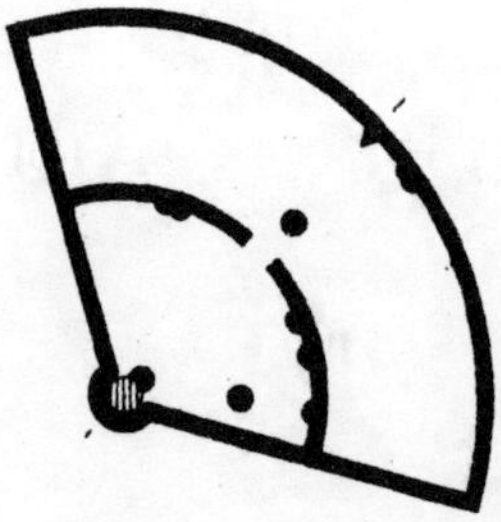

的近似值$d=(\frac{1}{2000}\times h\times a\times P)\div\frac{1}{2}a$；即$d=\frac{hP}{1000}$（cm）。举例来说，如果$h=5$ cm，$P=\frac{1}{200000}$标准大气压，那么我们求出d等于$\frac{5}{1000\times 200000}$，即$\frac{1}{40000000}$cm。

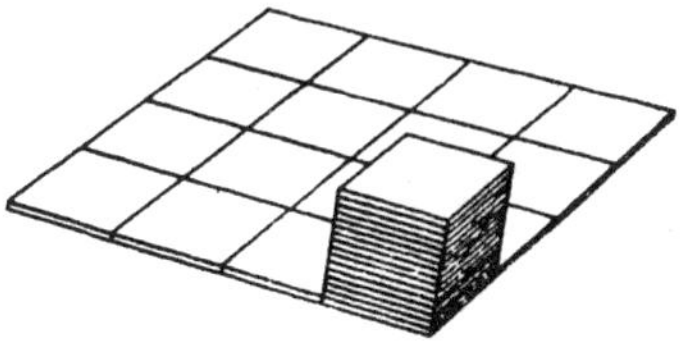

图17

现在我们也可以计算在标准大气压下1 cm^3空气中分子的数量。但我们就必须写很多个“0”，这些数字就很难读了。因此，我将介绍一种物理学经常使用的简化表示法。我们把100写成10^2，把1000写成10^3，以此类推，即“10”右上角的数字（指数）代表“0”的数量。同样，我们把$\frac{1}{10}$写成10^{-1}，把$\frac{1}{100}$或$\frac{1}{10^2}$写成10^{-2}，把$\frac{1}{1000}$或$\frac{1}{10^3}$写成10^{-3}，以此类推。

我们的结果可以这样表示：一个空气分子的直径大约是$\frac{1}{4\times 10^7}$cm或$\frac{1}{4}\times 10^{-7}$cm。由于$\frac{1}{4}=0.25=\frac{2.5}{10}=2.5\times 10^{-1}$，因此我们也可以把前面得出的这个数字写成$2.5\times 10^{-8}$。

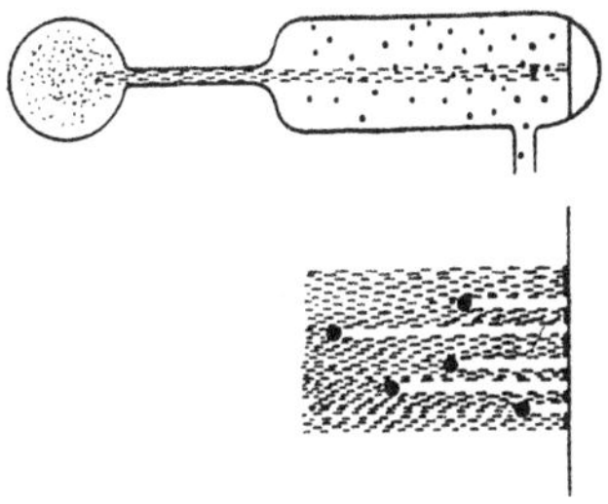

图18

整个分子物理学就是由10^{-8} cm（1 cm的亿分之一）这个“数量级”主导的。这个数量级有一个特定的单位名称，我们称之为“埃”（Å），以一位瑞典科学家①的名字命名。1个空气分子的直径大约是2.5 Å。

现在我们很容易就可以求出1 cm^3标准空气的分子数（n）。一个分子的体积是d^3，n个分子紧挨在一起形成一个体

① 指安德斯·埃格斯特朗（Anders Ångström，1814—1874），瑞典物理学家，光谱学的奠基人之一。

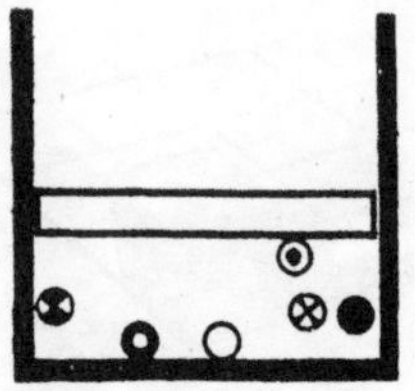

积为nd^3（也就是$\frac{1}{2000}\text{cm}^3$）的固体，因此$n=\frac{1}{2000d^3}$。代入$d$的值$\frac{1}{4}\times10^{-7}\text{cm}$，我们求得

$$n=\frac{1}{2000\times\frac{1}{64}\times10^{-21}}=\frac{64}{2\times10^{-18}}=32\times10^{18}$$

这是一个基本值，也可以约作3×10^{19}，最早由洛施密特①测量，因此也叫“洛施密特常数”。

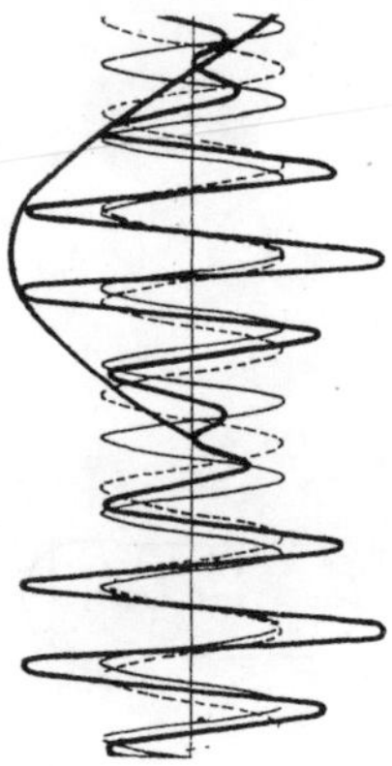

这是一个非常大的数，3后面有19个0！然而，敬它、畏它是没有意义的；相反，我们应当力求获得一个清晰的概念，即如此庞大的数值该如何确定。这就是为什么我们在上面如此详细地讨论这个方法，这是一个典型的例子，之后再讨论时会简短得多。该方法的要点是，将所需的非常大或非常小的数分解成本身具有适当值故而容易通过实验获取的因子。在上面这个例子中，我们用“2000”这个数来确定凝固过程中体积的收缩，用“200000”这个数来确定分子束仪器中压强的减弱。我们很容易理解这两个数字的含义。比如，我们可以设想一排豌豆，如果一粒豌豆的直径是$\frac{1}{2}$cm，那么一行2000粒豌豆长10 m，一行200000粒豌豆长1000 m。

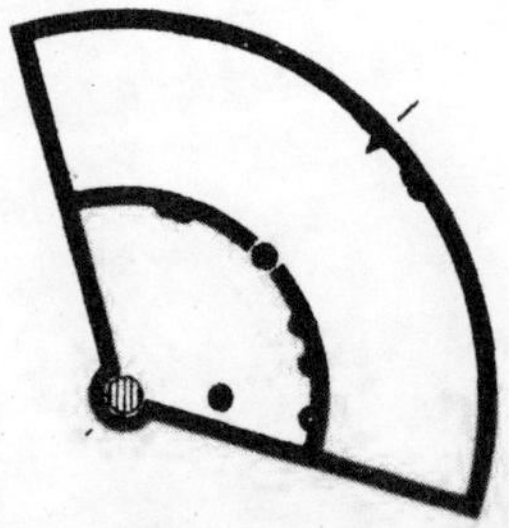

另外，理解“4×10^7”这个数字要困难得多：如果这么多分子排成一行，将会达到1 cm；而如果替换成直径$\frac{1}{2}$cm的

① 约翰·洛施密特（Johann Loschmidt，1821—1895），奥地利化学家、物理学家。

豌豆，一行豌豆将长达200 km，相当于从伦敦到伯明翰的距离！也就是说，如果把体积为1 cm^3的固体中的分子替换成豌豆，那么这个立方体的边长就可以从伦敦延伸到伯明翰！

9. 花粉和香烟烟雾

我们是要真的相信这一切，还是只把它当成数字游戏？

这种质疑是完全有道理的。一种现象不足以作为某种理论的坚实基础，一次测量也不能让人完全确信某个数值。至关重要的是，理论要能够做出预测，而且要通过确凿无疑的实验来证明。我将通过几个例子说明，在目前的情况下这是可以做到的。

我们做出的最大胆的假设是，与气体相关的定律并不是真正的"因果律"，而是取决于"偶然性"。有什么直接的证据吗？

在掷骰子、轮盘赌或别的同类概率游戏中，我们可以相当确定，长远来看所有可能事件的概率是相等的。例如，所有人都很愿意在"掷600次骰子，'3'点出现80到120次"这种可能性上下重注。但没有人会赌"掷6次骰子，'3'点只出现1次"，尽管每一次掷骰子出现"3"点的概率都是1/6。

因此，如果我们能减少个别"事件"（比如涉及碰撞的事件）的发生，实验结果就不会与利用气体定律得到的结果有明显的偏差。

回到动画Ⅰ，我们看到图片中只有6个分子（让画家再画几个就太麻烦了）。然而，在这种情况下，活塞不应该保持静止，而应该明显地上下晃动，因为它只受到气体颗粒的支撑。关于这一点，我们的图并不完全准确。现实中的分子数量庞大，而单个分子对沉重活塞的影响微乎其微，以至于我们看不到它在晃动。但是，难道就不能使用小而轻的活塞吗？是的，我们正是这样做的。

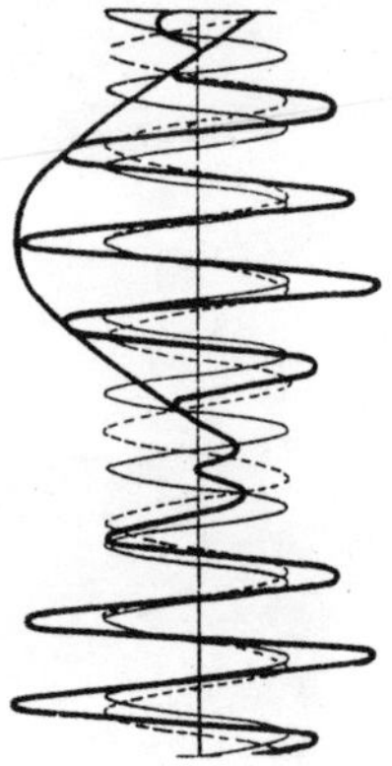

19世纪，一位叫布朗[①]的植物学家在显微镜下看到，被扔到水里的花粉会分离出微小的颗粒，这些颗粒像一群蜜蜂一样不停地运动。直到1906年，爱因斯坦和斯莫鲁霍夫斯基[②]才意识到这是分子运动和统计理论的直接证据。

当然，显微镜下的微粒并不是真正的分子，它们仍然比分子大1000倍或10000倍。但它们就是我刚才说的“小活塞”。使用液体还是气体并不重要。即使用显微镜观察香烟释放出的蓝色烟雾，也同样可以看到成千上万的微粒。它们飘浮在空气中，被四面八方的空气分子撞击；但由于微粒非常小，分子的影响并不完全平衡。例如，经常会发生这样的情况：左边的分子撞击得比右边的更剧烈，因此粒子就会颤动。它沿着一条非常曲折的路径移动，完全遵循统计

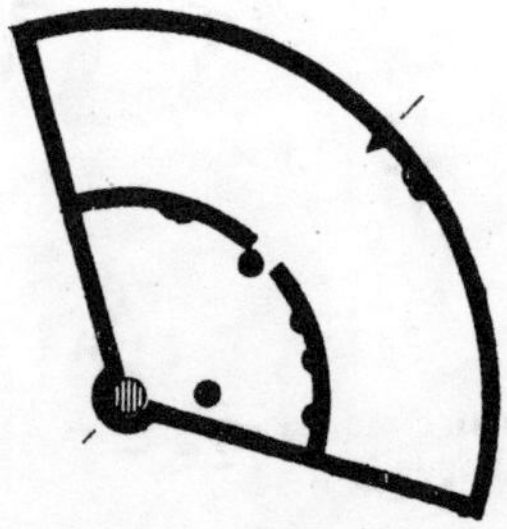

① 罗伯特·布朗（Robert Brown，1773—1858），英国植物学家，以考察澳大利亚植物和发现布朗运动而知名。

② 马里安·斯莫鲁霍夫斯基（Marian Smoluchowski，1872—1917），波兰统计物理学家。他独立解释了布朗运动。

定律。

这些定律是众所周知的；它们可以用于计算 1 cm^3 内空气分子的数量，方法是多次观察一个粒子从右向左移动 1 mm 所花费的平均时间。计算结果与我们先前得到的数字相当吻合，即每立方厘米空气有约 3×10^{19} 个分子。

当然，除了精确测量，任何人只要在显微镜下看到过密集的光点，就不会对气体分子运动论产生任何怀疑。

10. 蓝天与红日

在晴朗的冬天，雪花带走了空气里所有的灰尘和煤烟，天空恢复了本来的颜色——纯净的湛蓝。在高山之上，在森林与人类居所升腾起的雾气之上，天空呈现出更加美丽的深蓝。我们爬得越高，头顶上的空气越少，天空的蓝色就越深。如果我们飞到大气层之外，那么即使在阳光明媚的时候，天空也会像夜晚一样黑暗。

天空不是古人所想象的水晶球。蓝色穹顶的面貌只是一种错觉，穹顶之上除了空气什么也没有，因此蓝色一定是空气显现的颜色。这就是我们对它感兴趣的原因。我们想知道，空气这种透明物质如何呈现出这般亮丽的色彩。

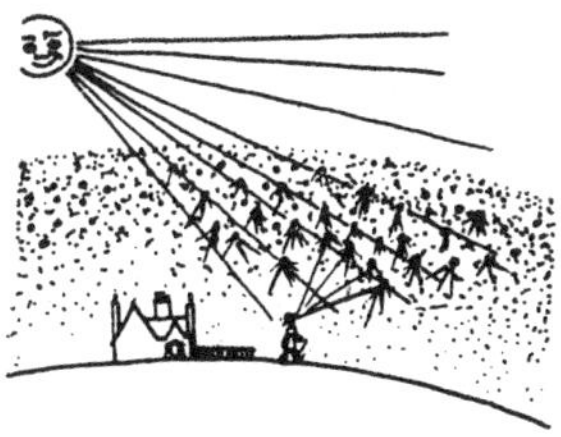
图19

本身不发光的物体，只有反射照在它身上的光，才能被我们看到。空气也是如此。阳光到达大气层，部分光线被空气反射，然后抵达我们的眼睛（图19）。问题在于，为什么这种光如此鲜艳？为什么是蓝色而不是其他颜色？

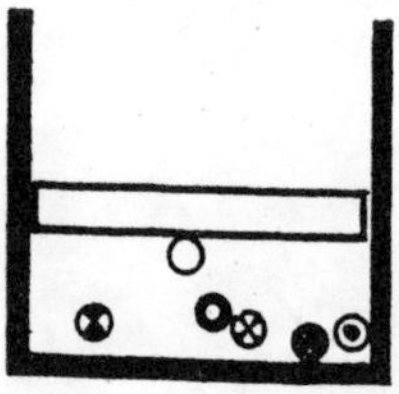

稍后我们将更详细地讨论光的本质。这里我们只需要回忆一下：光是一种波，不同的波长对应着不同的颜色。波长最长（小于1/1000 mm）的可见光在我们的眼中显示红色。随着波长变短，我们会依次感受到黄色、绿色、蓝色和紫色。波长最短的可见光——紫光的波长大约是红光的一半（图20）。

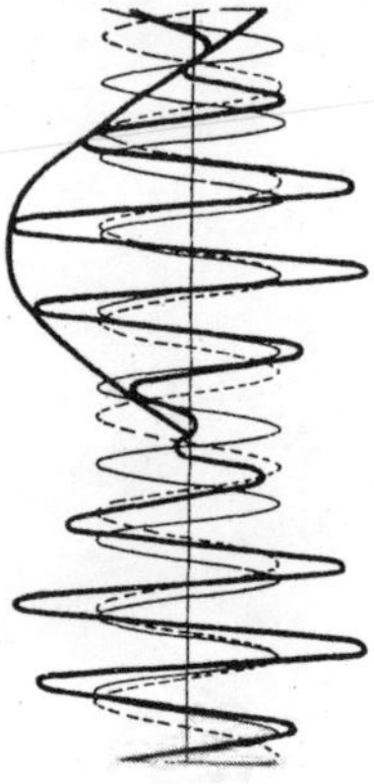

如果不同波长的光落在眼睛上，我们就能看到装饰着大自然所有美景的斑驳色彩。白天的白光也不是一种纯色，而是各种波长的光的混合体。如果这束白光落在某个物体上，它“看起来”不会是白色的，除非它均匀地反射了所有构成白光的光波。然而，如果一个物体吸收了蓝光和绿光，它就会表现出橙色。因此，一般来说，物体的颜色代表了没有被它吸收的光的颜色。

通常，被吸收的光和被反射的光就在物体表面分离。这就是为什么我们可以用很薄一层油漆粉饰物体。然而，也有例外的情况，比如在彩色玻璃中，光的分离就发生在物体内部。玻璃本身对于所有的可见光而言都是透明的，因此，如果它表面反射的光十分微弱，或者内部有缺陷而无法显形，那么玻璃将会“不可见”。如果在熔融玻璃中加入金属粉末，玻璃就会变色，原因是光波的分离发生在金属微粒上，被反射的光波有多有少并不均匀。

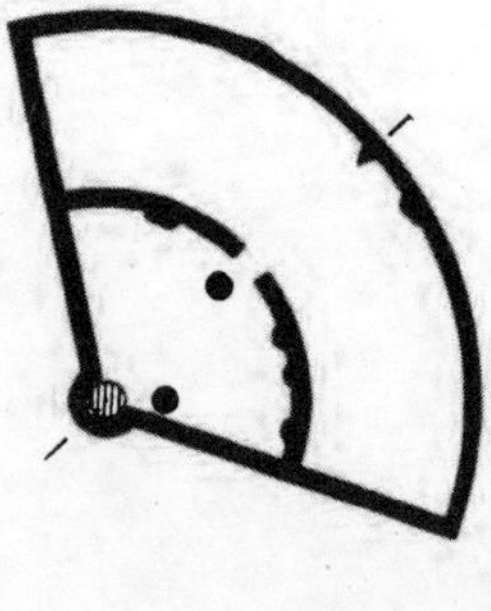

如果粒子的直径与可见光对应的波长数量级相同，那么在这种粒子非常小的情况下，我们可以立刻看到散射光的颜

色。我们都知道，出海航行时会感受到海浪的波动。晕船的人都很清楚，当海浪的波长与船身几乎一样长时，他们最容易晕船。如果海浪的波长短得多，它就没有什么影响；如果海浪的波长长得多，它就会把船整体抬高或降低，但不会使船摇晃或倾斜。只有当船头位于波峰、船尾位于波谷的时候，海浪才会产生令人不舒服的摇晃和倾斜（图21）。在这种情况下，船的运动会反过来产生新的波浪，这些新波浪会环绕着船进行传播。

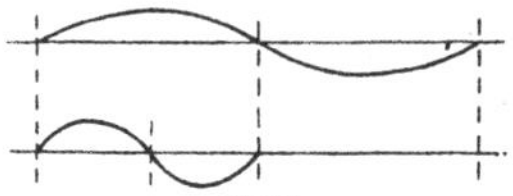

图20

图21

在这里我们感兴趣的是一种基本现象，物理学家称之为“波的散射”（图22）。当引发散射的物体的直径与落在物体上的波的波长大致相等时，就会发生显著的散射。这个规律不仅适用于水波，也适用于任何其他类型的波，无论是声波还是光波。那么，特定波长的光会显著地被特定大小的粒子散射。这就是为什么含有小颗粒的玻璃呈蓝色，而含有较大颗粒的玻璃呈绿色、黄色或红色。相比于长波长的光，小粒子对短波长的蓝光的散射更有效。

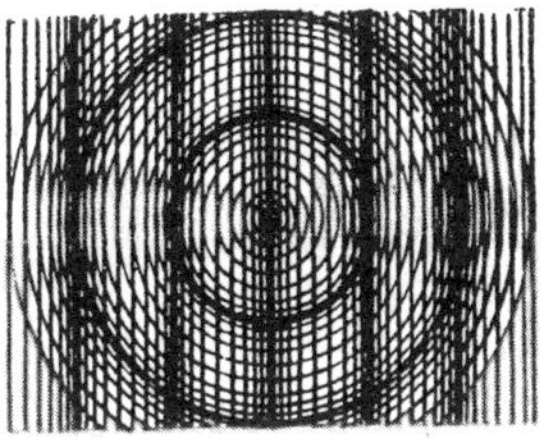
图22

现在我们从各种玻璃的颜色回到天空的颜色，实际上就是空气的颜色。然而，对它的解释还涉及另一种观点。正如我们所知，当空气中没有飘浮的尘埃颗粒或水蒸气时，天空的蓝色就格外好看。这是为什么呢?

气体分子运动论可以提供解释。我们知道分子永不停息，也绝不会完全均匀分布。总是存在一个小区域的分子数量多于平均数量，而其他区域的分子数量少于平均数量。这些区

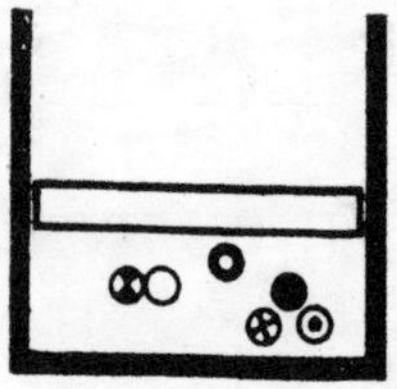

域对光波的影响就好像是异物对光波的影响。经常出现这样的情况：一条被明媚阳光照耀着的街道突然间看起来像是被水覆盖了。实际上，这是由于光线在加热的空气层上被反射了。密度上的细微差别足以使光发生反射。同样，光在经过气体时总是受到轻微的干扰，因此在密度高于或低于平均水平的地方，会出现次级球面波。

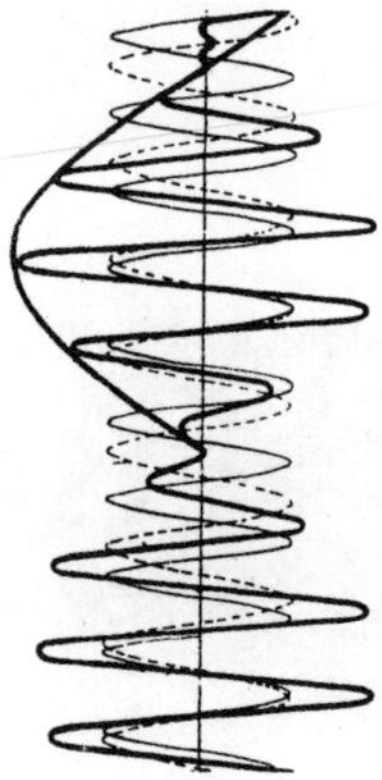

如果瞬时凝结区域的尺寸对应着某一特定的波长，那么该波长的光的散射会比其他波长的光更显著。现在，小范围的凝结显然比大范围的凝结更普遍。

如果我们固定在一个很小的、平均只包含一个分子的区域（图23），就能很好地观察这一点。当然，在现实中，这个区域可能有时根本不包含任何分子，或者有时包含两个或更多的分子。因此，这些小区域的密度可能相差1倍以上。然而，如果我们选择一个非常大的、平均包含10个分子的区域，那么某个区域实际存在的分子数通常是8、9、11或12。这意味着密度只变化了10%到20%。密度变化100%，即分子数量翻倍，这种情况极其罕见。

现在我们可以对天空的蓝色进行解释了。相比于长波长的光，短波蓝光更有可能遇到合适大小的密度变化。

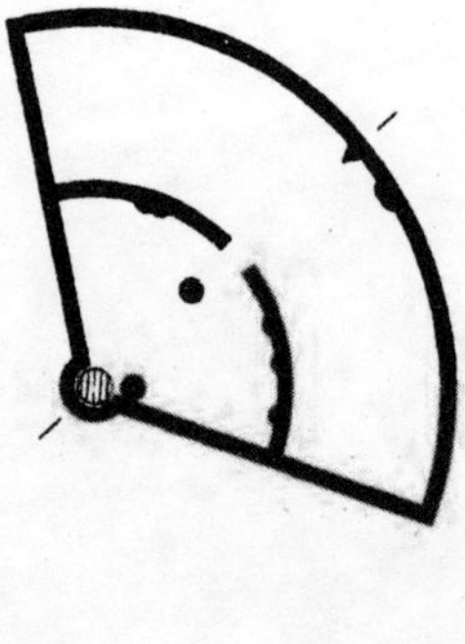

傍晚太阳落山的时候，天空被染成粉红，云朵镀上了紫边，太阳像红色的圆盘沉入地平线。这种颜色变换是如何产生的？它并不是一种新的现象，而是散射的另一个特性导致的。如果我们透过一块拿在手里呈红色的玻璃看太阳，太阳就会呈蓝绿色。原因是，我们原先看到的太阳光是原始的、未散射的光，之后散射的红光被玻璃阻挡了，因此太阳呈现出与红色“互补”的颜色。

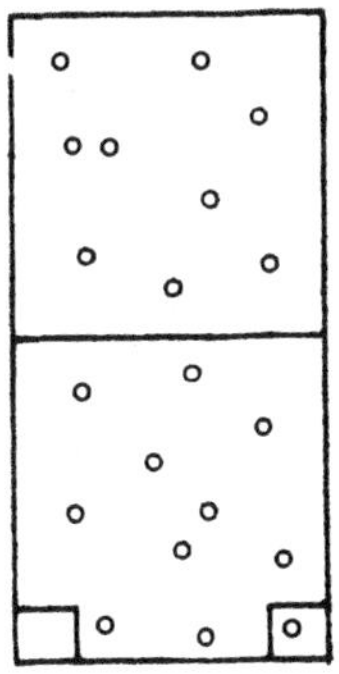

图23

同样，在日落的天空中，当太阳西沉时我们可以轻松地观察它，因为光线必须穿过一层漫长的空气，并且由于散射而变弱（图24），剩下的只有与散射掉的蓝光互补的红光抵达了眼球，同时照亮了云朵的边缘。

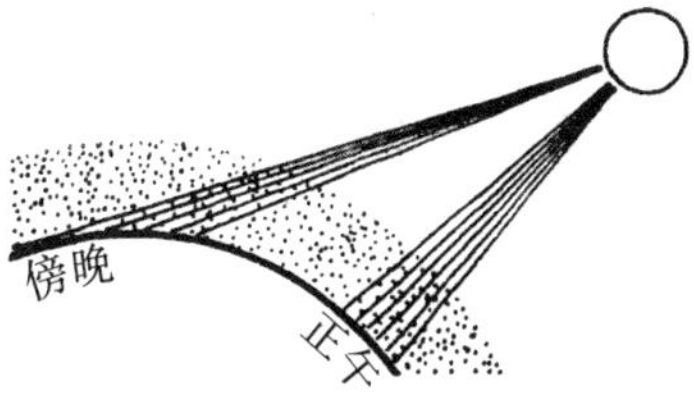

图24

因此，天空的蓝色与落日的红色是同一物理过程的不同方面。

在物理学中，我们已经发展出了测量光波波长的方法与仪器，之后我们会介绍（第三章第1节）。把这些仪器对准天空，我们就可以从数据中得出分子的数量和大小，与前面的结果十分吻合。

有许多其他现象可以达到相同的目的。但是比起蔚蓝的天空与红色的夕阳，它们就不那么富有诗意，只剩下实验室的味道了。而且，由于它们不涉及新的原理，我们就不必为此伤脑筋了。

11. 分子的第一级分支：原子

我们已经计算了空气中的分子数，同样也可以计算其他气体的分子数，比如常见的用于做饭的天然气。我们获得的每立方厘米的分子数（在常压和室温下）是完全相同的。那么，这个数是固定的吗？

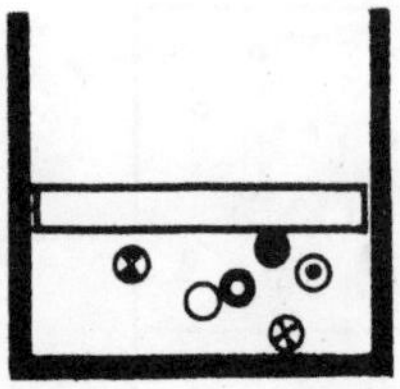

是固定的，只要我们面对的是一种特定的气体，或者是某些特定的气体混合物，比如天然气与空气的混合物。但如果我们点燃一根火柴，混合气体就会爆炸，化学反应发生了，分子数也改变了。

我们不考虑天然气，因为天然气本身就是一种气体混合物，我们更喜欢考虑氢气；我们也不考虑空气，而是选择其中的一种成分，氧气。（它们都可以单独装在钢瓶中出售。）当这两种气体混合在一起时，就会变得非常易爆。如果爆炸发生在坚固的容器内，我们会发现主要的残留物是水蒸气，以及一定量的未反应的氢气或氧气，这取决于哪一种气体过量。通过调整两种气体的量，我们有可能使这两种气体都不剩下，也就是说，只产生纯净的水蒸气。

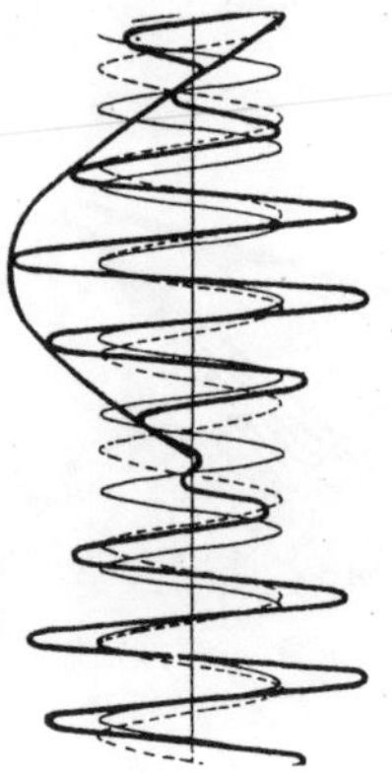

化学家已经证明，要实现这一点，原始气体必须按特定的比例混合，也就是大约8份氧气和1份氢气（按质量计算），最后生成9份水。我们对这个过程不感兴趣，而是对一个物理事实感兴趣。在相同的体积和温度下，100℃时水蒸气的压强与最初混合物的压强完全不同。这种化合作用使压强降低了1/3。

这迫使我们得出这样的结论：水分子的数目比最初的氧气分子和氢气分子的数目少1/3。当然，我们知道，压强仅仅取决于容器壁上分子碰撞的力和次数，或者更准确地说，压强取决于分子的动能和每立方厘米分子的数量。然而，在温度相同的前提下，分子的平均动能是相同的。因此，如果压

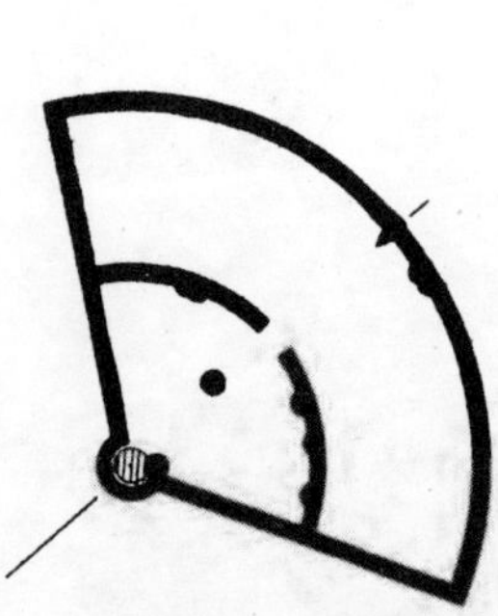

强减小了1/3，那么分子的数量一定也减少了1/3。

这没有什么好奇怪的。因为氧气和氢气结合形成了水蒸气。在美满的婚姻中，夫妻的数量只有新郎和新娘总数的一半！等一下，这种讨人喜欢的想象行不通，因为在这种情况下，压强应该下降一半，而不是1/3。

这个“1/3”表明，不仅仅水这样的化合物分子是由更小的粒子组成的，氢气和氧气这样的气体分子也是。

最简单的假设是，每一种气体分子包含两个粒子。众所周知，这些粒子被称为“原子”。氢原子用字母“H”表示，氧原子由字母“O”表示。对应的分子我们用“H_2”和“O_2”表示。我们现在可以很容易地解释为什么压强下降1/3了。水分子由三个原子组成：H_2O或O_2H。在第一种情况下，爆炸会依据下列方程发生：

$$2H_2 + O_2 = 2H_2O$$

这意味着两个氢分子和一个氧分子相遇，然后分解并重组为两个水分子。或者反应是相反的：

$$2O_2 + H_2 = 2O_2H$$

不，这很容易驳倒。因为我们可以知道用于产生水的氢气和氧气分别施加的压强（当然是在相同的温度和相似的容器中）。我们发现，氢气的压强是氧气的2倍。因此，当混合物含有2分子氢气和1分子氧气时，爆炸的产物完全是水，没有残余的氧气或氢气。

既然已经知道了前面给出的质量比，即8比1，我们就能

够得出结论：一个氧分子的质量是两个氢分子质量的8倍。因此，一个氧原子的质量是一个氢原子的16倍。我们会说，氧原子的“原子量”（相对原子质量）是16，氢气的“分子量”是2，氧气的“分子量”是32。

这个例子表明，气体的物理理论对化学有非常明确的影响，因为它确定了原子的存在以及原子的相对质量。如果没有“压强直接表示分子数量”的概念，这是不可能实现的。

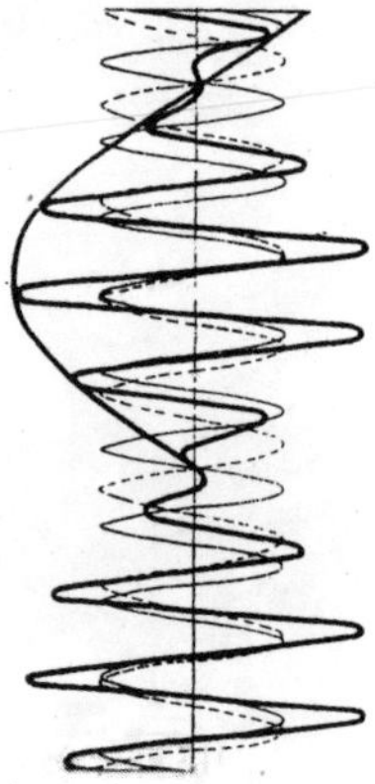

我们必须在这个例子上到此为止。事实上，我们认为分子由原子构成，这一信念建立在大量的化学事实之上，而这些化学事实也因为这一信念而得到了清晰和满意的解释。在下一节中，我将总结一下那些对我们的目标有重要影响的化学研究成果。

12.“摩尔”与分子量

假设有N块石头，每一块重2 lb（磅），总重2 t（吨），那么同样是N块石头，如果每一块重32 lb，总重就是32 t。那么后一个例子中的石头，其重量是前一个例子中石头的16倍。

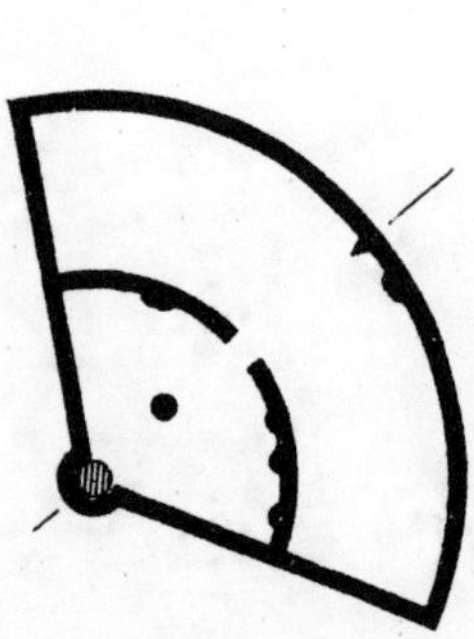

当然，分子也是如此。不同物质的N个分子的质量，与这些物质的相对分子质量成正比。物质的相对分子质量就是它们的“分子量”。如果我们取2 g分子量为2的物质，以及32 g分子量为32的另一种物质，那么它们所含的分子数完全相同。

以g为单位、与分子量数量相等的物质的量，我们称为“1 mol（摩尔）”该物质。我们可以看到，1 mol某种物质所含的分子数与1 mol任何其他物质所含的分子数完全相同。摩尔是一个方便的物质的量的单位，如果用“摩尔”替代“克”，保证我们处理的各种物质的摩尔数相同，我们就可以知道它们的分子数是相同的。

因此，只要能够一劳永逸地确定分子量，一种气体分子就只需要计数一次。这个过程是由化学家完成的，他们确定了各种物质与1 g氢原子化合形成饱和化合物时的相对质量。如果该物质与氢不存在饱和化合物，那么我们就用性质已知的其他物质来代替氢。此外，纯粹出于实用的原因，人们发现最方便的不是测量相对于1 g氢原子的分子量，而是测量相对于32 g氧原子的分子量。从化学的角度看，后者更方便。现在，氧和氢的原子量之比不是（我们之前所说的）16∶1，而是稍微小一点儿（16∶1.008）。因此我们说，相对于氧（O＝16），氢（H）的原子量为1.008。

之后我们将看到（第五章第3节），选择氧作为标准物质产生了一个非常好的结果。

1 mol有多少个分子？这个数字通常叫“阿伏伽德罗常数”，以最早提出摩尔这个概念的科学家命名。根据最新的测定，它的值为6.06×10^{23}。[①]要理解这么庞大的数字，我们

---

① 现代通用的阿伏伽德罗常数的近似值为6.02×10^{23}。

可以想象一个立方体中包含这么多个粒子，那么立方体的每一边都有约0.85×10^8或8500万个粒子（这个数字与自身相乘两次得到6.06×10^{23}）。如果豌豆的直径还和之前一样是$\frac{1}{2}$cm，那么1“mol”豌豆（是的，我们甚至可以这样表述）将填满一个边长约425千米的立方体。

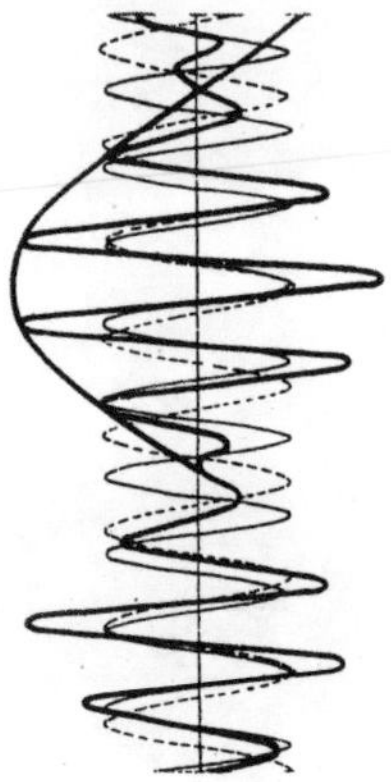

由于6.06×10^{23}个氢原子的质量为1 g，那么每个氢原子重$\frac{1}{6.06\times10^{23}}$ g或$\frac{10}{6.06}\times\frac{1}{10^{24}}=1.65\times10^{-24}$ g。如果要求某个物质的一个原子或一个分子的实际质量，就要用该物质的原子量或分子量乘以这个数值。

正是这些数值使我们可以把日常生活领域的测量转变成原子物理领域的测量。

13. 元素周期表

根据化学的观点，相对较少的几种元素形成了多种化合物，这些化合物构成了大量难以理解的物质，包括死物和活物。

目前发现92种[①]不同的原子或元素，所有分子都是这些元素原子的组合。

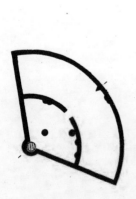

这种分析方法是人类思想最伟大的成就之一。从本质上来说，当人类完成这种分析的时候，原子研究的现代物理方法还没有出现或尚处于萌芽阶段。要使物质分离或结合，我

① 目前已发现100多种元素。

表1 元素周期表

	I	II	III	IV	V	VI	VII	VIII
1	1H 1.0078							2He 4.002
2	3Li 6.940	4Be 9.02	5B 10.82	6C 12.00	7N 14.008	8O 16.0000	9F 19.000	10Ne 20.183
3	11Na 22.997	12Mg 24.32	13Al 26.97	14Si 28.06	15P 31.02	16S 32.06	17Cl 35.457	18Ar[①]⟷ 39.944
4	19K 39.096 29Cu 63.57	20Ca 40.08 30Zn 65.338	21Sc 45.10 31Ga 69.72	22Ti 47.90 32Ge 72.60	23V 50.95 33As 74.91	24Cr 52.01 34Se 78.96	25Mn 54.93 35Br 79.916	26Fe 27Co⟷28Ni 55.84 58.94 58.69 36Kr 83.7
5	37Rb 85.44 47Ag 107.880	38Sr 87.63 48Cd 112.41	39Y 88.92 49In 114.76	40Zr 91.22 50Sn 118.70	41Nb[②] 93.3 51Sb 121.76	42Mo 96.0 52Te 127.61	43Ma ⟷53I 126.92	44Ru 45Rh 46Pd 101.7 102.91 106.7 54Xe 131.3
6	55Cs 132.91 79Au 197.2	56Ba 137.36 80Hg 200.61	57La 138.92 81Tl 204.39	72Hf 178.6 82Pb 207.22	73Ta 181.4 83Bi 209.00	74W 184.0 84Po (210.0)	75Re 186.31 85—	76Os 77Ir 78Pt 191.5 193.1 195.23 86Rn 222
7	87—	88Ra 225.97	89Ac (227)	90Th⟷ 232.12	91Pa (231)	92U 238.14		

① 原文为 A，为方便阅读替换为现今公认的符号 Ar。

② 原文为 Cb，为方便阅读替换为现今公认的符号 Nb。

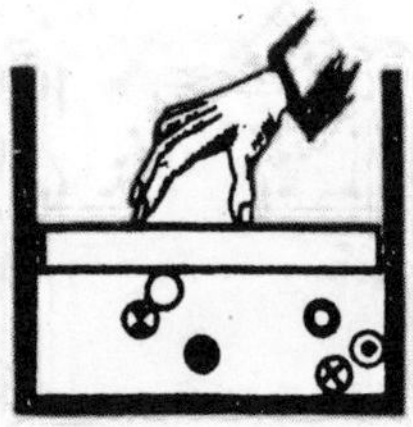

稀土元素（介于57La和72Hf之间）

58Ce 140.13	59Pr 140.92	60Nd 144.27	61	62Sm 150.43	63Eu 152.0	64Gd 157.3
65Tb 159.2	66Dy 162.46	67Ho 163.5	68Er 167.64	69Tm 169.4	70Yb 173.04	71Lu 175.0

注1：元素符号前面的数字代表原子序数，下面的数字代表原子量。后者来自1932年国际原子量委员会的报告，有少量修改。双箭头"⟷"表示原子量和原子序数不相符的地方。

注2：在本书初版（1935年）之后，我们发现了新的元素，不仅填满了旧表的所有空格，还发现了许多"超铀"元素。它们是：43 Tc锝；61 Pm钷；85 At砹；87 Fr钫；93 Np镎；94 Pu钚；95 Am镅；96 Cm锔。

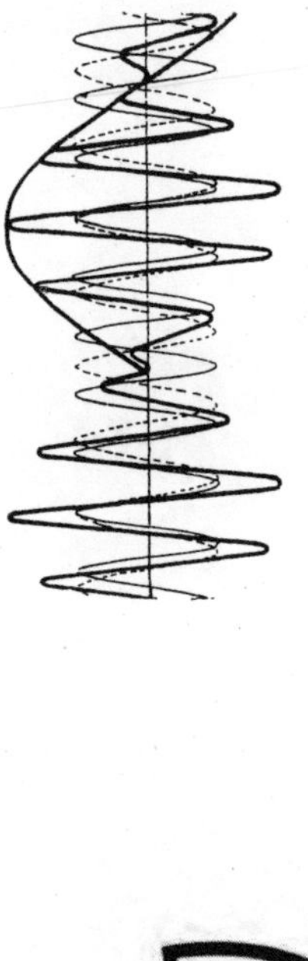

们只能使用最简单的方法：加热和冷却、溶解、结晶及过滤，这很大程度上取决于我们对该物质的外观、气味和味道的判断。我们差不多可以说这些方法已经非常先进。除此之外，我们还需要用到一点儿物理学知识：测量表面张力、电导率等。然而，成功主要是由于长期以来的信念，即物质从本质上来说是简单的，遵循简单的规律。这是一种纯粹的理论想法！但没有信念就不可能去探求，没有理论就无法做实验。最初的理论可能是错的，期望的目标有可能实现不了。从魔法石和炼金术士的仪器开始，这些探索最终把人类引向了现代化学，它用92种基本"元素"构建了整个物质宇宙。事实上，同样的精神驱动力已经引导我们进一步研究，因为谁会相信基本元素有92个之多呢？但关于这一点，我们之后再谈（第五章第1节）。

首先，我们可以对这92种元素进行排列比较，从而了解它们的性质。幸运的是，我们的记忆负担不会太重。有几组类别相同的元素，它们具有相似的化学和物理性质。在上面这张元素周期表中，它们纵向排列。每个元素都有独特的符号，其原子量是给定的（参考值为O＝16）；还有一个从左到右递增的数字，叫“原子序数”。原子量通常是递增的，但也有一些例外（用“⟵⟶”表示），我们将在第四章第4节中讨论。

这张表格本身就是对一个基本发现（由洛塔尔·迈耶尔[①]和门捷列夫完成）的总结，内容如下。例如，我们考虑第一列（除氢以外）的元素锂（Li）、钠（Na）、钾（K）、铷（Rb）、铯（Cs）：它们都是具有相似物理和化学性质的金属，被称为“碱金属”，质软、易燃，会与氯或溴形成同种类型的盐，等等。如果从这些元素过渡到更重一点儿的元素，比如从锂到铍（Be），从钠到镁（Mg），从钾到钙（Ca），从铷到锶（Sr），从铯到钡（Ba），它们被称为“碱土金属”，在各种方面也彼此相似，在化合物中很容易被置换，等等。如果从碱金属过渡到更轻一点儿的元素，我们也会得到一组彼此性质很相似的物质，占据最后一列。它们都是气体，几乎不参与形成任何化合物，也就是所谓的“惰性气体”——氦（He）、氖（Ne）、氩（Ar）、氪（Kr）、氙（Xe）、氡（Rn）。

这条规则可以严格按照标准给出的顺序，继续往其他列

---

① 尤利乌斯·洛塔尔·迈耶尔（Julius Lothar Meyer，1830—1895），德国化学家，曾独立地研究出元素周期分类法，并于1868年编制出元素周期表，但直到1870年才发表。他的元素周期表与门捷列夫1869年的元素周期表有许多相似之处。今天的元素周期表都是以门捷列夫的元素周期表为基础。

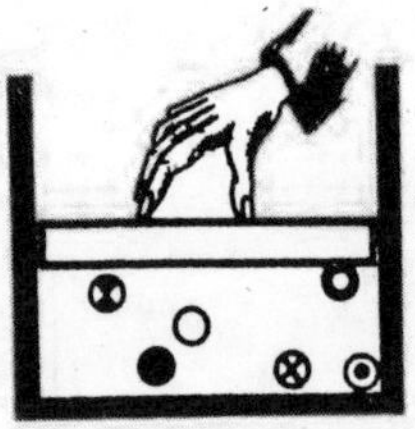

执行。我们看到的主要有八列；也就是说，如果我们按照原子量增加的顺序研究原子，总会在八步之后遇到与第一个原子相关的原子。

元素周期表的命名正是基于这种规律。然而，这种规律只在最开头两行成立。之后的周期会更长（18步），但以8为周期的框架仍然适用。继续往后看，许多元素的位置似乎很随意，也就是所谓的“稀土元素”，从铈（Ce）到镥（Lu）。我们已经说过，在少数几个地方，原子量的顺序被打乱了，以便根据化学相似性保持周期性的分组。

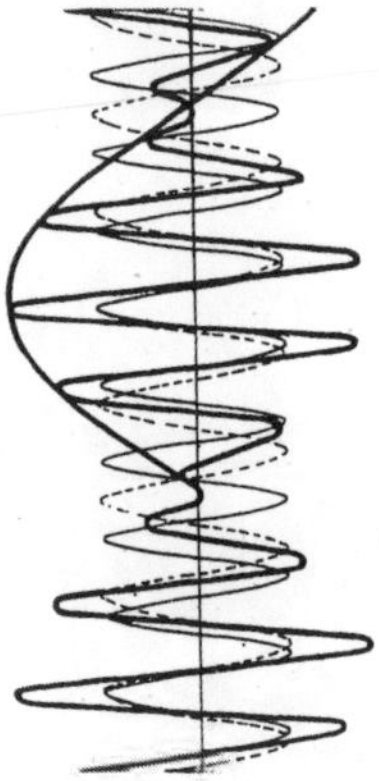

这一系列元素应该可以在圆柱体上缠绕成一个螺旋（图25）。然后我们就能更清楚地看到，惰性气体排在碱金属之前，而惰性气体前面是一列有关联的物质，卤素（盐类的组成元素），即氟（F）、氯（Cl）、溴（Br）、碘（I）等。它们都是一价的，也就是说，它们只能与一个氢原子结合，形成氢氟酸（HF）、盐酸（HCl）等。

在发现元素周期表之前，炼金术士关于元素关系和元素转变的想法只是一个美好的梦。现在它立刻变成了一个研究项目。这些研究近距离地揭示了元素的亲缘关系，就像达尔文把生物之间的形态关系解释为时间上的连续，也就是进化。最近，生物学家流行对进化论提出疑问，因为我们没有关于物种转变的证据。唉，没有信仰的一代！如果物理学家也这么做，他们就会把92种元素及元素周期表看成上天的礼物，因为所有试图使元素转变的尝试都徒劳无功。如果是这样，

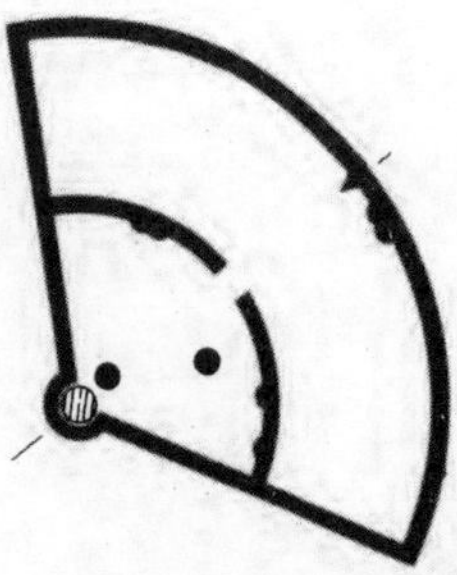

现代原子物理就永远不会出现，本书也到此为止了。但是，尽管现实看起来既复杂又矛盾，虔诚的物理学家仍然固执地相信大自然的简单和统一。因此，对物理学家而言，元素周期表并不是墓志铭，而是重新出发的行军令。

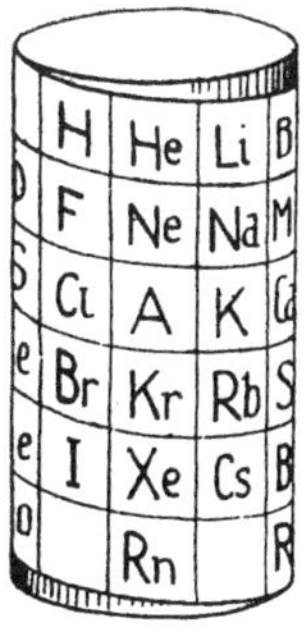

图25

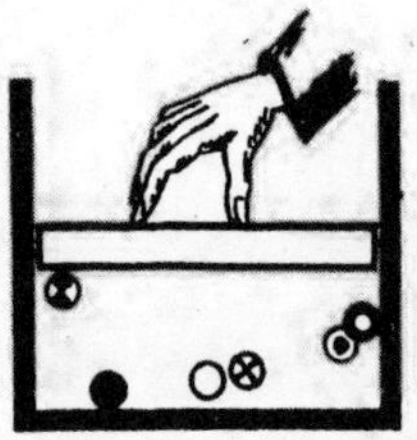

第二章

电子和离子

1. 终极粒子问题

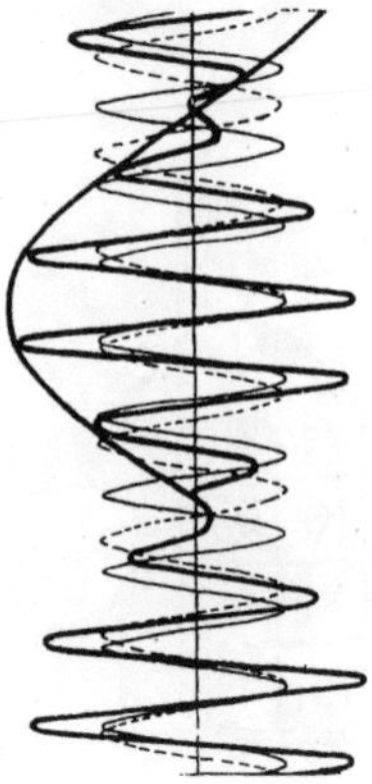

较早的原子论主要是基于化学实例和气体分子运动论，其中“原子”（atom）这个词的最初含义是“不可再分”。原子被视为台球那样的弹性小球，每个球上都有几个“小钩”（化学家称之为“原子价”），它们通过这些小钩彼此相连。大约有90种不同的原子，人们相信所有物质都是由这些原子构成的。但物质世界并没有那么简单，存在着违背这一体系的现象。例如，它无法解释光与物质的联系。发光物体或燃烧物体射出的光，最后被其他物体吸收，中间经历了或多或少别的物体的传输，这取决于光的波长、光速的改变等。此外还有电现象和磁现象，它们也与物质实体密切相关，但与原子论不相容。

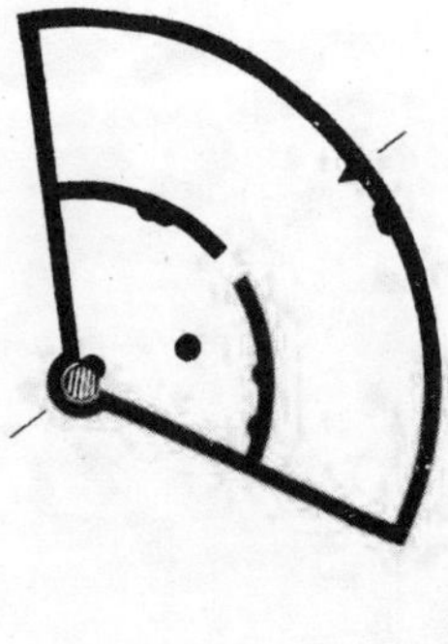

如果要用简单的原子论来解释这些现象，那么每个小球必须具备多种属性。然而，这些小球的差别仅仅在于大小和质量，也许还有弹性。这些差别不足以解释大量的光效应与电效应，更别提那些我们必须考虑的化学性质了。因此，我们必须把原子拆碎或分解。要确定一个东西的组成，这永远是最有效的方法。如果能够做到，那么我们希望元素周期表所揭示出的原子之间的联系也能变得清晰明了。

我们在解剖活体组织的时候发现了生命的基本单位——细胞。那么，是否存在构成所有原子的基本单位，也就是终极粒子？

100多年前，一位叫普洛特[①]的医生断言氢原子就是终极粒子。如果是这样，那么所有原子的质量应该都是氢原子质量的整数倍。首先，这是错的，后来的精确实验证明了这一点，我们的元素周期表也清楚地说明了这一点。其次，氢原子并不比其他原子更"简单"，因为它对光、电和磁的响应都非常复杂，而且它本身就能发射和吸收各种颜色的光。因此，普洛特的假设似乎没什么用。但我们马上就会看到，一种改进的形式成功地重新表述了它。

接下来，我们必须在其他地方寻找终极粒子。大约50年前，人们相信在电学领域中发现了这种原子，即"电原子"或"电子"。然而严格来说，这也不是一个理想的结果。的确，电子是一种终极粒子，但构成物质的92种不同原子不能仅仅解释为粘在一起的电子。问题要复杂得多：我们之后将看到，几种其他类型的粒子也在争夺成为终极粒子的荣耀（第五章）。因此，在拆解原子的时候，我们必须慢慢来，否

① 威廉·普洛特（William Prout，1785—1850），英国化学家、外科医生。他认为氢原子是唯一真正的基本粒子（并取名为"protyle"，这也是质子"proton"一词的由来），其他原子都是由不同数量的氢原子组成的。这就是普洛特假说。

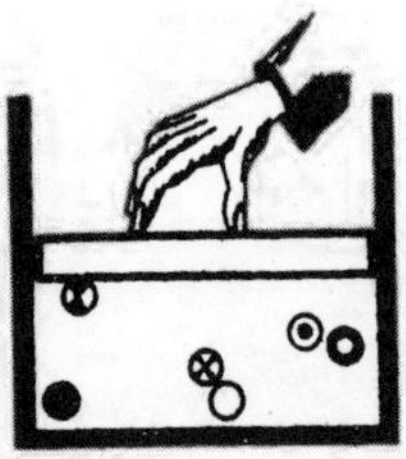

则就会损坏原子，就像学生在学习解剖时切口太大会损坏重要的器官。学生必须从表皮开始，一层层地剥开；我们也是一样，必须从原子的外部深入内部。我们发现，原子的外壳实际上是由电子构成的，接下来我将描述这是如何被证实的。

2. 电解导电

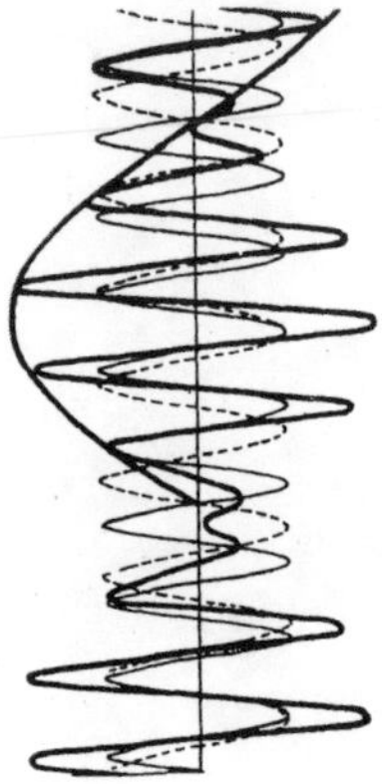

在继续讲故事之前，我们有必要回顾一下关于电和磁的一些事实。今天所有人都知道很多关于电的知识，因为所有人家里都在使用电。你可能有一台收音机，可能有一台发电机（如果有汽车的话就一定会有发电机）；你可能对伏特、安培、电阻、电感、电子管、三极管等如数家珍。我们将从一种几乎所有人都见过、实际上许多人都用过和关注过的东西开始，也就是普通的“低压”蓄电池。这是一种小型电池，里面是排列好的浸在稀硫酸溶液中的铅板。充满电的时候，该电池会提供稳定的电压，汽车修理工将其描述为2 V（伏特）。

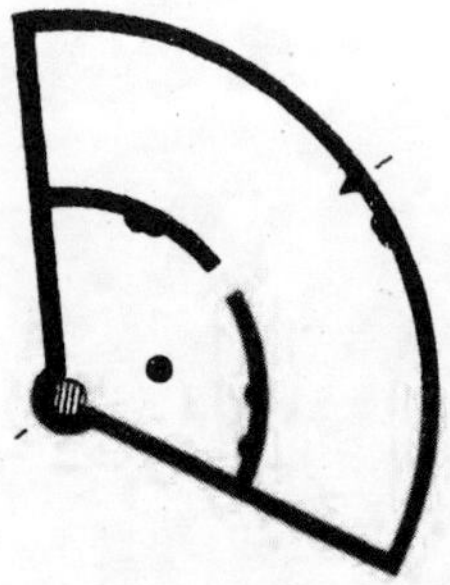

蓄电池有两极，一端被标为红色，另一端被标为黑色。这种标记是为了确保两个或多个蓄电池以正确的方式连接。如果我们用一根铜线连接两个红极，用另一根铜线连接两个黑极，那么什么也不会发生；但如果我们把一个电池的红极连上另一个电池的黑极，把前者的黑极连上后者的红极，那么在连接完电路之后，我们一定可以看到明亮的火花。如果我们成功地做到了，而且没有灼伤自己的手指，那么就可能会使铜线熔化，或者运气不好的话，我们会毁掉两个电池。所发生的事情很容易理解。区分红极和黑极的意义在于，当我们用一根导线连接红极与黑极，正电会通过导线从红极流向黑极，负电会通过导线从黑极流向红极。然而，如果我们连接红极与红极，导线中就不会有电流流动的趋势。

这里我们假定有两种电，一种我们称之为“正电”，另一种我们称之为“负电”。我们已经知道这两种电的存在，并且在学校里已经通过实验来证明。这些实验用到了玻璃棒、丝绸、橡胶、毛皮、树脂片等，本书不再回顾。为了方便，我们给它们取名为“正电”和“负电”，这表明它们的性质类似于正数和负数。例如，正电排斥正电，负电排斥负电，但正电吸引负电。这让我们想起了代数里的经典规则：“同号相加，异号相减”。事实上，这就是为什么两种电分别被赋予“正号”和“负号”，为什么其中一个叫正电，另一个叫负电。正5和负5相加等于0；同样，如果我们给一个物体5单位正电，然后再给它5单位负电，结果它就完全不带电。对外界影响而言，这是一种电荷消灭了另一种电荷。我们会说这个物体呈“电中性”。

现在，如果我们把一台电气设备连接在蓄电池的红、黑两极，电流就会流动，它会产生几种众所周知的效果。例如，它会使导线变得炽热，从而发光；它可以配合软铁块制造强力的磁体，从而生产电动机。但电流还会产生一种可能不那

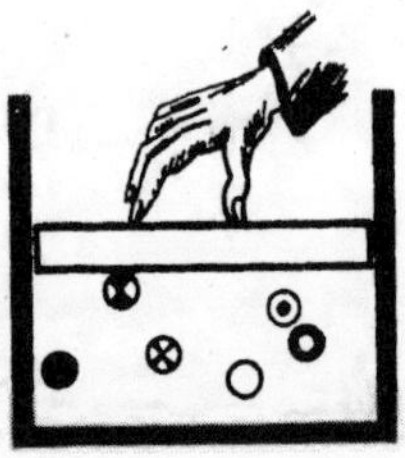

么出名的效果，尽管该效果在工业中得到了广泛的应用，即分解化学溶液。读者很容易用2 V蓄电池自己证明这一点。拿一个空的果酱罐，里面装半瓶水并加入一撮盐，把两个金属棒插进溶液（当然，不要让它们彼此接触），然后可以用铜线把这个装置（图26）连接在蓄电池的红极和黑极上。如果你这样做，就会看到两根金属棒上有气泡冒出。这些金属棒叫作“电极”（electrodes），英文名称源自希腊语中的“琥珀”（electron）和“路径”（hodos）。正电流进入的金属棒叫作“阳极”（anode，源自希腊语“ana”，意即向上），另一端叫“阴极”（cathode，源自希腊语“kata”，意即向下）。然后，气体从电极上冒出来，如果分别收集每个电极的气体，会发现其中一个电极处产生的是氢气，另一个电极处产生的是氧气。从化学中我们知道，氢和氧是水的组成成分。因此，电流为我们分解了水。

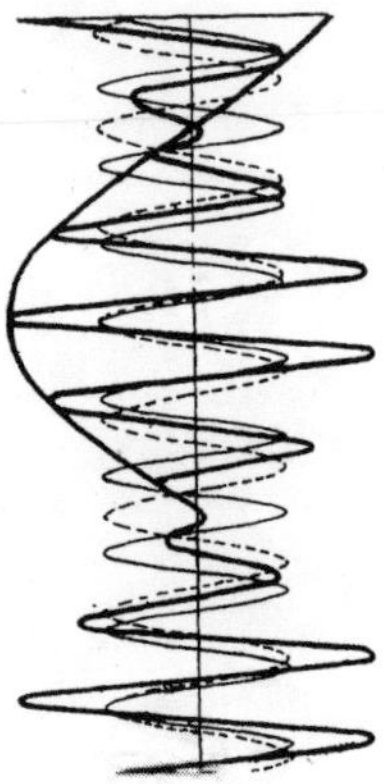

电流也可以分解其他物质。例如，如果在上述的果酱罐里装着一种叫硫酸铜的蓝色稀溶液，并使用两个铜电极，几分钟后我们会发现，其中一个电极有非常清晰的崭新的铜涂层，而另一个电极有被蚕食的痕迹。如果我们精确地测量两个电极的重量，会发现一个电极的减重刚好等于另一个电极的增重，所以电流只是把铜从一个电极转移到另一个电极，前者被消除，后者被沉积。铜通过硫酸铜溶液从一个电极传递到另一个电极，这个过程叫“电解”。在工业上，这种方法广泛应用于生产纯金属，也用于电镀。

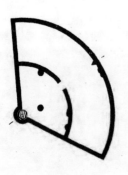

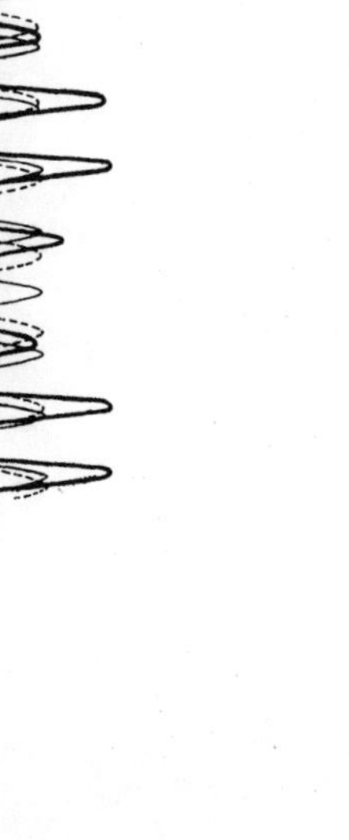

现在，尤其令我们感兴趣的是电流通过硫酸铜溶液的真实机制。首先，我们可以这样说，如果使用的是纯净水，那么电流根本不会通过，因为纯水的“电阻”无穷大。因此，必须是溶解有一些化学物质的溶液才能导电。在前面提到的例子中，第一个溶解的是一撮盐，第二个溶解的是硫酸铜。在这两种情况下，电极上收集的物质都不是来自添加的化学物质。在硫酸铜的例子中，附着在一个电极上的铜是在另一个电极上被蚕食掉的，而并非来自硫酸铜溶液，否则实验结束时溶液会比刚开始时更稀，但化学家可以证明，两者的浓度是一样的。

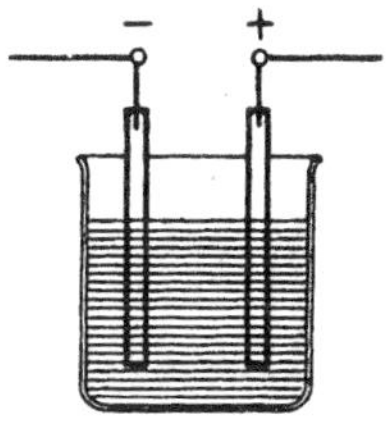

图26

通过对硫酸铜溶液的细致实验，我们知道，电流持续的时间越长，沉积的铜就越多。如果一股水流以恒定的速度在管道内流动，那么两小时流过的水量应该是一小时流过水量的2倍。同样，如果电路中的电流不变，那么两小时送出的电量应该是一小时送出电量的2倍。而两小时沉积的铜量也是一小时沉积铜量的2倍，因此，很明显，沉积的铜量与流过电路的电量成正比。

电必须以某种方式从一个电极传递到另一个电极。如果通过电路传递1单位电需要1 lb铜参与，那么根据刚才提到的实验我们可以知道，通过电路传递2单位电需要2 lb铜参与。2 lb铜所含的铜原子是1 lb铜的2倍。那么，通过电路传递的电必须以某种方式通过铜原子传递，一个铜原子必须携带特定量的电，不多也不少，这一点不是很明显吗？或者换句话

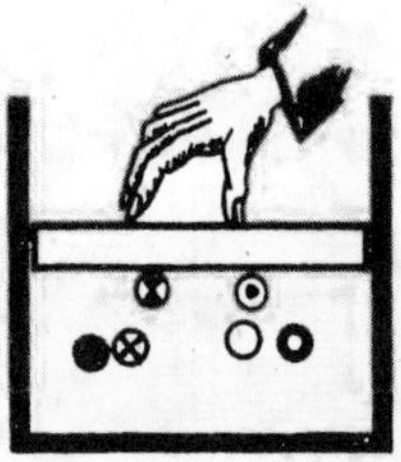

说，这难道不意味着铜原子中一定有一个电子吗？否则，每个铜原子可能携带一“包”电，但每“包”电可能含有不同的电量。这样的话，沉积在一个电极上的铜原子的数量，与通过电路的电量之间就没有必然的联系了。结论似乎很简单：在通过溶液并沉积于其中一个电极的过程中，每个铜原子都携带着数目确定且不可再分的电子，比如1个、2个、3个等。哪怕每个铜原子携带两个电子也不要紧，只要所有铜原子都是相同的，因为只要它们携带相同量的电，携带者（铜原子）的数量就一定与所携带的电量成正比。

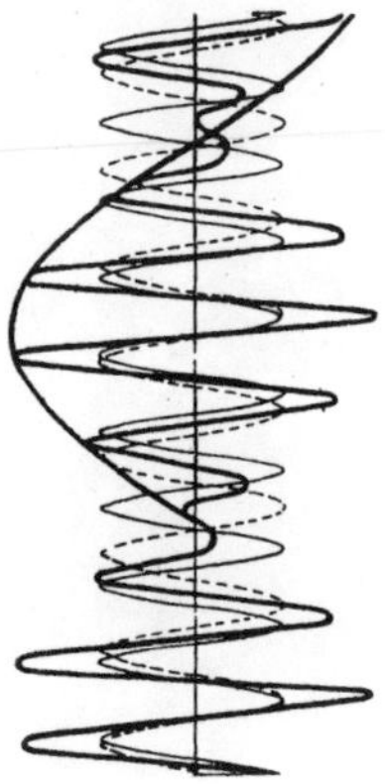

这个观点已经被详细地计算出来了，而且所有关于电解和电解导电的事实已经被解释了原因。我们发现，每一个铜原子、银原子、铝原子或任何金属原子，都携带着一定量的电子。例如，一个铜原子携带的电子数是氢原子的2倍。所以要携带相同量的电，所需的氢原子是铜原子的2倍。对于携带相同总电量所需要的原子，没有哪种物质比氢更多。因此我们断定，氢原子携带一个电子。这样，我们就证明了电子的存在。

带电的原子（或分子）叫“离子”（ions，在希腊语中的意思是“漫游者”）。有一价的离子、二价的离子等，对应于它们所携带的电子的数目。

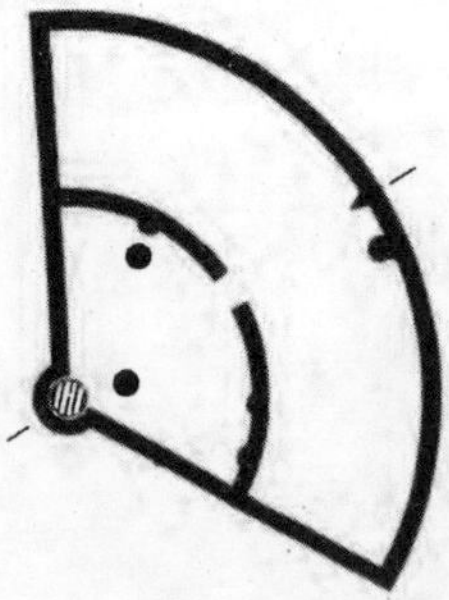

1 g氢携带的电子的量被称为“1 F（法拉第常数）”，以发现电解定律的伟大物理学家[1]命名。1 F等于每单位质量氢

① 指迈克尔·法拉第（Michael Faraday，1791—1867），英国物理学家，在电磁学和电化学领域做出了许多重要贡献。

离子携带的电荷，或者氢离子的荷质比。由于1 g氢的原子数目为1 mol，即约6×10^{23}，那么1 F也是相同的数值。1 F就是1 mol任何一价离子所携带的电荷。

当然，科学家并不满足于这样一套结论，而是通过大量实验来验证离子假设。电解质理论本身就是一门完整的科学。它解决了下面这些问题：溶液的浓度和性质对其电阻的影响，它们对物质的其他物理和化学性质的影响，温度对这些过程的影响。但这些研究可能会让我们跑题。至于我们主要感兴趣的电子，该理论并没有告诉我们任何新的东西。因为我们甚至还不知道究竟是有两种电子（正电子和负电子）还是只有一种电子。在后一种情况下，中性原子并不是通过增加一个电子形成另一种离子，而是通过去掉一个电子。

我们怎样才能找到更多信息呢?

3. 阴极射线

人们尝试过从普通原子中分离出自由的电子，并研究它。19世纪中叶以来，几位物理学家实现了这一点，比如普吕克、希托夫和汤姆孙①，他们研究了稀薄气体的导电情况。而在此前很久，盖斯勒管就已经为人所知了。盖斯勒管中存在稀薄的气体，当电流通过时，它会亮起美丽的彩光。管中的过程

① 尤利乌斯·普吕克（Julius Plücker，1801—1868），德国数学家、物理学家，他是阴极射线研究的先驱者之一。约翰·希托夫（Johann Hittorf，1824—1914），德国化学家、物理学家。约瑟夫·汤姆孙（Joseph Thomson，1856—1940），英国物理学家，电子的发现者。

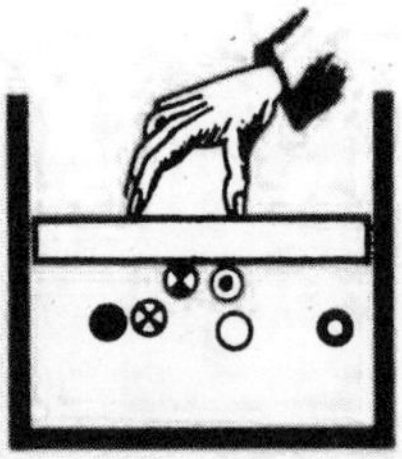

非常复杂，是一场带电原子的混沌之舞，我们只能逐步地学会控制它。从五颜六色的电子广告牌可以看出，我们现在已经做到了。

虽然这个过程很重要，但物理学家更乐意考虑一些简单的现象。一种先进的方法是把管子里的气体抽出来，使它变得越来越稀薄。然后光线就会变得越来越暗，最终完全消失。但尽管如此，还是有一股微弱的电流通过了盖斯勒管。如果我们仔细观察，就会看到一些新的东西：其中一个电极（图27）对面的玻璃壁上发出绿色的光。注意，我们说的是“其中一个电极”。仔细看，我们发现它是阴极，即正电流离开管道的地方，也就是相对于阳极带负电荷的地方。

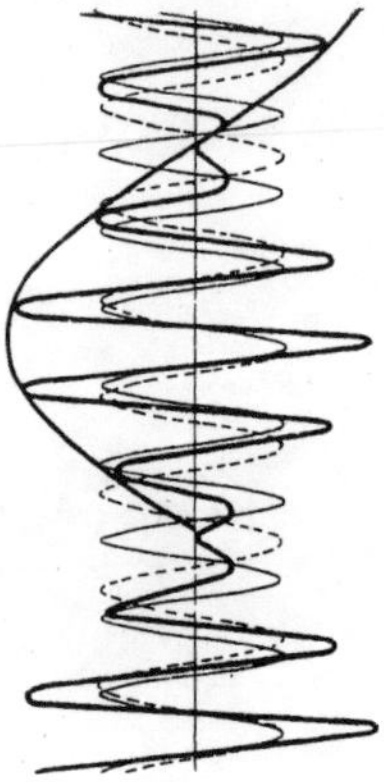

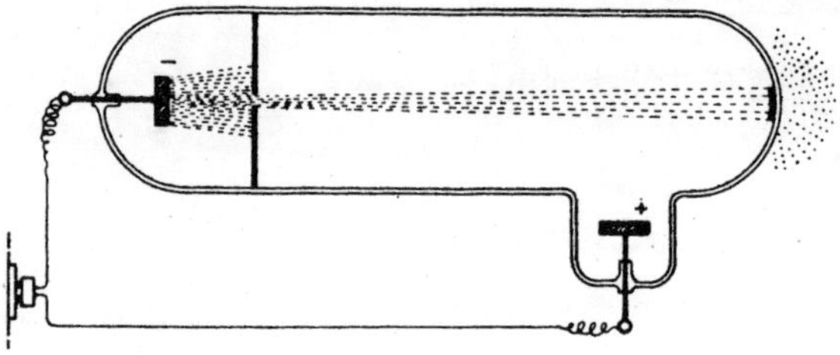

图27

管道内发生了什么？之前气体密度更大的时候，电“流过”盖斯勒管，我们可以看到一条闪光的线连通阳极和阴极。现在气体压强较低，不同的事情发生了：类似于射线的效应只来自阴极。如果在管中放入一些小障碍物，比如板或导线，我们就能在玻璃壁的绿光中清晰地看到它们的影子。因此，该辐射是沿直线传播的；它被称为“阴极射线”。阴极射线是

由什么组成的？它是一种光吗？按照通常的观点来说，它是一种波动，还是一场粒子雨？

渐渐地，物理学家确信是后者。最重要的是，阴极射线带负电。它们从负极飞出来，这一事实很明显可以推导出这一点（负电当然排斥负电）；也可以通过捕获它们直接证明阴极射线带负电。

接下来，物理学家试图使该射线加速、减速，或者使它偏离原本的路径。相比于第一章中谈论的电中性分子束，这些带电射线更容易做到。从某种意义上来说，我们对分子无计可施，因为重力无法使高速的粒子偏转。因此，我们必须通过旋转发射装置来产生一个明显的偏转。然而，带电粒子很容易受到电力和磁力的影响。有很多实验方法可以做到这一点。我们对细节不感兴趣，只要把原理弄清楚就行。

4. 电偏转和磁偏转

如果我们把两块平行的金属板连接在电池或照明电路（假设是直流电）的两极，其中一块板带正电，另一块带负电（图28）。一个带电的小球被其中一块带相反电荷的板吸引，无论它在哪里都受到相同的力。那么我们说两板之间有一个均匀“电场”。

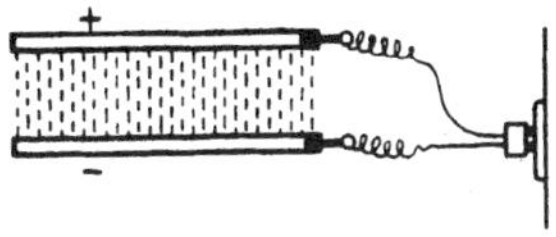

图28

在这个场中，带电小球的落体运动就像石头在地球“引力场”中的落体运动一样。如果小球从一侧射入，它会划出一条抛物线（图29）。然而，这两种情况有本质的区别。我们

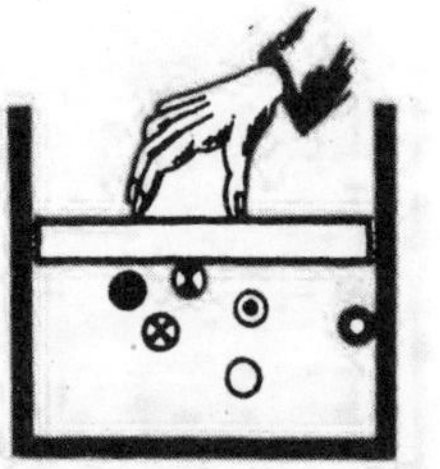

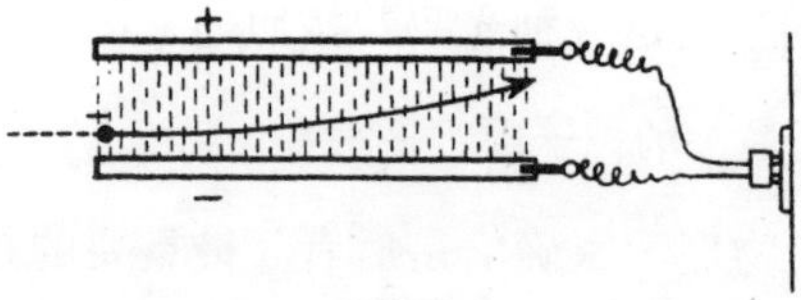

图29

知道，至少在没有空气阻力的真空中，所有物体都是以相同的速度下落。这是因为，尽管由于惯性，较重的物体比较轻的物体更难抵抗偏离直线轨迹的阻力，但它受到的重力也同等比例地增大。

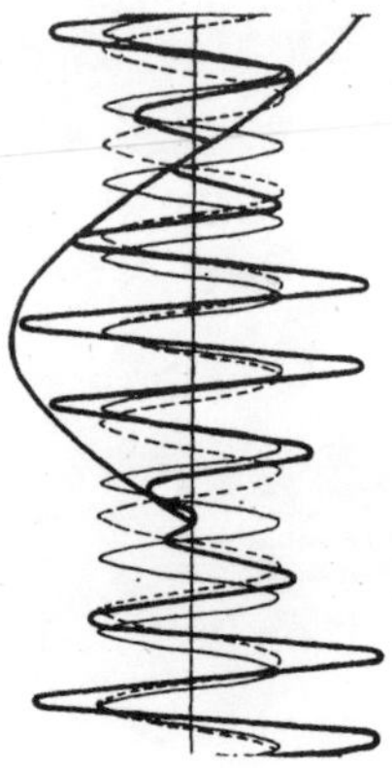

但是，如果作用在小球上的力不是来自引力场，而是来自电场，情况就不一样了。惯性或保持直线运动的倾向取决于质量；而使小球偏转的力取决于电荷，与质量无关。如果电场力增加，物体保持不变（质量保持不变），那么偏转力也会增加。因此，抛物线的曲率，即最终偏转的程度，取决于电荷与质量之比，也就是本章第2节提到的“荷质比”，它与电解的离子有关。

同样，如果我们向一个恒定的磁场发射带电物体，比如存在于电磁铁两极之间的磁场（图30），也可以有类似的思路。当然，磁场产生作用的粒子路径是完全不同的。静止的带电粒子在磁场中不受任何力的作用。如果粒子在运动，磁场施加的力并不是沿着“磁力线”从一极到另一极，而是与磁力线的方向垂直，同时也与粒子运动的方向垂直（图31）。如果粒子的飞行方向与磁力线成直角，那么运动轨迹就是一个圆弧（图32）。圆的曲率同样与荷质比成正比。

电偏转和磁偏转以完全不同的方式受到粒子速度的影响。在电偏转中，偏转与速度的二次方成反比；在磁偏转中，偏转与速度本身成反比。因此，把这两种偏转结合起来，我们就可以区分速度的影响与荷质比的影响，并分别确定两者。

图30

5. 电子的荷质比

对于不那么熟悉电学单位的人，详细介绍这些实验的数值结果并没有多大用处。因为如果要判断一个新获得的值是偏大还是偏小、正常还是异常，我们就必须知道一些同类的其他数值。

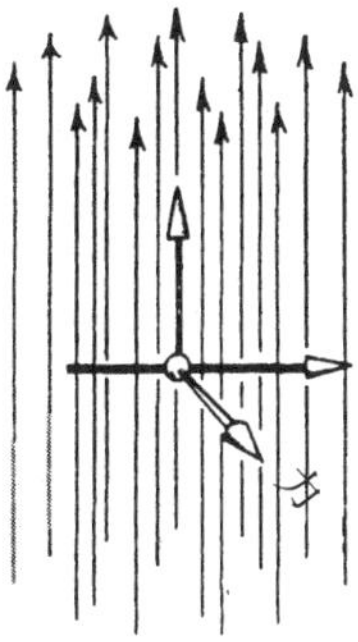

图31

现在，在我们的例子中，有一个可用的比较单位，即电解离子的荷质比，尤其是（一价）氢离子的荷质比（1 F）。

我们比较了氢离子的荷质比与偏转实验所测量到的阴极射线粒子的荷质比，发现阴极射线粒子的荷质比是氢离子的1840倍，至少足够慢的射线是这样（之后我们会讨论更快的射线）。从电子的角度考虑，我们假定阴极射线粒子的电荷与一价电解离子的电荷相同，那么阴极射线粒子的质量就是一价电解离子的1/1840。

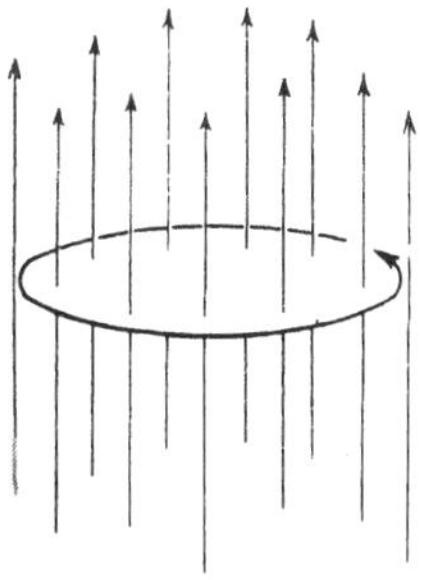

图32

到目前为止这是令人满意的，因为终极粒子一定比构成世间万物的任何原子更轻。不过，它还是轻得出奇。是1840个“电子”（我们这样称呼它）组成了一个氢原子吗？不，没那么简单，因为电子都是带负电的，而原子呈电中性。正电从何而来？

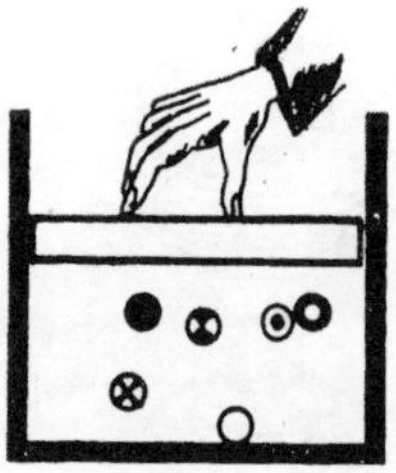

在追溯到原子的最深处之前，我们还有一些关于电子的事情要讲。

通过施加高电压，我们可以使阴极射线加速。后来科学家发现，镭和其他放射性物质发出的辐射中也有类似的射线（第五章第2节）。这种射线叫 β 射线，在许多方面表现得像高速的阴极射线。现在，如果不仅测量粒子的荷质比，也测量它们的速度，我们会发现荷质比随着速度的增大而减小。电荷本身绝不可能因速度而变化。因此似乎只剩下唯一的假设：质量（加速度的阻力）随着速度的增大而增大。如果是这样，那真是一个非常有趣的结果！

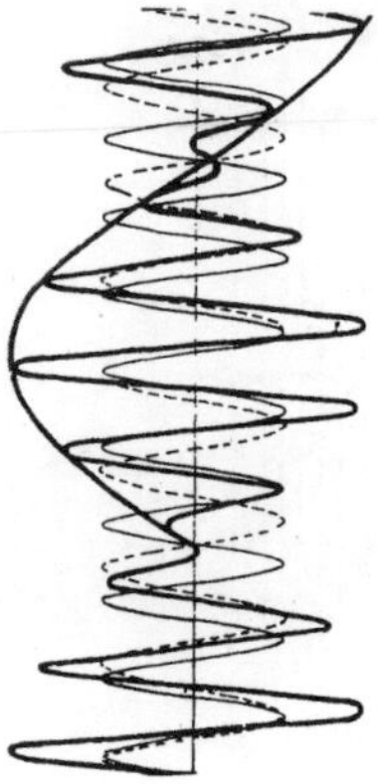

如果使一个物体的速度越来越大，它的质量会如何增加？读者会立刻想到："物体很可能不是单独存在的，而是有其他未被发现的结构附着在上面，所以我们让它移动得越快，就会使它携带越多的这种结构。"

假设你试图用手把汽车从车库里拉出来。当然，你得松开刹车，否则就必须更使劲。引擎开始转动，你必须克服部件的惯性和摩擦力。这一点你当然是知道的，但倘若换成一个完全不熟悉汽车内部情况的人，他就会感到惊讶，就好像当物理学家看到电子加速时阻力增加，他也会感到惊讶。

然而，物理学家用他那充满想象力的头脑深入探查本质，很快就发现了隐藏的"机器"，即运动开始时产生的磁场。

很多人都知道那个用铁屑做的实验。把一张纸放在条形磁铁上面，纸上撒一些铁屑。然后这些铁屑从磁铁的一极到另一极排列成线，因此叫“磁力线”（图33）。这些磁力线显示了磁力在方向和强弱上的分布，致密的地方磁力强，稀疏的地方磁力弱。

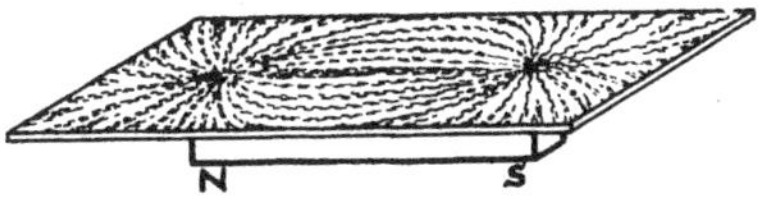

图33

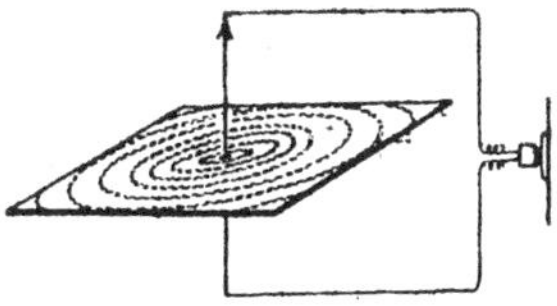

图34

现在我们想象把磁铁拿开，在纸上钻一个孔，让一根导线从中穿过，并使电流流过该导线。

如果我们再一次把铁屑撒在纸上，就会得到环绕导线的磁力线（图34）。这是奥斯特[1]的伟大发现：每一道电流都伴随着一个磁场（图35）。

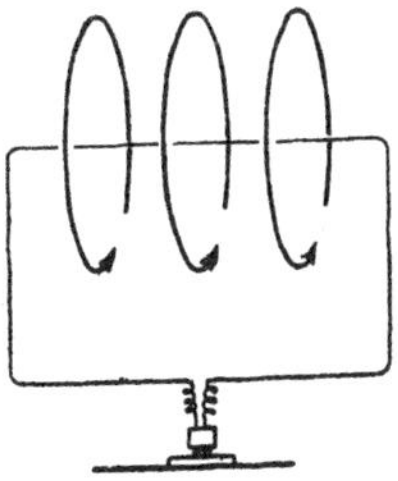

图35

磁场代表了能量的储存。如果增大电流，磁能的容量就会增加，而这些磁能必须由电源提供。的确，这种能量并不会被导线的电阻转化成热量，但它也肯定有个去处。因此，似乎有一种阻力对电流的改变进行阻挠。如果是直导线，它的效果就微不足道；但如果把导线换成线圈，那么每匝线圈都通过了相邻匝线圈的磁力线，从而产生一种强大的、对电流发生改变的阻力，即“电感”。拥有无线收音机的人很熟悉这些电感线圈，它们在某种意义上增加了电流的惯性，即让电流倾向于保持强度不变的特性。

当带电球体运动时，同样的情况也会发生。当然，这种

① 指汉斯·奥斯特（Hans Ørsted，1777—1851），丹麦物理学家、化学家。

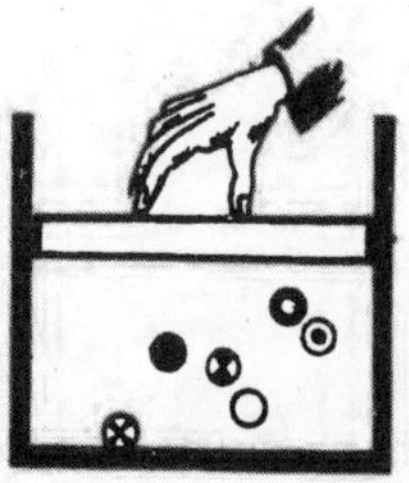

移动的电荷本身也是一种电流，并且被磁力线环绕（图36）。如果运动是匀速的，磁力线就会随它一起运动。然而，如果速度增大或减小，磁场也会增强或减弱，从而消耗了额外的力，就像踩了汽车的离合器。表面上看好像是球变重了。这种情况只会发生在带电的球体上。因此，有了一个明显的附加质量，我们称之为“电磁质量”。关键在于，这种附加质量随着速度的增加而增加，就像在阴极射线和β射线的例子中观察到的那样。

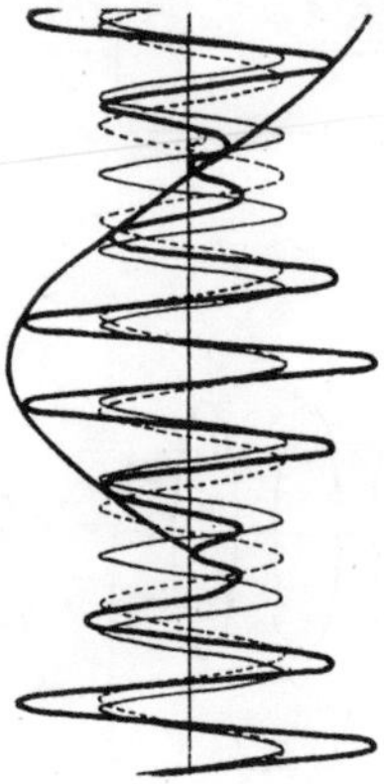

电子的质量非常小，现在这一事实引出了一个大胆的想法，即电子的所有质量都来自对抗加速的电磁阻力，物理学家在讨论时也只说了电磁质量！那么，如果所有原子中都有电子，我们就必须假定质量在任何情况下都是一种电磁现象，是一种电感。当然，这是一种前所未有的对自然定律的简化，但恰恰与老一辈物理学家的目标相反。他们把力学视为基础科学，试图用力学方法通过一种不可见的机制解释电磁现象。现在，我们想要用电磁定律来归纳力学的基本现象，即惯性阻力。

遗憾的是，事情没那么简单。从这一理论中推导出的“质量随速度变化”的规律与观测结果不符；此外，该理论也不完整：例如，带电球体的电荷是如何分布的？电荷分布在表面，还是均匀地分布在内部，又或者是其他方式？球的半径越小，电磁质量就越大，所以我们不能把电子设想为一个点，否则它的质量会变得无穷大。

当爱因斯坦的相对论在没有任何特殊假设的情况下解释了质量的可变性时，上述困难导致我们放弃了这个想法。我们必须更详细地讨论这个问题。

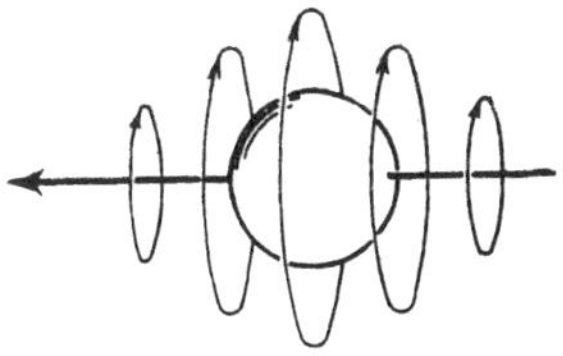

图36

6. 相对论的一些注解

有一次，我的一位朋友在晚宴上，旁边的女士问他："教授，请你用几句话告诉我什么是相对论。"他回答说："当然可以，请允许我先讲一个故事。我和一位法国朋友散步，我们都口渴了。过了一会儿，我们来到一个农场，我说：'我们在这儿买一杯牛奶吧。''什么是牛奶？''啊，你不知道牛奶是什么？牛奶是一种白色的液体……''什么是白色？''白色？你连什么是白色也不知道？好吧，天鹅……''什么是天鹅？''天鹅，就是长着弯脖子的大鸟。''什么是弯？''弯？天啊，你连这都不知道？看我的手臂：当我这样做的时候，这就是弯！''哦，这就是弯，对吧？现在我知道牛奶是什么了！'"也许就像那位女士一样，你不再想知道什么是相对论了。事实上，我无意在这里向你们解释这个伟大的理论。我在另一本书[①]中已经解释过了，你会觉得很容易理解。本书只关心它的一些结果，这些结果在涉及原子理论时非常重要。

有过乘船游览经历的人都知道，我们可以在轮船的甲板上打球，就像在陆地上一样。这就是所谓的力学相对性原理，

① 指1920年出版的《爱因斯坦之相对论及其物理基础》。中文版《爱因斯坦的相对论》于1981年由河北人民出版社出版。

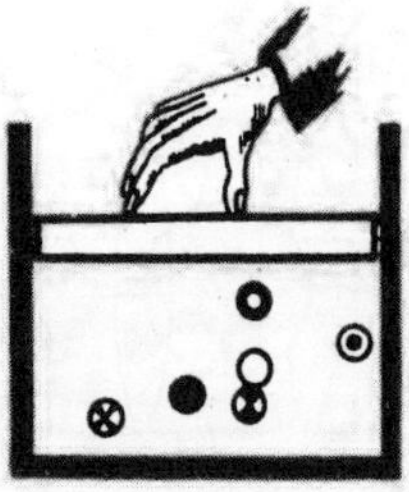

可以追溯到伽利略和牛顿。用抽象的语言可以这样表述：

假设有一个可以被称为“参照系”的房间，该房间正在沿直线匀速运动。发生在这个房间里的力学过程（各种运动）与静止的房间没有什么不同。但我们没有资格说后者是“静止的”，因为相对于参照系来说，它正朝着相反的方向移动。（至少通过力学手段）我们不可能判断哪一个房间是静止的。只要不同的参照系相对于彼此匀速直线运动，那么它们的运动定律就都是相同的。但只要发生了加速、偏移或旋转，情况就会发生变化，不过我们现在不关心这样的运动。

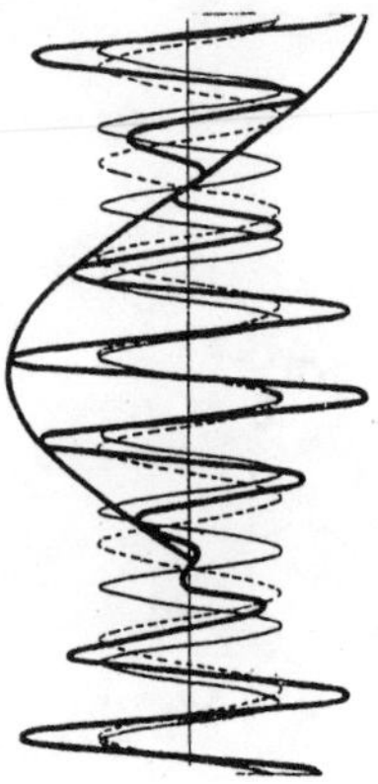

到目前为止，一切都井然有序，很容易理解。但物理现象并非只有力学运动，还有光、热、电和磁等。我们接下来会主要讨论光。光一旦产生，就会穿越真空，从一颗星球到另一颗星球。

现在光的行为像是振动，稍后我将详细讨论（第三章）。一般认为，产生振动的地方，必定有某个东西在振动。因此我们假定，即使在所谓的真空中也存在着某种叫“以太”的东西，以太的振动就是我们所说的“光”。此外，以太还有更重要的职责，负责使电磁现象有序进行。我们可以顺便指出，光是一种电磁过程。

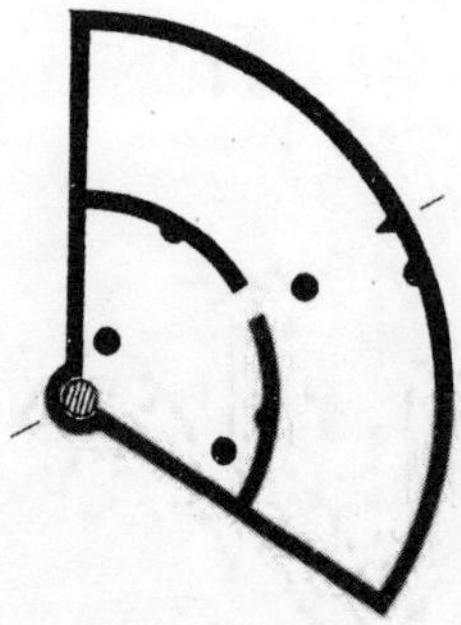

所以看起来，我们提到的“相对运动不影响力学过程”的原理是正确的。显然以太是固定在空间中的物体，它可以说是绝对静止的。

然而，地球不是静止的。它以平均29.78 km/s的速度绕太阳公转。正如飞机在空中飞行，地球也在以太海中飞行。就像飞机上的乘客会观察到强烈的逆风，地球上一定也有以太风吹过。这是一个重要的结论，因为它可以通过实验加以验证！

地球上的光波一定是被以太风吹来的。光波的速度也各不相同，取决于它们是顺着以太风还是逆着以太风，又或者与以太风垂直。这种效应非常短暂，因为光的传播速度大约是地球公转速度的10000倍。但最开始是迈克耳孙①，后来又有其他几个人，成功地提高了测量的精度，能测量到非常细微的变化。

可是仍然找不到一点儿蛛丝马迹！现在几乎所有科学家都放弃了。

然而，这意味着相对论原理也适用于光。同样的原理也可以用于解释其他电磁现象。

这真是太令人吃惊了。因为以太当然是我们离不开的东西（作为动词“振动”的主语），不可能是我们熟悉的任何物质。总之，为什么会这样呢？莎士比亚在很多年前就说过：“天地之间还有许多事情……”②

---

① 阿尔伯特·迈克耳孙（Albert Michelson，1852—1931），波兰裔美国物理学家，以测量光速而闻名。他曾利用干涉仪，与爱德华·莫雷合作进行了著名的迈克耳孙-莫雷实验，证伪了以太的存在。

② 原文只引用了一半。这句话出自莎士比亚的著作《哈姆雷特》：“There are more things in heaven and earth, Horatio, than are dreamt of in your philosophy.”意思是：“赫瑞修，天地之间还有许多事情，是你的睿智无法想象的。”

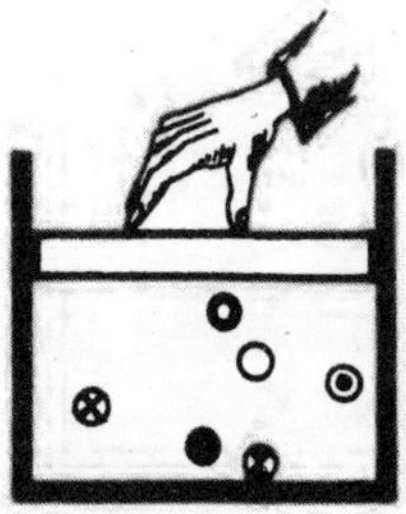

按照洛伦兹和菲茨杰拉德[①]的说法，假设以太风不只是吹走光，还作用于所有物体，那么我们就得到了关于物质最简单的解释。我们只需要假定，所有的长度都在运动方向上轻微收缩，这样就可以补偿光速的影响。

然而，初步来看，这种“洛伦兹-菲茨杰拉德收缩”是相当随意的。爱因斯坦对这种情况进行了细致的研究。他考虑了两个相对运动的系统，比如两颗行星——地球和火星。地球或火星上的物理学家都应该坐在实验室里，对光和其他现象进行类似的实验。假设这两颗行星没有相互通信，那么双方的物理学家将使用不同的长度和时间单位。但如果火星上的接收装置已经足够发达，火星上的物理学家可以接收地球上的无线电台，他们就会听到时间信号。他们会把这些时间信号与自己的时钟对比，但是，作为训练有素的物理学家，他们知道，要想与地球上的时钟同步，必须考虑赫兹波[②]从地球到达火星所经历的时间。这些波以光速传播，由于两颗行星之间的距离是已知的，我们可以计算出时间差。

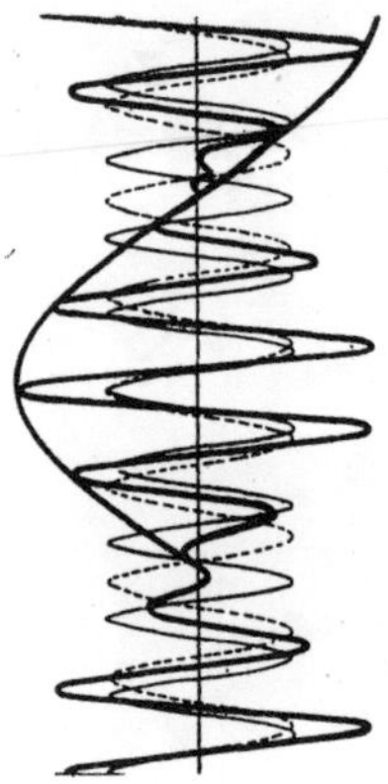

火星上的物理学家仍然会坚信自己的时间系统是对的，他们知道自己说“火星上不同位置的两个时钟显示同一时刻”是什么意思。这就好比地球上的物理学家相信“伦敦和纽约

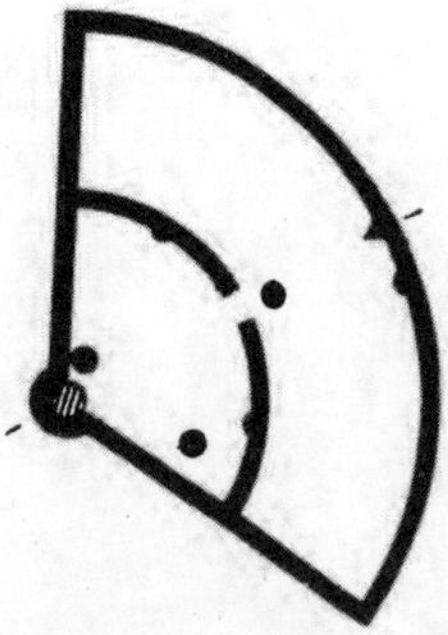

① 亨德里克·洛伦兹（Hendrik Lorentz，1853—1928），荷兰物理学家，1902年诺贝尔物理学奖得主。乔治·菲茨杰拉德（George Francis FitzGerald，1851—1901），爱尔兰物理学家。

② 即电磁波。“赫兹”指海因里希·赫兹（Heinrich Hertz，1857—1894），德国物理学家，首次用实验证明了电磁波的存在。

的两个事件是同时发生的”，直到爱因斯坦告诉他们事实并非如此。

我们怎么知道同一个星球不同位置的两个事件是否同时发生呢？当然，最好的方法是再次使用无线时间信号。但接下来就涉及波信号的速度了，这取决于对时间和距离的测量精度。爱因斯坦展示了在不知道波速大小、只知道各个方向上波速相等的情况下，如何定义同时性。他假设有三个电台而不是两个，即纽约的A电台、伦敦的B电台，以及A和B连线正中心的船上的C电台。然后从C同时向两个方向发出光信号，当信号到达A和B的时候，我们把两地的时钟调成相同的时间。在图37中，我们在胶卷上图解了时间收缩。在最下面的图中，我们可以看到A、C和B；接下来，两个光信号同时从C向两侧发射。在下一幅图中，它们走得更远了，以此类推。最上面的一幅图表示光信号同时到达A和B的时刻，假设我们此时把时钟设定为一点钟。

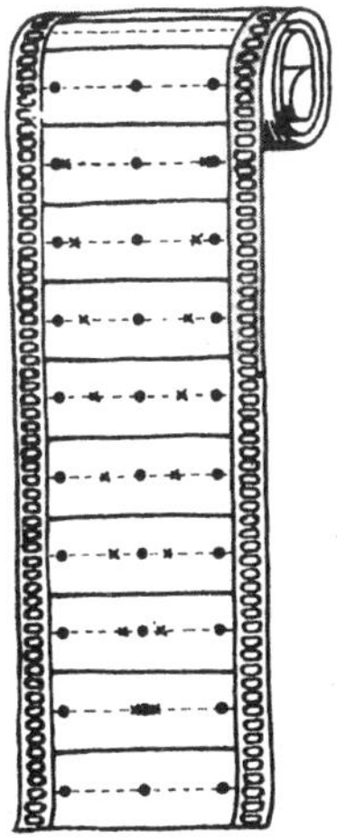
图37

现在，火星上的物理学家有非常好的望远镜，可以看到纽约和伦敦的时钟！他们看到的两个时钟显示的是相同的时刻吗？并不是。图38说明了原因。这也是一个胶卷，只不过简化了而已。它同样显示了A、B、C三个电台，只不过观察者是火星上的物理学家。这三个电台相对于火星在移动，也就是说它们从一个胶片转移到下一个胶片时发生了位移。现在，火星上的物理学家可以从他们的胶卷中构建出两个方向的光信号。当然，他们也有自己的迈克耳孙，尽管名字不同。

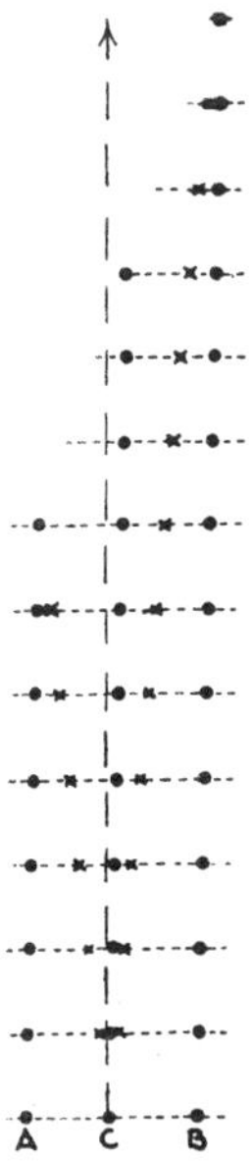

图38

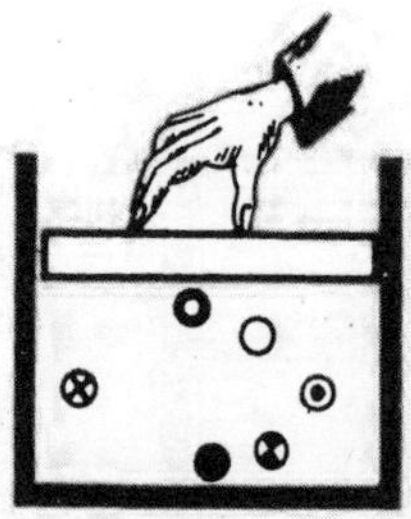

这是问题的关键。他已经做了实验并得出结论：火星上的光朝各个方向的传播速度相同。这意味着，用火星上的胶卷对比地球上的时钟，向左和向右的光信号以相同的速度传播，但左手边的电台A正在靠近胶卷中部，右手边的电台B正在远离胶卷中部，因此左信号到达A的时间早于右信号到达B的时间。

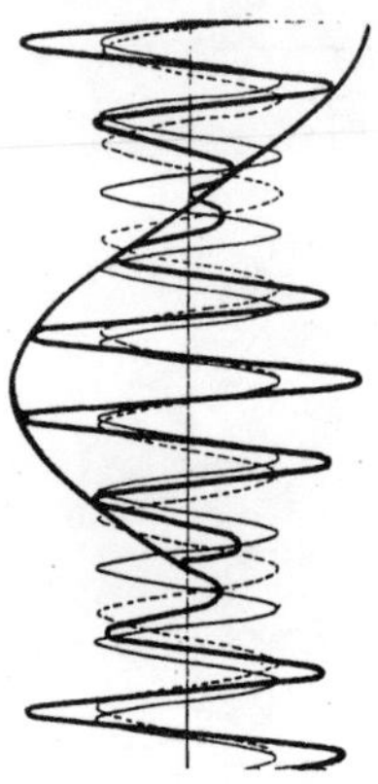

现在，火星上的物理学家宣布，他们不理解为什么地球人用这样一种奇特的方式设定A和B的时间；当“实际”的A时钟早于B时钟的时候，它们却显示了相同的时刻。假设地球人用同样的方法观测了火星上的时钟，他们发现，这些时钟显示了相同的时刻，而从地球观测者的角度来看，它们根本不应该这样显示。

谁是对的？谁是错的？

爱因斯坦的答案是：没有对错。他们都是对的，也都是错的。每颗行星，更普遍地说是每个运动物体，都有自己的时间系统和空间系统。可以证明，洛伦兹-菲茨杰拉德收缩与时间的“相对性”密切相关。没有哪颗行星可以声称拥有绝对的时间和空间系统。但如果我们知道了其他行星相对于我们的速度，就可以从数学上计算出另一颗行星上的钟表读数和测量杆读数。用于此目的的公式叫“洛伦兹变换”。

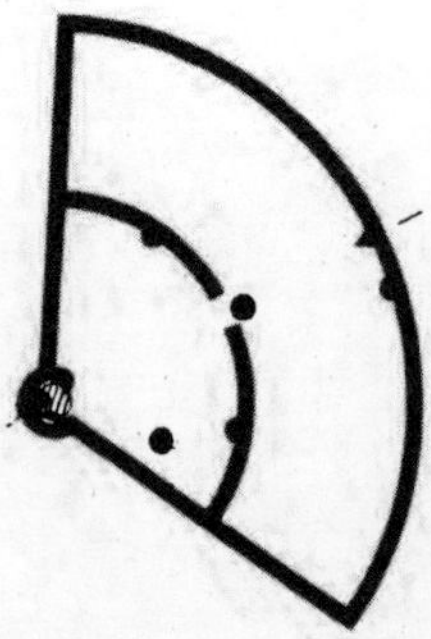

关于相对论的众多结果，我们不必多说了。然而，我们必须更仔细地考虑我们感兴趣的点，即它对力学定律的影响。

7. 质量和能量

上述所有理论的基本假设是，不存在比光更快的信号。否则，这种信号就可以用来比较时钟，那么整个相对论就会崩溃。

因此，要使这个理论有意义，那么在宇宙的构造中，光速必须是我们能观察到的最快速度。

然而，经典力学的定律与此并不相容。为什么不能给物体施加一个强大的力，从而给它任意大的加速度呢？大型火炮的炮弹速度已经比声速还快了，因此它能比声波更早到达目的地，受害者还没听到炮声就被击中了。为什么不能利用强大的电场，使电子的速度比光更快呢？

如果我们坚持相对论，就必须改变经典力学。但我们并不会因此丢掉许多已经确证的力学结论。记住天文学家对行星轨道的预测！

力学并不是智慧的终点。我们在讨论电磁质量时已经看到了这一点。电磁现象可能比力学现象更基础，力学或许才是真正的“派生科学”。

电磁定律，也就是我们所说的“麦克斯韦方程”，就体现了相对论，这真是一件美妙的事情。没有什么困难，也不需要任何改变，一切水到渠成。无论我们要表述怎样的运动参照系，只要所用的是适用于该参照系的时间和空间单位，那么方程的形式就总是相同的。因此，我们马上就可以理解为什么任何电磁观测（包括光学观测）都无法确定“绝对”运

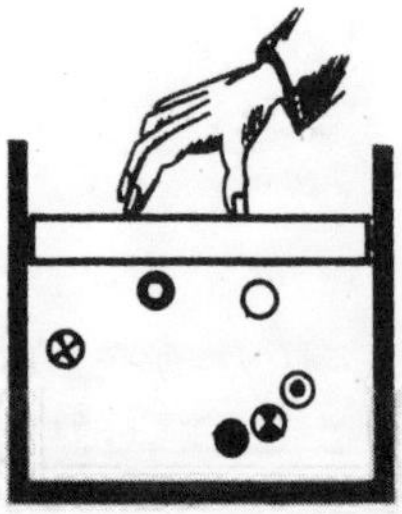

动，克拉克·麦克斯韦[①]在很久以前就预言过。

我们必须毫不犹豫地把经典力学（伽利略和牛顿的奇妙构想）看成近似正确的，并确定要如何改变它。这并不难。只有在非常快的、接近光速的情况下，经典力学才会出现偏差。牛顿的基本定律是：

动量随时间的变化率＝力

其中，动量是质量和速度的乘积。

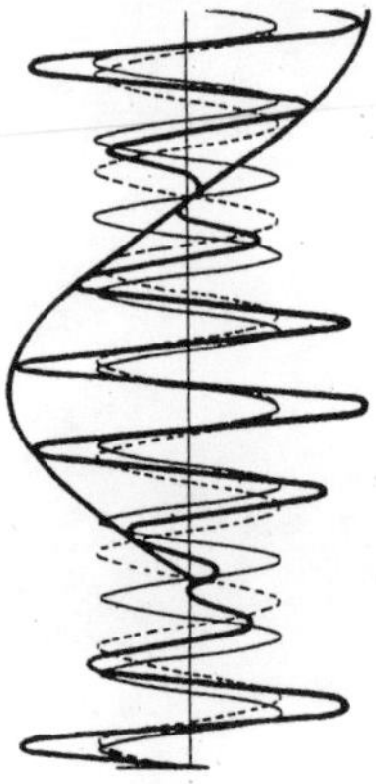

即使静止的物体也可以有加速度，因为它要想开始运动，就必须能够加速。我们假定，如果所考虑的物体是静止的，牛顿定律就始终成立，因此当参照系与物体的运动速度相同时，牛顿定律是成立的。一般来说，物体只是暂时地在参照系中保持静止；对于匀速运动的参照系，物体可能加速或减速。然后在下一刻，另一个参照系与该物体的运动速度相同。牛顿定律在这个参照系中也一定成立。我们现在只需要注意，在这两个系统中，时间和长度的度量是不同的，两者的关系给出了新的运动定律。新定律在形式上与牛顿定律相同，只不过现在的质量不再是物体特有的固定数值，而是会随着速度变化而变化。

一个奇妙的结果出现了：速度增加，质量也会增加，直到速度接近光速。

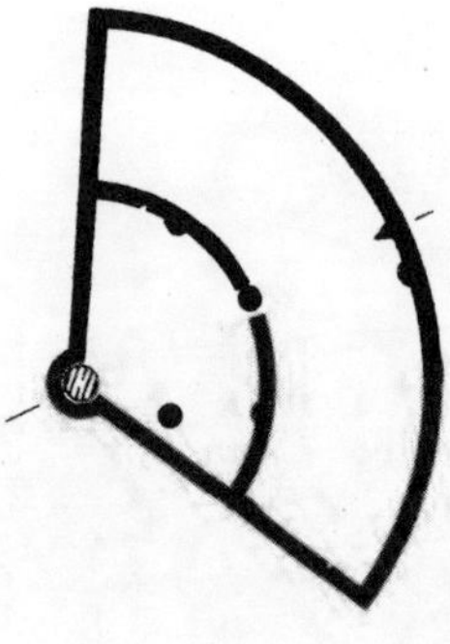

首先，阴极射线与 β 射线的观测结果印证了这一点。精

① 詹姆斯·克拉克·麦克斯韦（James Clerk Maxwell，1831—1879），英国物理学家、数学家，他的麦克斯韦方程组成功地将光、电、磁统一起来。

确的实验依据很好地验证了相对论质量方程。

其次，试一试让物体跑得比光还快！这是不可能的，因为物体越快，它就变得越重，使它加速所需要的力就会越大。事实上，使物体达到光速的力是无限大的。

因此，我们得到了我们主张的结果：光速是可观测速度不可达到的上限。它是应用于物理学中的速度的一个自然单位，我们可以很方便地用光速的分数表示电子和其他粒子的较大速度。

经典力学仍然适用于低速（相比于光速）。低速时的质量是恒定的，也就是我们所说的“静质量”。

因此，就力学性质而言，静质量是物体的识别标志。相对论也为这一观点提供了新的思路。因为根据相对论，质量和能量在本质上是相同的。用物体的质量乘以光速的二次方，我们就得到了物体所含的能量，也就是它做功的能力（然而，这种能力只在极少数情况下才能得到充分利用）。

有许多方法可以解释爱因斯坦的理论。最简单的是，设想有一个朝某一方向发光的物体，比如探照灯，看看会发生什么。

这些光以“热辐射”的形式携带能量。事实上，地球上的所有生命都依赖于太阳辐射带来的热能。但光也携带动量。其含义如下：

当一个人开枪射击时，他会感觉到后坐力。子弹向前飞，因此枪必须往后移，否则共同重心就不会保持静止。有一种

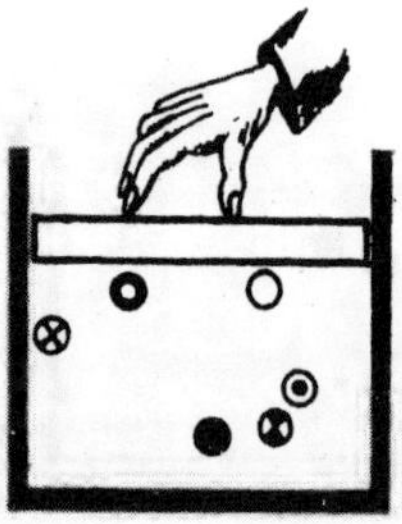

叫“动量守恒定律”的基本力学定律，大意是：一个只具有内部相互作用的物体系统，其重心不会改变它的静止状态或运动状态。

定量地说，动量的代数和不会改变。射击之前，子弹还在枪膛里的时候，枪和子弹的动量都是零，所以它们的总动量也是零。射击之后，子弹的动量相当大，如果总动量仍然为零，那么枪一定获得了符号相反的同等动量，即方向相反的同等动量。

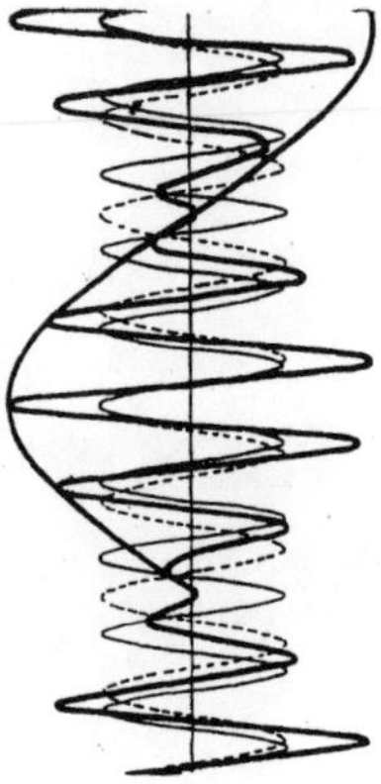

我们说光具有动量，意思是：往特定方向发射的光，会对发光物体产生后坐力。

例如，我们可以给探照灯安装开关。打开开关，一束光射了出去。这样，探照灯就会像枪一样受到后坐力的作用。

这不仅仅是一个理论，而且是实验事实。的确，后坐力非常微弱，必须使用非常轻细的悬浮物才能探测到，同时也必须使用非常大的探照灯。用相反的方法更容易进行实验：利用强光源照射轻质悬浮盘，观察光引起的偏转（图39）。由于光不是点射，而是连绵不绝的光流，因此只要光还在持续发出，我们得到的就不是瞬时的脉冲，而是均匀的“光压”。我们已经发现了这种光压的存在，并且非常符合光学理论的预测。

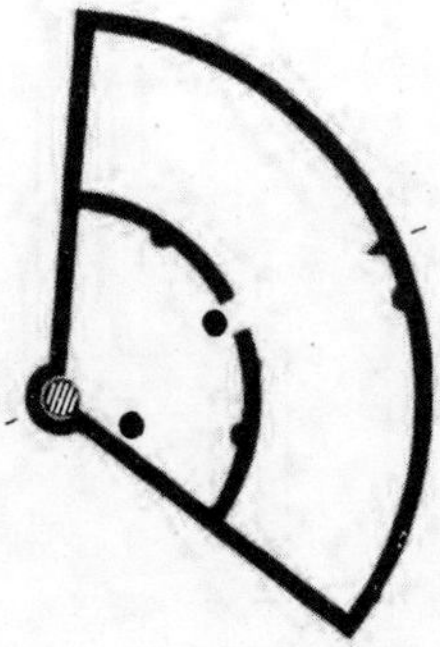

由于太阳和恒星发出的光强度很大，光压在天文学中扮演着很重要的角色。众所周知，彗星的彗尾永远朝着远离太阳的方向。它们由非常小的粒子组成，被来自太阳的光压吹向相反的方向。

动量守恒定律也适用于光：和子弹一样，一束光也会携带动量。动量除以速度就可以得到质量，那么除以光速就可以得到光的质量。

现在，对光压的研究进一步表明，光传输的能量（热能）必须除以光速才能得到动量，这再一次与理论相符。

因此，光束的质量等于它的能量除以光速的二次方，即 $m = E/c^2$。由于光速非常大，“附着在光上的”质量会非常小，理由是因子 $1/c^2 = 1/(9 \times 10^{20})$ 非常小①。

然而，毫无疑问的是，通过辐射而损失了能量的物体的确损失了质量；但不一定损失了粒子。恒星损失的质量非常大。太阳每年通过辐射损失约 1.4×10^{14} kg（1.38×10^{11} t），当然，对于它的质量 2×10^{30} kg 而言，这是微不足道的。太阳完全辐射掉自身所有质量所需的时间极其漫长。

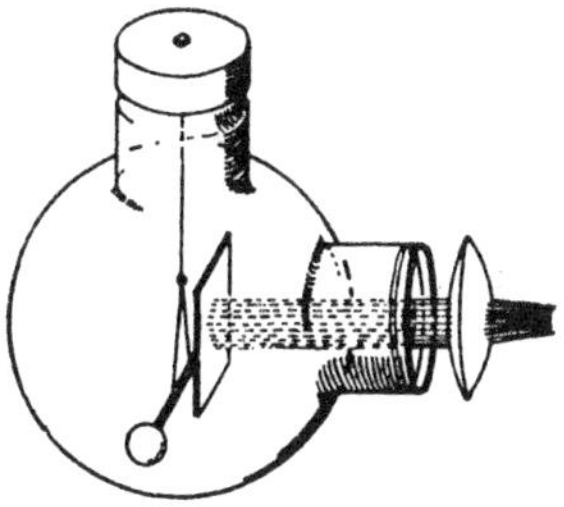

图39

一个物体如果吸收光，就会变热，也会由于吸收了质量而相应地变重。因此，热能和光能一样具有质量。

储存任何形式的能量都相当于储存质量，无论是磁能、化学能还是其他形式的能量。能量和质量是同种东西的不同名称。

因此，每一点物质都是潜在的能量来源；如果能释放其质量，我们就有巨大的能量可以使用。1 g的质量相当于

① 在本书中，光速都是以“cm/s”为单位，即 $c = 3 \times 10^{10}$ cm/s。

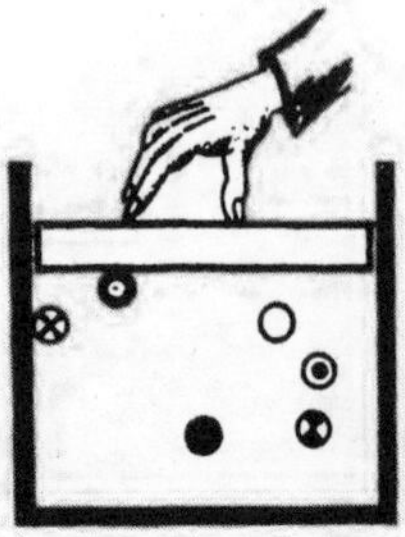

9×10^{20} erg（尔格，能量单位），我们需要燃烧近3000 t煤才能获得这么多能量。遗憾的是，物质不乐意释放其质量，也不乐意释放其能量。

然而，最近的例子表明，在某些情况下，物质转换成自由能量的确发生了。我们将在第五章中讨论这个激动人心的话题。在那些情况下，宇宙的躁动达到了极致；固体物质会爆炸，引起周围疯狂的混乱。

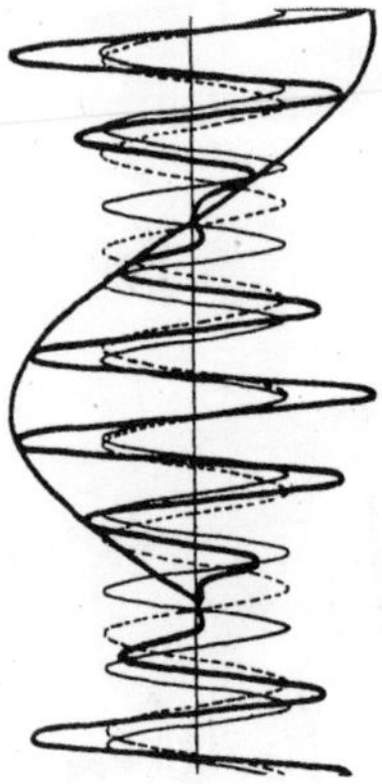

但与此同时，我们又回到了电子。毫无疑问，根据爱因斯坦的理论，电子的静质量也不过是一种能量。它是什么类型的能量呢？无疑是它所携带的电荷的电能。因此，我们又回到了电磁质量的概念。在我看来，爱因斯坦的“质量即能量”的理论打消了对这一观点的反对意见。电子是一种带电物体，携带着一定量的电能。谁能怀疑质量等同于电能呢？

给一个金属小球充电，我们对它做的功等于电荷（e）的二次方除以半径（r）。这就是金属球上的电荷的能量。如果我们假设爱因斯坦的理论适用于电子，那么：

$$\frac{e^2}{r}=mc^2$$

由此我们可以估算电子的半径，即：

$$r=\frac{e^2}{mc^2}\approx10^{-13}\,(\mathrm{cm})$$

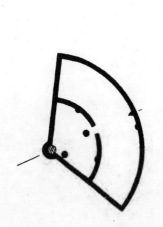

但这会有什么问题呢？问题在于，电磁场定律产生于对大尺度的研究，现在却应用于非常小的尺度。如果导致了矛盾性与任意性，那么这对于电磁场定律是很糟糕的事情！我们没有理由假定，麦克斯韦定律在电子周围不可靠近的微小区域内，与在大尺度实验室里同样适用。

从这个信念出发，我修正了该定律，从而避免了这些麻烦。新公式仍然以相对论为基础，以相当自然的方式产生。它们在所有大尺度中都与麦克斯韦方程相同，只是在很小的维度内才与麦克斯韦方程产生差别。然而，这个差别很重要。在旧的电磁理论中，带电荷的电子与它周围的电磁场在本质上是不同的东西；而在新理论中，两者是统一的。只有一个场，其性质是，场在某些地方的值很大，但储存的能量却没有爆炸。这些地方就是电子。根据这一理论，电子具有一定的空间结构，其半径由上述公式确定，大约是10^{-13} cm。这些理论从经典场论的角度来看是很令人满意的，但它无法轻易地适用于量子理论，因为量子理论的问题源自一个不同的角度。

8. 电子电荷的测定

我们已经知道了电子的荷质比，即电荷与质量之比。那么，电荷本身是什么量级呢?

利用已知的阿伏伽德罗常数（1 mol粒子的数目），我们可以很方便地计算出来。因为1 mol电子的电量就是1 F，用1 mol的电量除以1 mol的粒子数，我们就能计算出单个粒子的电荷。

然而，这种方法并不是很令人满意。首先，它不准确，因为阿伏伽德罗常数只是通过气体实验估算出来的。其次，如果能够直接测量单个电子的电荷，从而验证电的原子属性，

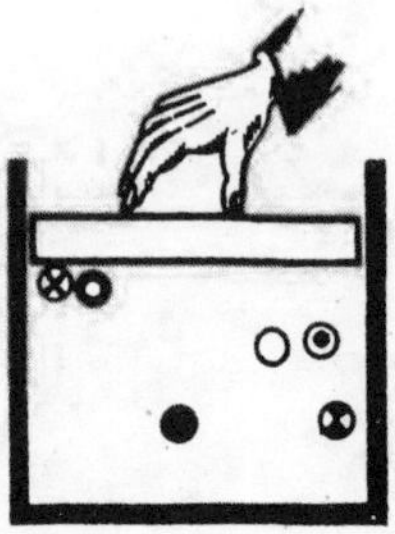

这是最好的。

因此，我们需要制造一种非常灵敏的电子天平，单个电子就能使它偏转。多么大胆的冒险！

但是，由于单个电子的电荷在强电场中所受的力相对较大，这种方法是可行的。力等于电荷与场强的乘积，电荷也许很小，但场强可以很大。

当然，天平本身也必须非常灵敏。一般选用自由漂浮的液滴，通常是油滴。细小的液滴夹在两片带电的金属板之间，可以通过望远镜或显微镜观察（图40）。如果没有电场，液滴就会因为自身重力而下落；它不会像大物体那样加速下落，而是缓慢地匀速下落。这是因为相对于大球，小球下落的阻力大得多。根据下落的速度，我们可以计算出液滴的半径（假设液滴为球体）。因此，它的重量是已知的。

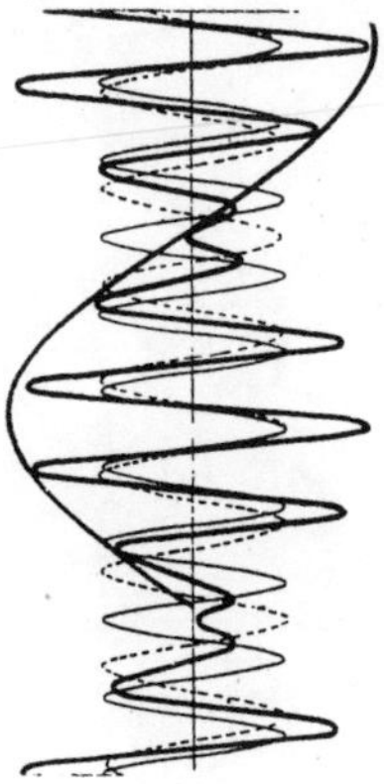

现在我们给粒子充电。只需要用短波长的光（紫外线或X射线）照亮两块金属板之间的空间。后面（第三章第3节）我们会更详细地讨论光的这种电效应，即光电效应。现在，我们只要知道光撞击出空气分子中的电子，并把分子变成阳离子，就足够了。电子附着在其他空气分子上，使它们变成阴离子。偶尔这些离子会附着在液滴上，使其具有电荷。

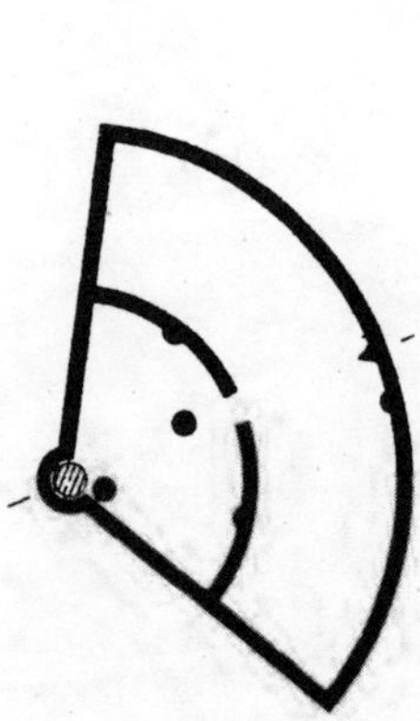

当电场开启的时候，我们发现有些液滴根本不受影响，有些液滴下降得更快或更慢，还有些液滴甚至摆脱了重力的影响向上运动。我们很容易测量液滴上的电荷：例如，我们可以调整电场强度，使液滴飘浮在望远镜的视野中。那么：

液滴的重量＝电荷 × 场强

如果我们在无电场的情况下根据下落速度测出液滴的重量，并测得电场的场强，就可以求出电荷，即：

$$电荷=\frac{液滴的重量}{场强}$$

密立根①对大量的粒子做了这个实验。他发现了各种各样大小不一的电荷，但其中有一个可以确定的最小电荷，这也是迄今为止得到的最小的电荷。其他所有电荷都是这个最小电荷的整数倍。

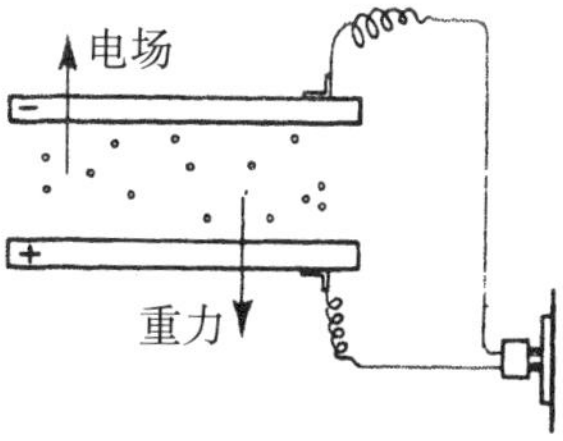

图40

这样，电的原子属性就确定了，基本电荷的实际量级也找到了（以通常的计数单位计算）。在这里就没有必要列出实际数值了。我们必须引入容易理解的效应，从而了解它的重要性。

如果密立根的平板装置连接在200 V的电路上，单个电子所受的力是多大？这取决于平板之间的距离。如果我们假设距离为1 mm，单电子受力大约相当于三亿分之一毫克（约 3×10^{-9} mg）物体的重量。这似乎非常小，但如果选择合适的比较对象，它就真的很大。我们选择电子本身的重量。由于知道电荷与荷质比，我们可以计算出电子的质量。我们发现电子重约 10^{-24} mg。因此，单电子受力要大很多很多倍，大约是 3×10^{15} 倍，即3000万亿倍。

① 罗伯特·密立根（Robert Millikan，1868—1953），美国物理学家，1923年诺贝尔物理学奖得主，曾以油滴实验精确地测量出基本电荷 e 的值。

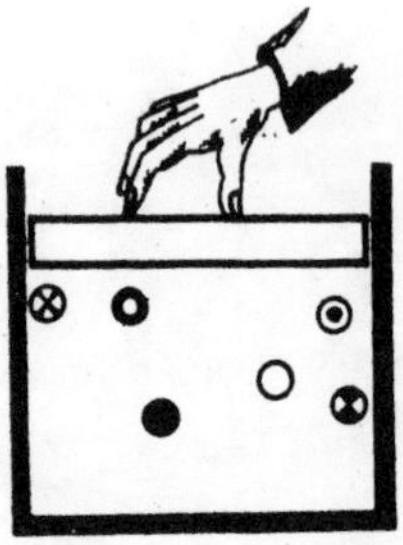

许多读者也许会奇怪，为什么我们很少谈论引力。引力决定了我们的命运；它使我们能依附在地球之上，它决定了地球在天体之间的运动路径。难道引力不应该在原子世界起到重要作用吗？

答案是否定的。的确，当今的物理学家非常流行构建一个统一的理论，把引力和电磁力结合成一个伟大的整体。在我看来，他们的尝试是错误的，至少是不成熟的。这些效应有不同的量级，并且发生在不同的条件下。在原子领域，引力完全被电力所掩盖。只有在电力几乎相互平衡的地方，比如在大尺寸的物体（大物体是基本带电粒子的中性集合体）中，引力才会显得明显。也许这是不完全补偿造成的残余。但目前的推测还为时尚早，因为真正的电磁定律远没有那么精确。

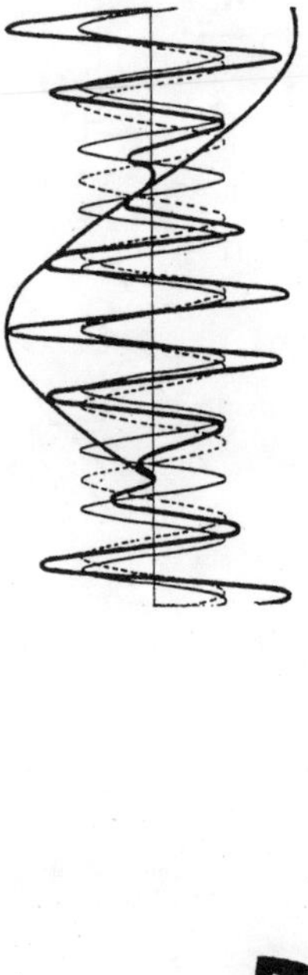

现在我们回到电子中的电荷。求出电荷量级的另一个想法是这样的：如果要使两个电荷彼此吸引或排斥（取决于它们的符号）的力等于1 dyn（接近1 mg物质所受的重力），那么这两个电荷需要靠近到什么程度？我们发现这个距离大约是5×10^{-10} cm，小于原子的半径。当然，我们取“1 mg”这个质量是相当随意的。为了更好地了解这些力，我们可以把一个电子看成是固定的，而另一个电子径直射向它。由于它们相互排斥，所以不可能无限接近，一定有一个转折点。要使转折点的距离在原子距离——1 Å（图41）之内，发射电子的速度应该至少是多少？

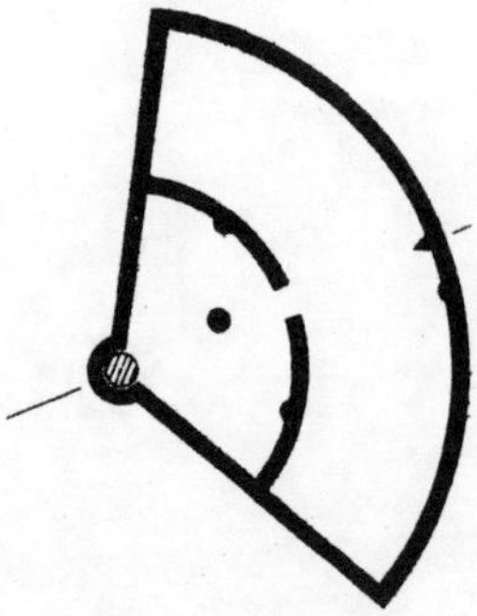

答案是10^8 cm/s或1000 km/s，即光速的1/300。如果用更重的粒子取代发射的电子，但速度是一样的，那么射出的粒子会更接近固定电子。之后在估计原子内部的量级时，我会用到这个结果（第四章第1节）。

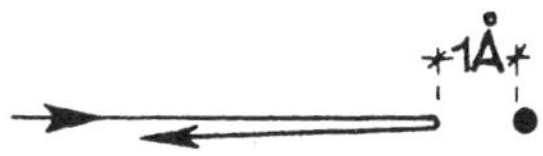

图41

电子电荷的测量已经很精确了，它的实际值与实验值相差不超过1/1000。因此，我们可以用它来求出更精确的阿伏伽德罗常数，只需要用1 F除以电子的电荷即可。此外还有别的方法可以测量电子的电荷。例如，稍后你会看到（第二章第10节），我们可以对放射性物质发射的射线的粒子数进行计数。如果同时测量射线所携带的总电荷，通过除法我们就可以得到单个粒子的电荷。

这些方法与其他完全独立的方法都得出了同样的值，由此我们可以确信电子确实存在。

9. 气体离子

现在我们对电子的了解已经很多了。下一个问题是，它在物质形成的过程中扮演了怎样的角色？

阴极射线的电子来自阴极的金属。由此我们可以推测，金属中充满了电子，正是这些电子使金属具有良好的导电性。

但我们之前已经说过，通过用短波长的光照射，电子可以从空气分子，甚至从各种原子和分子中被撕扯出来。这种现象就是“光电效应”。短波长的光可以是紫外线，其波长比

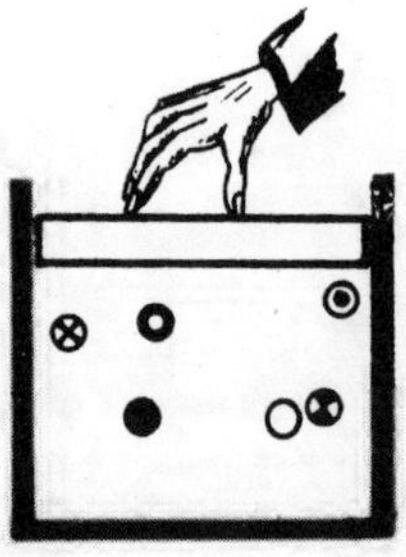

可见的紫光更短，肉眼无法看到。X射线下的光电效应更明显，因为X射线的波长比紫外线还要短。在许多气体中，被撕扯出的电子会自由运动一段时间。如果让一束电流通过含有微量气体的管道，那么它主要携带的是自由电子。自由电子的移动速度比残留的正离子快得多。它们加速冲向阳极，速度非常快，尽管施加的电力并不高。电子的速度如此之快，以至于气体原子都发光了。关于这种光，我之后再谈（第三章第5节）。这种工艺被应用到电子广告牌中，它发出的是纯粹的氖光和氩光，而且只需要很小的电流。

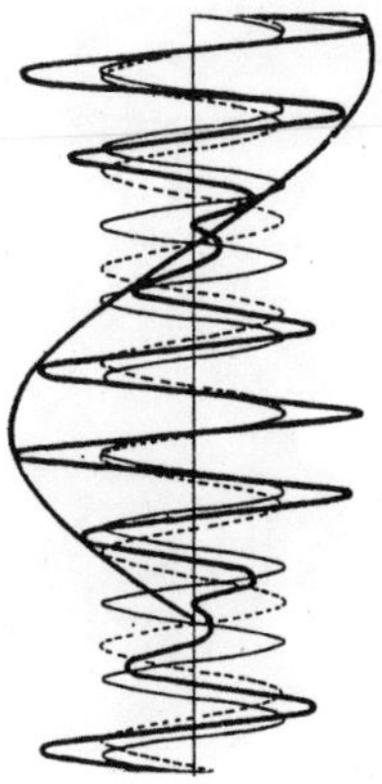

然而，在大多数气体中，被撞出原子的电子会立即被其他原子捕获，形成阴离子。然后，被辐射的气体就会像电解质一样导电。离子携带着电子形成电流，其中阳离子进入阴极，阴离子进入阳极。离子的速度和电荷是可以测量的，但在这里我们不需要考虑。

除了光，我们还有别的方法可以分离电子，或者使分子“电离”。它适用于任何一种带电荷的快速移动的粒子。到目前为止，我们只谈到了阴极射线，也就是快速移动的电子。利用莱纳德[①]的方法在真空管中插入一片极薄的金属箔，可以把电子从它们的“牢狱”中释放出来。射线直接穿过金属箔，然后可以在空气或其他气体中观察到，从而研究它们的穿透效应、电离效应和其他特性。

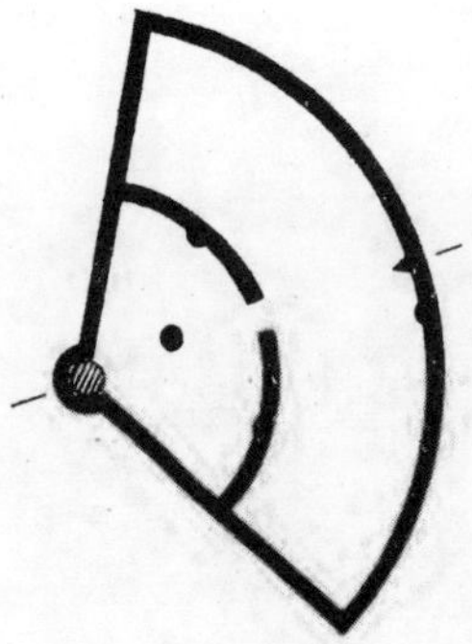

① 菲利普·冯·莱纳德（Philipp von Lenard，1862—1947），德国物理学家，1905年诺贝尔物理学奖得主。

我们也提到了自然产生的电子射线——β 射线。此外还有带正电的粒子射线，放射性物质自然产生的粒子射线，以及真空管中的人造粒子射线。这些不同类型的射线所产生的电离作用或强或弱，但性质总是相同的。在任何情况下，对于任何原子，电离都是对电子的分离。

这一点非常重要。假设你在吃苹果，一口接着一口，那么你的嘴巴里一直有同样的东西——苹果。原子也是如此，你可以一个接一个地、不断地移除电子。

我们知道，电子带负电荷，而原子整体上呈电中性。那么对应的正电在哪里？苹果有核，你最终会吃到那里。同样，如果你不断地剥离原子的外层，最终会得到一个（带正电的）核，或者叫“原子核”；如果是分子，就会得到几个原子核。

在讨论这些问题之前，我们还有很多关于电子的事情要说，我们也会描述这些知识的实际应用。每一个新的结果都会催生出新的仪器，而新的仪器又会带来新的进展。

10. 测量和统计粒子

现在我们要描述的仪器，是现代物理学中最重要的工具。正是通过它们，上述结论才能在物理学上得到确证。

在本书的图片中，我们用点或小球表示原子，并描绘了原子的运动。但我们过去从来没有见过真正的原子，也没有以其他方式把它们视为独立的实体。

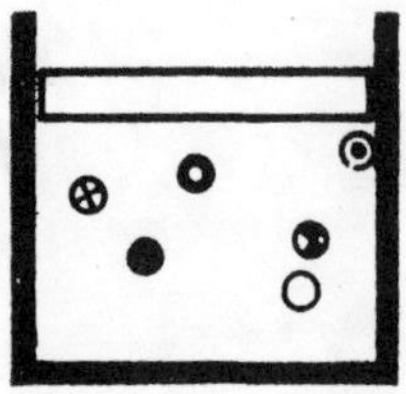

现代实验技术使它成为可能，这在某种程度上是一种胜利。你可能会说，那么为什么我们还要阅读前面的章节呢？直接介绍现代方法不是更简单吗？不会更简洁、更快、更轻松吗？

不，这是不可能的。现在你不需要进一步解释就可以理解这些图片和描述（至少我希望你可以），但在那种情况下你将无法理解。没有什么比原始的感官印象更能立刻说明问题了。任何人都可以立即分辨出饮料的味道是甜还是苦。然而，我们需要观察和研究才能知道甜味从何而来，也许是混在饮料中的糖。每一个实验，哪怕是最简单、最直接的实验，都需要解释某些概念所包含的知识，需要排列感官印象的能力。首先这些概念形成了，然后我们通过分析自然现象来学会使用它们。我也认为，这种查明真相的麻烦工作实际上有其自身的巨大魅力，就像一个登山者沿着陡峭的斜坡攀上顶峰，对那些从缆车上来的人嗤之以鼻。

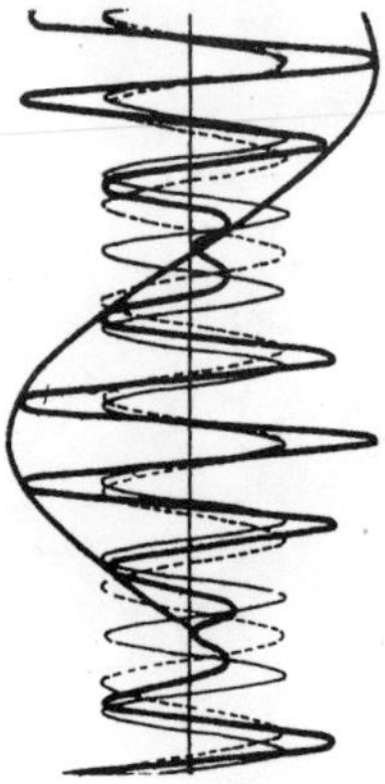

言归正传，我们想利用气体的电学特性来研究各种射线。最简单的仪器是电离室，一个带有绝缘电极的金属容器。我们在电极和管壁之间施加一个电压（几十伏）。只要电压不是太高，无法使电火花通过，那么空气（或容器内的其他气体）在自然状态下就不是导体。如果允许电离射线进入容器，离子对就会形成，气体就会变成导体；如果施加的是小电压，电流就会开始流动，可以在仪器（安培计）上读出。

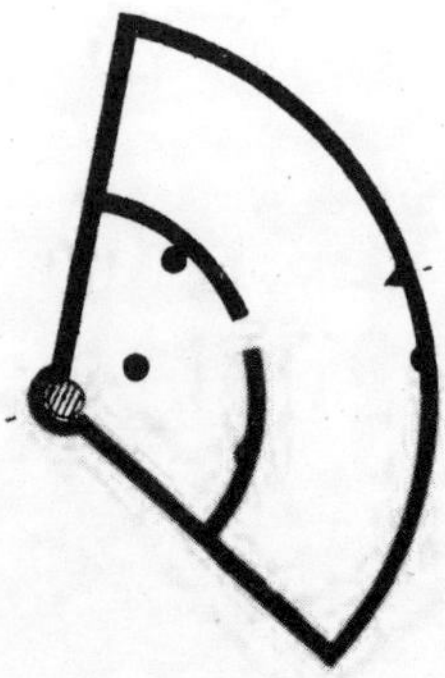

我们可以用电离室比较和测量射线的总效应。例如，我们可以使射线穿过一层物质，假设是一层金属箔，然后看看辐射减弱了多少，这样我们就可以得出关于辐射性质的结论。然而，这些结论仍然只是间接的。

用“盖革－米勒计数器”（图42）可以做更多的事情。它让我们可以计数物质辐射中的单个粒子，无论是电子还是离子。盖革－米勒计数器仍然是由金属管和内置的电极组成的，其中的电极就是一根导线，覆盖着一层薄薄的不良导体（氧化层）。在导线和金属管壁之间施加相当高的电压，直到空气绝缘层快要崩溃。这时气体处于不稳定的状态。电力非常大，尤其是在导线附近。这些电力会给恰好在导线附近的电子一个很大的初速度，直到电子击中下一个空气分子，使它几乎电离。如果这种情况真的发生，另一个电子就会从空气分子中剥离出来，并开始移动。两个电子将继续飞行，每次（成功的）碰撞之后，它们的数量就会加倍。这种雪崩式的增长（图43）导致了灾难：自发的电荷产生了，如果它足够庞大，我们就能看到火花。

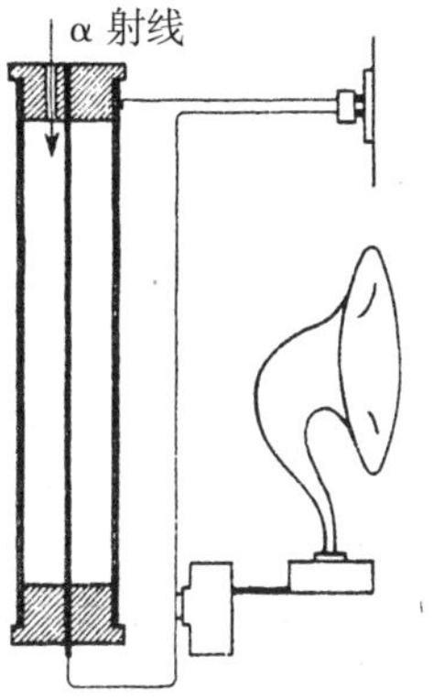

图42

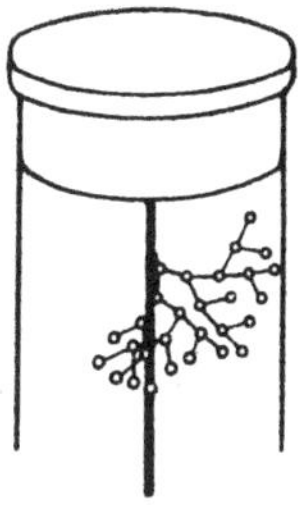

图43

我们相应地调整了电压，使这种灾难恰好不发生（氧化层起了作用）。

如果一个电子或带电离子穿过该空间，它所产生的几百或几千个电子就足以引起放电，电流脉冲就会流经设备。通过适当调整外部电路（接入高电阻），我们可以实现当粒子通过金属管时，电流立刻断开。然后，仪器已经准备好记录下

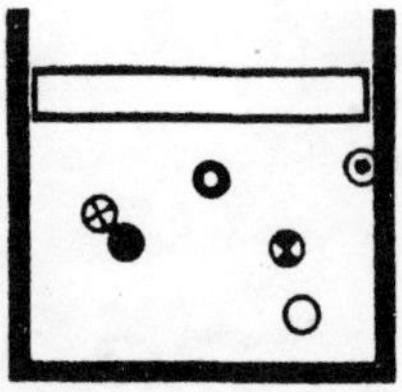

一个粒子的通过，因为电流脉冲不仅可以用仪器指针的偏转显示，还可以利用自动计数的装置记录。通过无线收音机中的放大电子管，我们就可以很轻松地实现这些功能。

现在我们又回到了这一章的起点。我说过，今天每个人都知道一点儿电子管、三极管之类的东西。不过现在，我们可以更好地理解这些电子元件的工作原理。

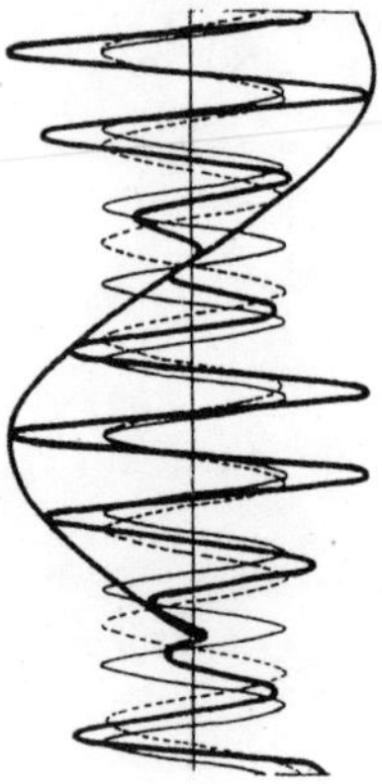

放大电子管是经过少许修整的阴极射线管。首先，必须有一个较大的电流通过它。普通电压所产生的电子数太少了，无法承载强大的电流，因此，我们用加热的方式辅助这个过程。发光的金属会自发地释放出大量粒子，这并不难理解。正如我们前面所说，金属的良好导电性表明金属中的电子可以自由移动或者接近自由移动，就像气体分子一样。提高温度意味着提高电子的速度。炽热表明金属中的电子速度很高，它们在金属内部与金属表面碰撞，克服了在冰冷状态下足以束缚它们的力。

这样我们就有了一个发光的阴极，也就是一根通电加热的细导线。接着我们还有一根冷的阳极，它们之间还有一个网格状的第三极，即“栅极”。因此它们整体被称为“三极管”（图44）。

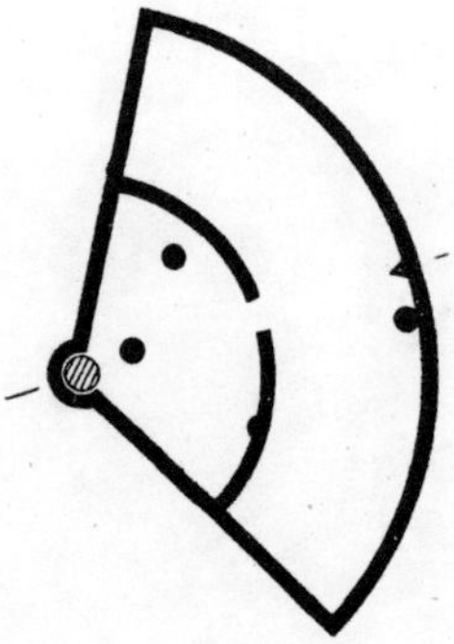

把50~120 V的电池连在阴极和阳极之间，电流无法在电路中流动（图片中用点加线“—·—·—·”表示），除非来自热阴极的电子的确到达了阳极。

我们通过在阴极和栅极之间施加一个反向的电压，从而阻止大多数电子到达栅极。此外，需要被放大的交流电通过一个转换线圈转移到这个辅助电路。如果电流（用加粗的虚线表示）和辅助电压（用点加线表示）方向相同，主电路中的电流就不会比之前更多。但是，当电流与辅助栅极场的方向相反，大量的电流就会突然到达栅极，穿过其中的空穴[①]，从而连接阴极和阳极之间的主电路。

因此，栅极中的非常小的电压波动（相对于阴极）就能在主电路中产生巨大的电流波动（因为我们可以把电路中的电源设计得非常强）。这些波动通过一个变压线圈传递到导线上，导线带走放大后的电流。

为了说明这一点，我们可以举一些机械的例子：一个小杠杆就能产生强大的效果。然而，在我看来，某个国家海关的商业实例更有说服力。想象一个进口糖的国家，为了抑制糖的进口，保护国内工业，政府对糖征收关税。关税对应着栅极和阴极之间的电压，而进口的糖量对应着主电流。轻微的加税就意味着糖的进口商不再有利可图，供应就会完全停滞。小幅的减税又可以再次使进口商从出售的每磅糖中获得微薄的利润，货物就会立刻无节制地涌入。

同样的情况也发生在三极管中。栅极上的相对电压稍有降低，就可以使一个电子离开阴极到达阳极。

这就是放大电子管的原理。在实际中，它需要高超的玻

① 空穴：指电子流失后在原位留下的空位。

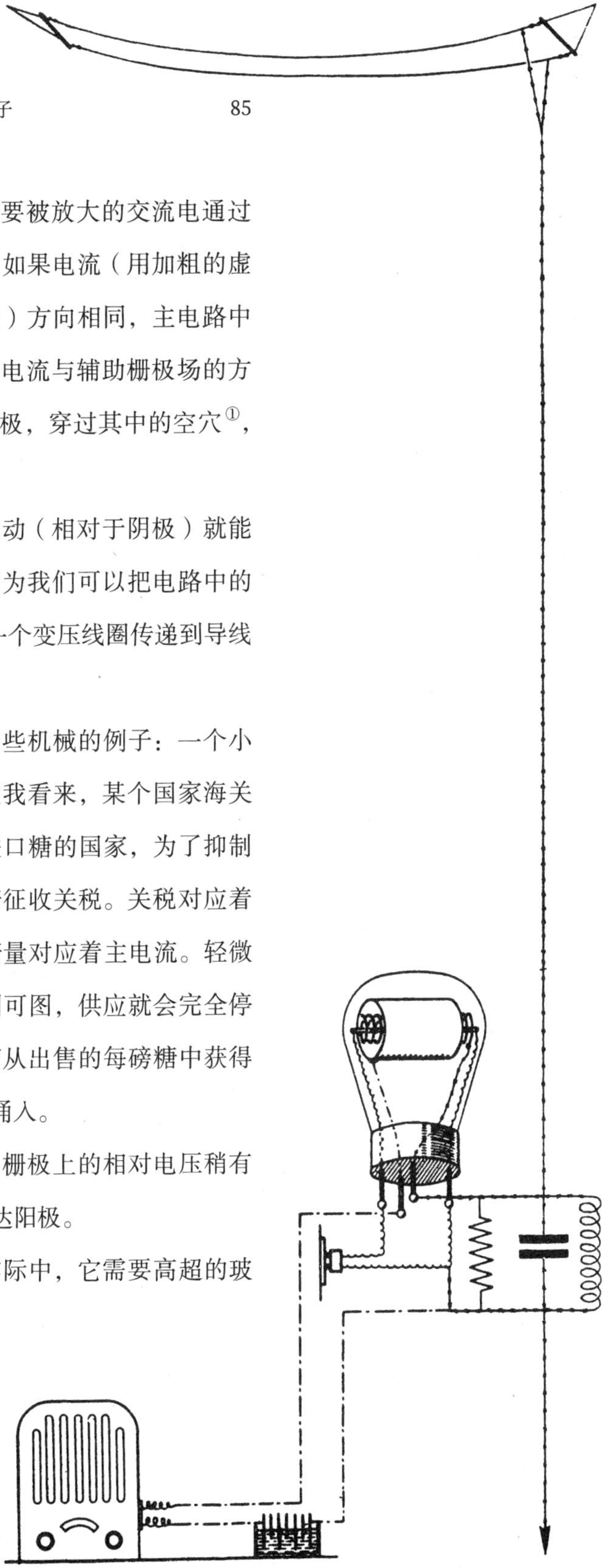

图44

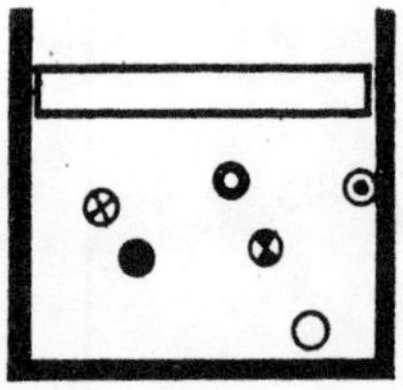

璃吹制工艺、极高的真空度，以及对金属特性的了解。然而，我们现在不关心这些。

通过这些放大装置，我们可以随心所欲地放大盖革-米勒计数器中的微弱电流脉冲，使扩音器发出噼里啪啦的声音，或者把它们传送到计数装置上，这样就可以直接读出脉冲的数量，也就是入射电子的数目。

任何我们能数的东西都有其特征。任何人只要听到过镭试剂旁边的扩音器发出的噼啪声，就一定会相信镭的辐射是不连续的。

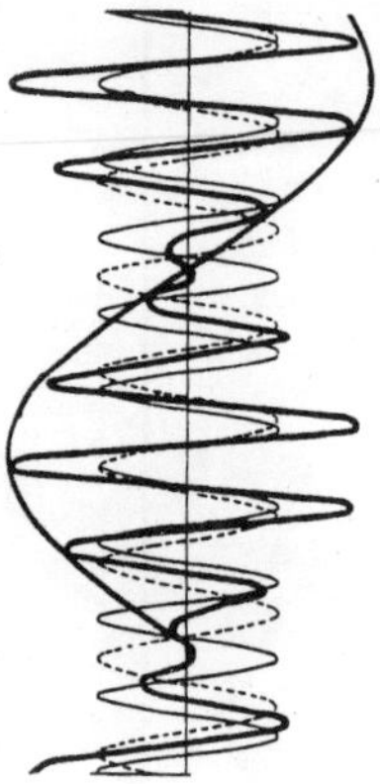

不过，能够直接看到原子和听到原子是一件很美妙的事情。实际上，这个愿望可以被满足。有这样一种方法可以追溯到比刚刚描述的计数方法更早的时候，不过它只能看到原子与固体的碰撞，不能看到单个的粒子。有一种硫化锌晶体，当被源自镭制剂的快速粒子（也就是所谓的“α 粒子”，实际上就是氦离子）击中时，它会发出一道闪光。在昏暗的房间里，我们用一个不那么强的放大镜就可以看到单个的撞击点，也就是所谓的“闪光”。如果眼睛不累，就可以很容易地计数闪光。任何有夜光表盘的人都可以证明这一点，因为表盘里的数字上涂有混杂了微量放射性物质的硫化锌粉末。在肉眼看来，这些数字似乎有微弱的光亮，但放大镜显示光线的确是断断续续的。

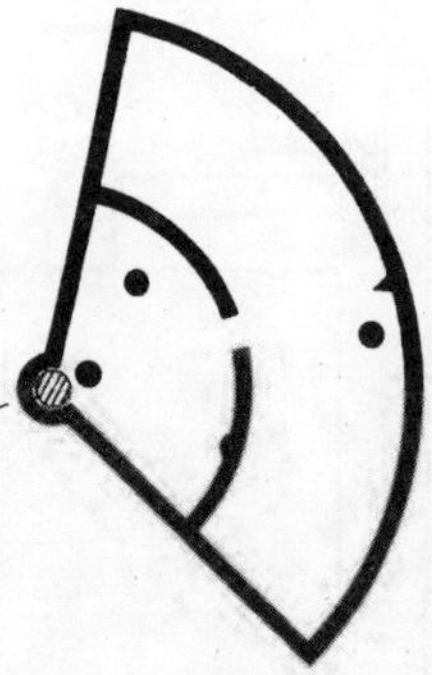

然而，能看到粒子完整轨迹的最精密仪器是威尔逊云室。在英国这样的国家，浓雾无疑是频繁而恼人的现象。为什么

相比于柏林和慕尼黑，伦敦和曼彻斯特有更多的雾和尘埃？是的，尘埃也会更多；雾和尘埃是相伴相随的。原因是英国人喜欢露天燃煤，数不清的烟囱日复一日地吐出煤烟（图45），煤烟形成雾。

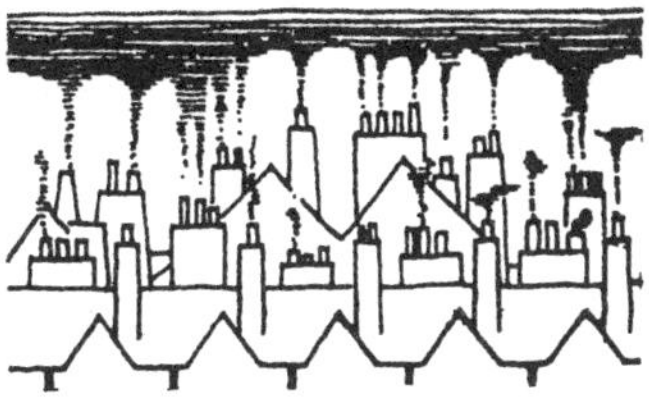
图45

它们之间的关系是这样的：空气可以与水蒸气混合，但不能无限度地混合。存在一个最大湿度，这时我们会说空气中的水蒸气饱和了。这一点取决于气压计示数的大小，也就是大气压。如果气压突然下降，空气能够以水蒸气的形式保存的水量也会下降，多余的水就会凝结成水滴。

然而，如果缓慢地减压，并且空气是纯净的，这种凝结就可以避免。的确，水蒸气的量超过了空气能容纳的量，但水滴并没有形成。从某种意义上来说，这是因为水分子不知道从哪里开始凝结。但是，如果空气中飘浮着灰尘或煤烟，水分子就很容易完成任务。水分子会立刻冲到这些颗粒的表面，覆盖住它们，并以煤烟为核心迅速形成水滴。这就是雾！然后它下沉了，使所有东西都覆盖上一层油腻的黑色煤烟。

在柏林和慕尼黑，煤炭在供暖总站彻底燃烧，空气会更清洁、更纯净。另外，这些地方的人也没有听到过露天燃煤时发出的噼啪声（图46）。

图46

现在人们发现，不仅仅是灰尘和煤烟，带电分子（离子）也能成为极好的形成水滴的核。显然，离子产生的电场会吸引水分子。

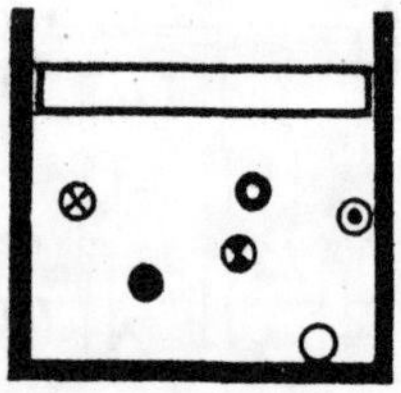

威尔逊云室利用了这一事实，使粒子的路径变得可见。我们有一个充满空气的腔室，其中有水蒸气，被活塞密封。如果活塞突然被拉出来，腔室内的压力就会降低，水蒸气会处于过饱和状态，但由于没有灰尘颗粒可以作为形成液滴的核，这种状态只能维持很短一段时间。如果现在我们把粒子射入腔室，它们就会在路径中形成离子对，起到凝结核的作用，它们表面就会聚集出一层水滴。粒子的轨迹在雾中被渲染成可见的细线（图47）！这是可以拍到的。我们最好在立体空间中进行，也就是说，在不同的方向上同时使用两台相机，拍出两张图片，从而确定轨迹在空间中的位置。

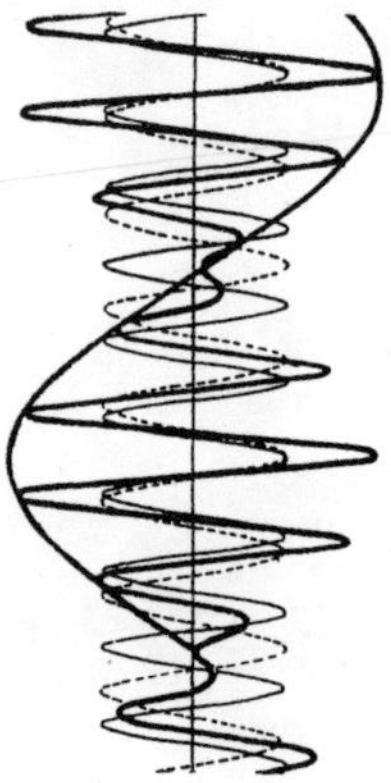

每种粒子都有自己的特殊轨迹。插图 I（a）显示了一个电子和一个 α 粒子的轨迹，这可以一眼就分辨出来：轻的电子的轨迹呈细短的“之”字形，重的 α 粒子的轨迹是长而平滑的直线。

威尔逊云室法消除了最后的疑虑，使我们不再怀疑物质由非常小的粒子构成。现在我们可以安心地继续研究电子在原子组成中的作用，寻找原子中的正电，等等。这就是科学家所做的事情。然而在这里，我们不再遵循历史演进的道路，因为这条道路困难重重，科学家必须苦苦跋涉才能缓慢脱身。这些困难中最主要的是一项基本发现，即我们刚刚认定是粒子雨的射线却表现得像波！

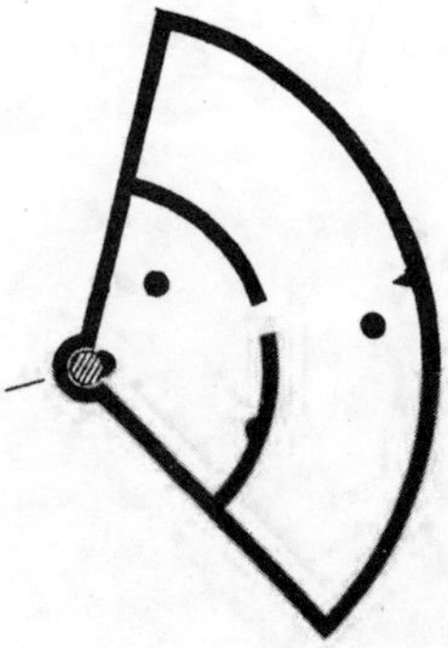

这非常矛盾，也非常糟糕！物理学家正在急匆匆地一步步深入，想要走进永不停息的宇宙的内部，面前却突然出现

一堵空白的墙。

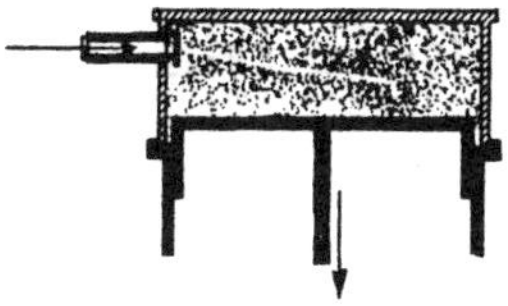

图47

因此，在继续深入之前，我们必须拆掉这堵墙，尽可能摆脱这种矛盾。但首先，我们必须更细致地考虑波和波的性质。

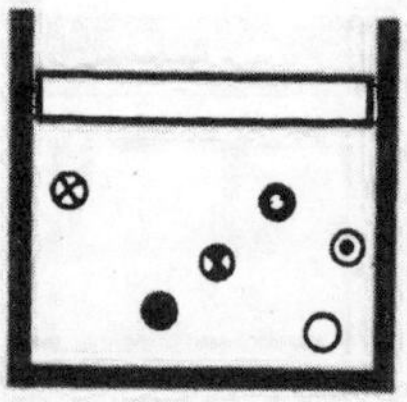

第三章

波和粒子

1. 光波与干涉

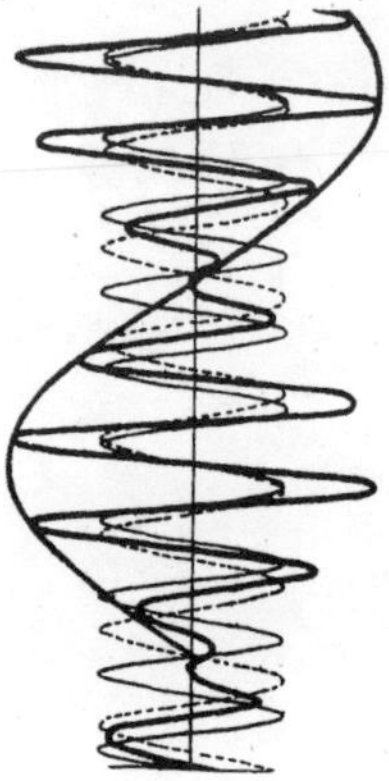

光是最重要的信使，给我们带来外部世界的消息。它究竟告诉了我们什么？我们自以为看到了世间万物，看到了它们的轮廓和色彩。但实际上，光传达的是这样的信息：“我来自某某方向，振动强度是这样的，振动频率是这样的。我完全忘记了旅途中的事情，只知道我从诞生后就出发，最后在你的视网膜里长眠。”其他的一切，比如我们对彩色物体的感知，并不像某位报刊记者的“手稿”，而是像编辑部（大脑）对成千上万份记者报道的无意识组合，是依赖于所有感官结合在一起产生的印象。

大多数人都发现这种“新闻组合”十分迷人，以至于几乎没有注意到“记者”的技巧。然而，物理学家对这些新闻特别感兴趣。他们不会无意识地把它们组合在一起，相反，他们利用澎湃的创造力和精巧的装置，有意识地分析它们。然后，物理学家得到了一个完全不同的故事：一个由原子组成的永不停息的宇宙，有着奇怪的法则。

对于永不停息的微观世界，光本身构成了它的一部分。

即使在没有原子的地方，比如在空旷的星际空间里，也有来自恒星的光线朝着各个方向移动。在恒星附近，比如在太阳附近，光与原子争锋，跳着狂野之舞向前飞奔。

我们已经说过，人们通常认为光是一种波动，每一种波长对应着特定的颜色。然而在伟大的牛顿所处的时代，人们并没有一致接受这个观点。牛顿本人更喜欢这样的假设：光是一种粒子雨（牛顿称之为“微粒”），由发光物体释放出来。他不知道惠更斯[①]提出的“波动说”如何解释光的直线传播（阴影有明锐边界这一事实），而在“微粒说”的基础上这是显而易见的。牛顿在光学上有重大发现，特别是他成功地利用棱镜把白色的太阳光分解成彩虹的颜色。今天我们会说，他创造了光谱。但是，在“是波还是粒子”的问题上，科学界都站在惠更斯那边。理由很充分，我们必须考虑一下。

首先，光并不是在任何情况下都沿直线传播。假设我们在纸板或金属屏幕上开一个非常小的孔，并在后面放一盏灯。从屏幕正面的各个方向看，这个孔都会是一个发光的点。牛顿的理论无法解释它，惠更斯的理论却可以：光波进入的孔就像是一个次级中心，波从这个中心沿球面扩散。这个实验以及接下来的实验都可以用水波来模拟，尽管水波并不是空间中的波，而是液体表面的波。把一块石子扔进水里，它会

① 克里斯蒂安·惠更斯（Christiaan Huygens，1629—1695），荷兰物理学家、天文学家和数学家。他创立了光的“波动说”，并认为以太是光传播的介质。

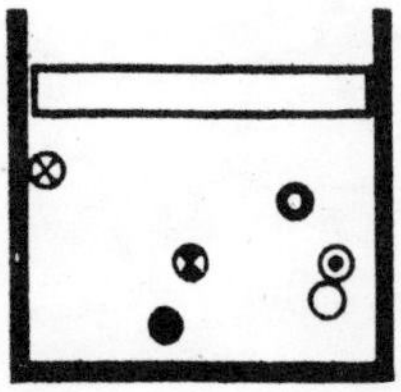

产生一种圆形波，如插图Ⅰ（b）所示；而在空间中（以光为例），一个发光的粒子（振动的粒子）产生了球面波。从远处看，波的波前[①]几乎是直线的。把一根棍子放在水里，然后周期性地移动它，我们也能得到直线波。插图Ⅰ（c）显示了一个直线波撞击在一个有孔的板上；在板的后面，我们看到了一个圆形波。这与上面提到的光学实验完全一致。

两列波可以相互穿过而互不影响，也就是说，当它们再次分离的时候，会像没有遇见过彼此一样继续前进。从湖面的轮船上，我们可以清楚地看到这一点：轮船激起的波浪穿过了湖面已有的波浪（图48）。

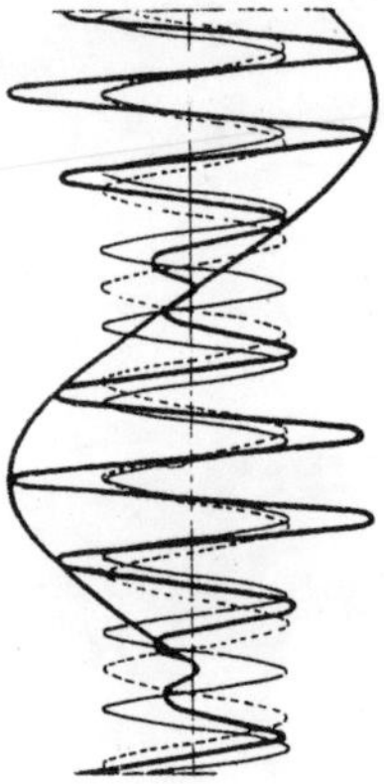

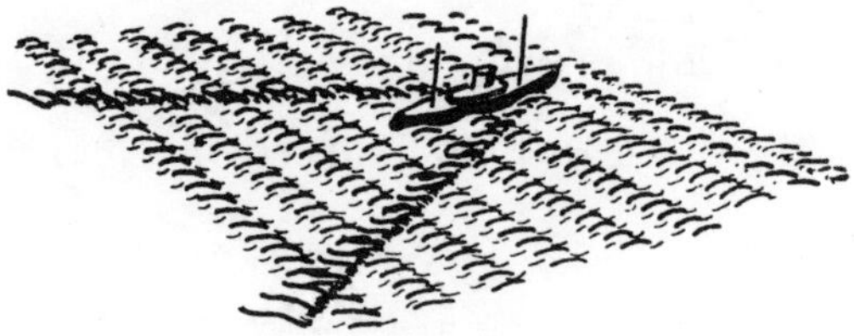

图48

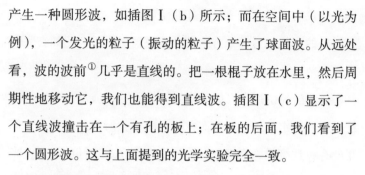

这条规律叫“叠加原理”。它也适用于光。否则，我们怎么可能看得见东西呢？如果我朝某个方向看，到达我眼球的光波会在途中遇到无数的其他光波，但不会被它们干扰。

那么，两列波叠加的点上会发生什么呢？

插图Ⅰ（d）显示了水波的情况。两个浮在水面的木球相

① 波前是指波在介质中传播时，某时刻刚刚开始位移的质点构成的面。

隔一定的距离，一根细绳使它们周期性运动。然后，每个木球都发出一列圆形波，这些圆形波会产生一种奇怪的波形。在某些点，两列波相互加强；而在另一些点，它们彼此抵消，水面保持静止。

这是波动的一种基本现象，叫“干涉”。在波峰与波峰相遇的点，两列波相互加强；而在波峰与波谷相遇的点，两列波相互减弱。如果波峰与波谷正好大小相等，它们就完全抵消了。

应用在光上，这意味着光＋光并不是永远等于更多的光，在某些特定的情况下可能更暗。这是真的吗?

大约120年前，物理学像今天一样充满了重大发现。其中，托马斯·杨[①]首次观察的光的干涉以及菲涅尔[②]对光波理论的发展也许是最伟大的。

杨在一个屏幕上做了两条狭缝，他让光线穿过狭缝，并落在有一定距离的另一个屏幕上。接着，就像“波动说”预测的那样，他真的看到了暗带和亮带（条纹）交替出现。如果观察毛发之类的细小障碍物，也会出现类似的条纹，如插图Ⅱ（d）所示。然而，为了达到目的，设想两条狭缝会更方便，这两条狭缝只允许单色光（单一波长的光）通过，通

① 托马斯·杨（Thomas Young，1773—1829），英国物理学家，以双缝实验而闻名。

② 奥古斯丁－让·菲涅耳（Augustin-Jean Fresnel，1788—1827），法国物理学家，波动光学理论的主要创建者之一。

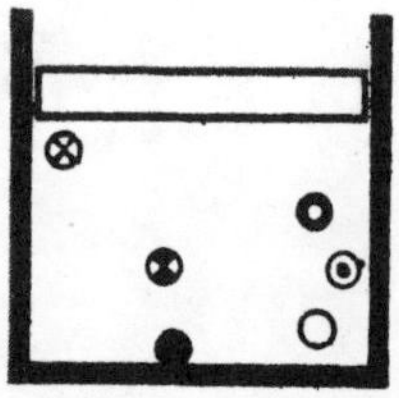

过的光会被另一个屏幕捕捉。在某些特定的点，一列波与另一列波的差距为完整波长，我们很容易计算和标记屏幕上的这些点，并且会在这些点上找到亮带，每两条亮带都会被一条暗带隔开（图49）。有干涉条纹的屏幕实际上垂直于纸面。

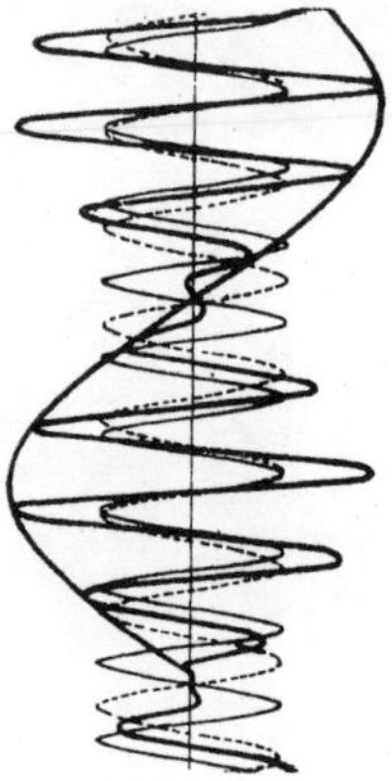

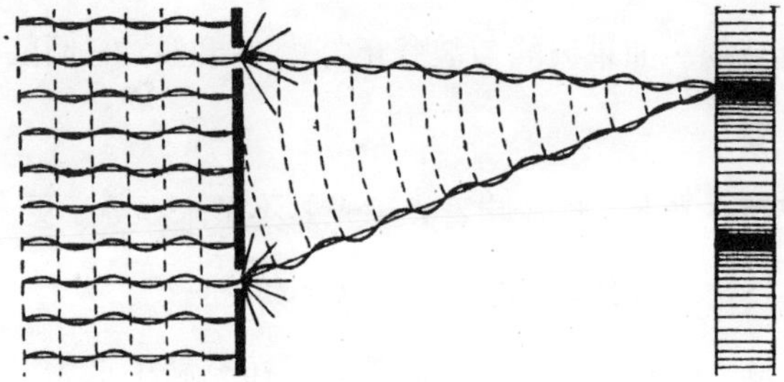

图49

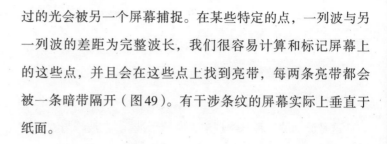

如果测量连续的条纹之间的距离，并且知道两条狭缝的距离以及双缝与屏幕的距离，我们就可以通过一个简单的几何方法计算光的波长。

这种结构也表明，双缝之间的距离越远，干涉条纹就越窄，反之亦然。双缝之间的距离与条纹之间的距离成反比。

如果落在双缝上的不是单色光，而是像白光一样混合着不同的波长，那么每一种波长都会形成自己的条纹系统，这些条纹叠加在一起，在人眼看来就是彩色的、多少有些模糊的条纹。

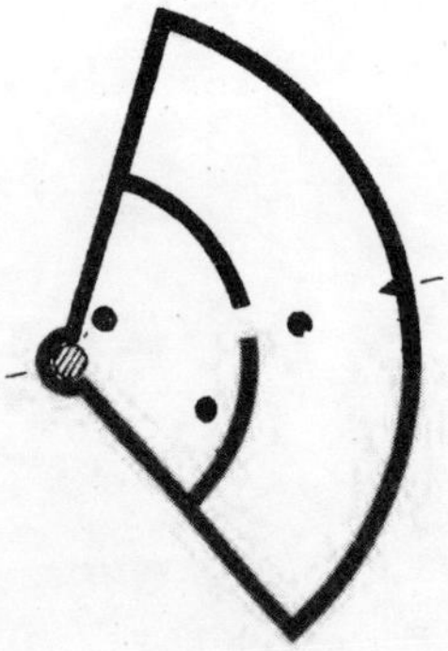

通过使用大量的平行狭缝，我们有可能使每种波长都产生窄条纹，而正中间的暗条纹非常宽。这样，不同波长（颜

色）的条纹就会并排放置，而不是重叠或混合。只有中心条纹会同时包含所有波长，也就是呈白色（在白光下）。下一级条纹会把所有的颜色排列在一起，也就是说，将形成一个完整的光谱（所谓的“一级光谱”）。之后的条纹也会形成光谱，叫“二级光谱”“三级光谱”等。

这种仪器叫“干涉仪”，在许多功能上比牛顿用于分解光的棱镜好得多。比如，干涉仪可以测定波长。干涉仪通常不是有狭缝的屏幕，而是排列着平行细线的金属镜子，也叫“光栅”。有的光栅每毫米有多达2000条细线。除了未分解的中心条纹，光栅还能提供一系列光谱。

“波动说”与事实完全一致，这令人信服地证明了惠更斯假说的正确性。

那么，我们该如何解释令牛顿困惑不已的光沿直线传播呢？

插图Ⅰ（e）和（f）说明了这一点。它们是从空中拍摄的水波通过单缝的照片。如果狭缝比波长更宽，阴影的边缘就比较明锐。如果减小狭缝的宽度，波动就会扩展到阴影的边界之外，这就是“衍射”。如果狭缝非常窄，我们就看不到阴影的边界，波从狭缝（次级波源）出发，以圆形波的形式扩散（在空间中为球形波）。这也可以从理论上解释。一个大的孔可以想象成若干个小的孔，每个小孔的宽度都等于波长。每一个小孔都会一点点儿地向阴影的边界之外传输波；对于其中一半的波，波峰与波谷相遇，所以彼此抵消了。然

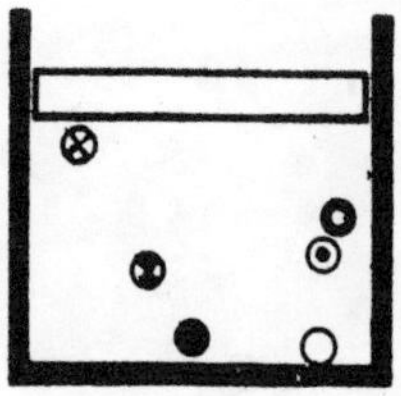

而，在边缘的地方，抵消是不完全的，所以阴影的边界不那么明锐，在某些情况下甚至可能显示出狭窄的条纹。如果单缝变窄，波就不会如此精确地相互抵消，从而产生一个庞大的波列。在光学的例子中，我们会看到屏幕上狭缝的图像变宽，它的宽度与狭缝的宽度成反比。后面我们会再来讲这一点（第三章第10节）。

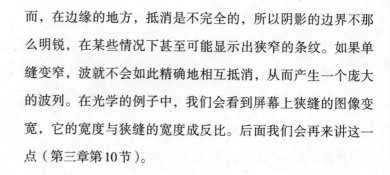

2. 不可见光

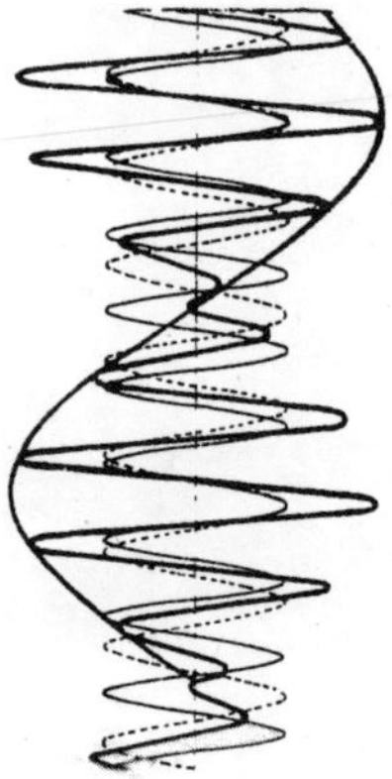

所有种类的光以及一切具有光性质的物质，都可以用刚才讨论的仪器来检验。

用音乐术语来说，可见光只覆盖大约一个八度。也就是说，红光的最长光波，大约是紫光的最短光波的2倍。可见光谱在波长范围内只占约1/2000 mm①。更准确地说，可见光的波长范围是4×10^{-5} cm到7.8×10^{-5} cm。

由此可以推断，光的振动频率非常快。对于这些微小的波（比如波长为5×10^{-5} cm），前进速度为3×10^{10} cm/s（光速）。每一厘米包含$\frac{1}{5\times10^{-5}}=2\times10^{4}$个这样的波，那么每秒通过特定点的波的数量为$2\times10^{4}\times3\times10^{10}=6\times10^{14}$。这就是可见光谱中的某道光的“频率”（$\nu$）。

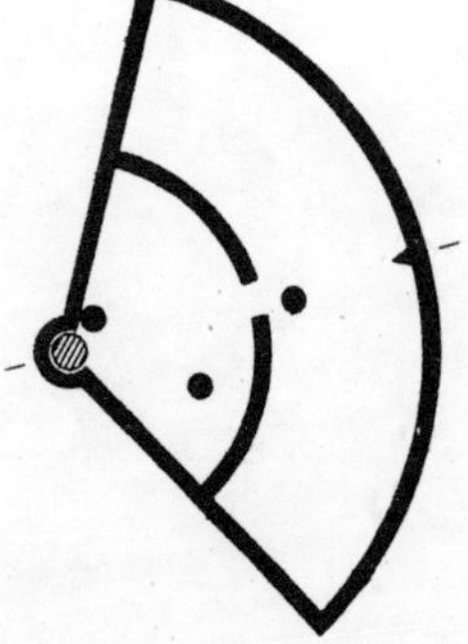

太阳光及其他光源发出的白光，包含着比可见光更短或更长的光。

① 最新数据为380 nm。

如果我们把一个敏感的温度计放在光谱中，它的读数就表示热量的大小；如果我们把它移到红色以外的区域，温度计示数就会上升。因此这里有红外线，我们可以通过其热效应来探测它；而在其他方面，它表现得与可见光一样。在光谱的紫色光的外侧，我们可以通过感光板来检测紫外线的存在。光谱可以向两边延伸到很远的距离，而人眼敏感的区域只占我们所知光谱的很小一部分。这一部分太小了，以至于在绘制光谱图（图50）的时候我们必须采用一种特殊的方式。我们无法画出波长本来的长度，因为纸上没有足够的空间；我们只能画出它们的数量级，用10的幂表示。

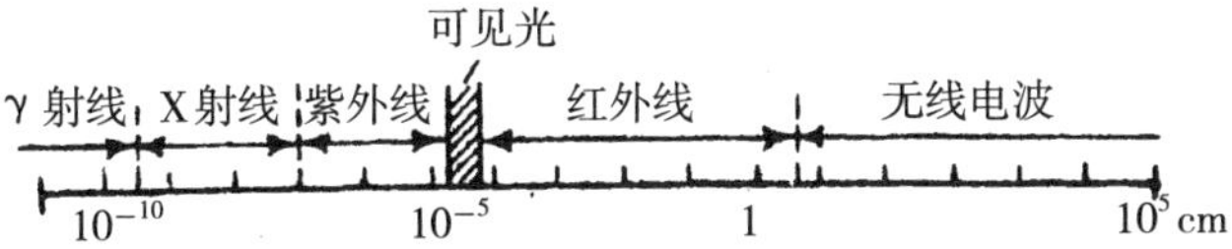

图50

X射线位于短波一侧的紫外线之外。伦琴[①]在1896年发现了它，这标志着新的辐射物理学的开端。我们当中年纪较大的人还记得，在看到活人的手骨透视照片时，我们感到无比震惊。年轻一代接受了这个奇迹，也接受了其他许多显而易见的奇迹。这个奇迹依赖于X射线非凡的穿透力。要证明它是与光同类型的波并不容易：X射线的波长太短了，无法针对它

① 威廉·伦琴（Wilhelm Röntgen，1845—1923），德国物理学家。1901年，他获得了首届诺贝尔物理学奖。

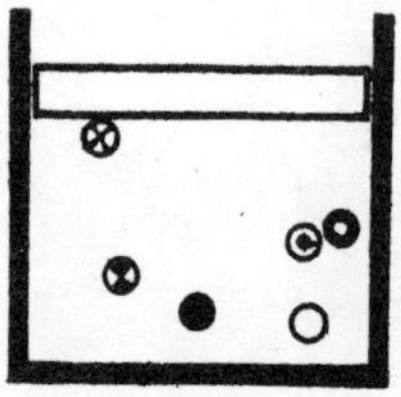

制作足够小的光栅。

然而，大自然给科学家帮了忙，因为晶体中的原子排列规则十分奇妙。图51显示了岩盐的结构，钠原子和氯原子以非常简单的方式交替排列。冯·劳厄①有了一个聪明的想法：利用晶体作为X射线的光栅。的确，它们不是线性的光栅，而是空间中的光栅，这使得现象更复杂。但通过它，W. H.布拉格和他的儿子W. L.布拉格②不仅发展了X射线光谱学，还研究了晶体的光栅结构，也叫“晶格结构”。事实上，现在也可以用人造光栅产生X射线光谱。

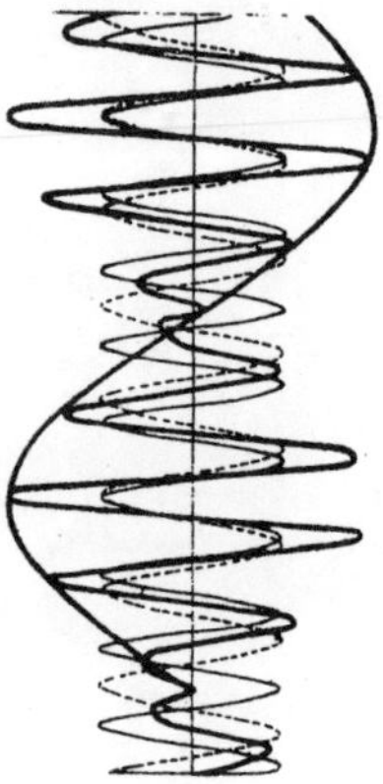

放射性物质不仅发射前面提到的微粒射线，也发射一种光辐射，叫“γ射线”，它与X射线类似。在后面讨论到的宇宙辐射（第五章第6节）中，还有一种波长极短的光。

现在谈谈长波。在目前的物理学中，我们能说的是，光的本质在长波范围内暴露无遗。问题是，是什么在振动？

这个问题使物理学家设想了以太的存在。100年前，以太被认为是一种果冻状的弹性物体，但比果冻更硬、更轻，因此可以非常迅速地振动。但是，大量现象表明，以太一定是一种与普通地球物质非常不同的东西，直到最终迈克耳孙实验和相对论的出现。

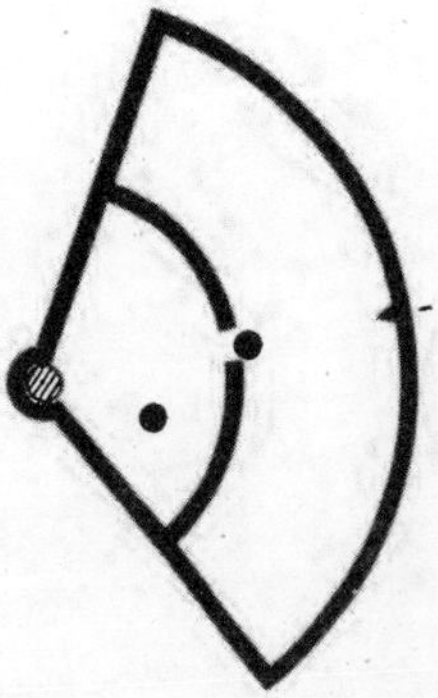

① 马克斯·冯·劳厄（Max von Laue，1879—1960），德国物理学家，因发现晶体中X射线的衍射现象而获得1914年诺贝尔物理学奖。

② 威廉·亨利·布拉格（William Henry Bragg，1862—1942），英国物理学家、化学家。威廉·劳伦斯·布拉格（William Lawrence Bragg，1890—1971），英国物理学家。父子两人于1915年一同获得诺贝尔物理学奖。

现在，电和磁也需要以太，因为它们也可以在真空中传播。过去的物理学家毫不犹豫地用各种不同的以太填充整个空间。但是，强烈地追求宇宙概念的统一，是他们研究的强大动力，因此他们不能满足于各种以太。法拉第的实验使麦克斯韦意识到，光只是一种电磁力的振动。他预测，交流电快速脉动的电路必然会发射具有电磁力的波。而赫兹探测到了这种波，即电磁波。无线电报中用于传递信息的是电磁波，无线广播中用于娱乐大众的也是电磁波。

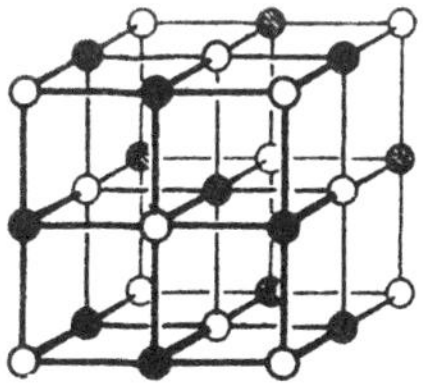

图51

无线天线就像是一个发射光波的原子，只不过放大了很多倍。动画Ⅲ显示了辐射是如何产生的。这里的天线是一根短而直的导线。在导线中，电流来回振荡。也就是说，在某个时刻，导线的一端带正电，另一端带负电。带负电的一端电子堆积，带正电的一端电子缺失。现在，电子从负电端流出，但超过了限度，因此在下一个瞬间，正负电荷以相反的方式分布。电荷来回振荡，直到能量因摩擦和辐射消耗殆尽。辐射是如何产生的？在两个电荷分开的瞬间，电路中有两个电极（我们把整体称为“偶极子”），导线外面有一个从负极到正极的电场，这个场可以用电力线来形象化表示。电荷相互抵消时，偶极子就会被破坏，电力线就会脱离天线，进入外面的空间。在反向偶极子存在的期间，新的电力线建立起来了，但方向相反，正如动画Ⅲ所示。

事实上，不仅存在振荡电场，也存在振荡磁场。磁场的磁力线环绕着天线。然而，在这里我们无法详细说明。

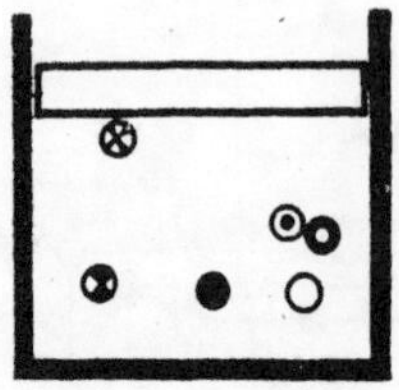

我们可以产生像热辐射一样短的电磁波，也可以产生任意长的电磁波。在速度、干涉、反射和许多其他性质上，它们具有与光波一样的物理特性。这一点已经被无数的实验证明。因此，我们必须假设发光的原子也是小的振荡偶极子。我们已经知道原子外层有电子，所以这个想法不会带来什么麻烦。

到20世纪初，光的电磁理论似乎已经建立得非常牢固了。但突然之间，一场灾难动摇了这个理论的根基。

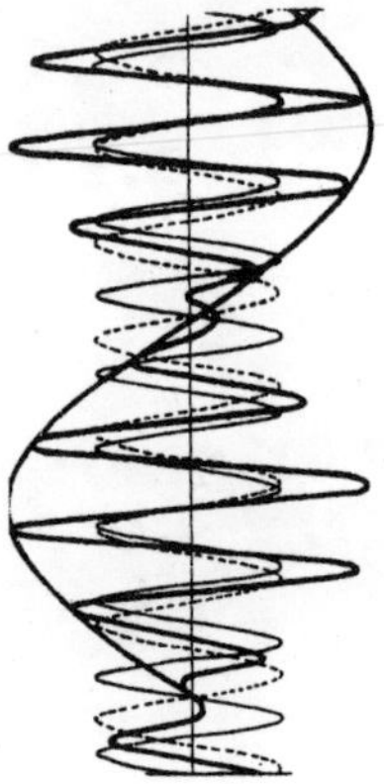

3. 光量子

这场灾难并不是一个意料之外的发现导致的。它的发生方式有点儿类似政治变革。

物理学的这场伟大革命始于马克斯·普朗克①的工作。他通过极其细致的实验，证明了在某些热辐射现象中，观察到的事实与迄今为止公认的力学定律和光学理论不相符。在完全确认之后，普朗克设法对这些定律做了小的修正，使它们与事实相符。1900年，他断言，必须假设光的发射和吸收以量子的形式进行（我们也可以说以“原子”形式）而不是任意小的量（根据“波动说”，任意小是有可能的）。而且，对于某种特定颜色的光，一个原子吸收或释放的能量（E）与光的频率（ν）成正比，即：

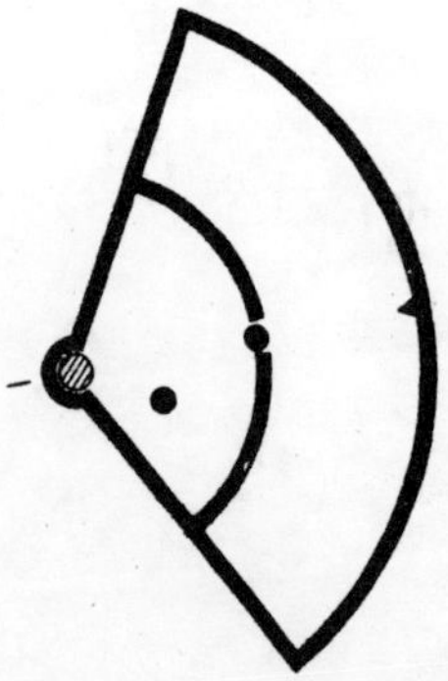

① 马克斯·普朗克（Max Planck，1858—1947），德国物理学家，量子理论的创始人，1918年诺贝尔物理学奖得主。

$$E = h \times \nu$$

其中，数字h现在叫“普朗克常数”，它的值非常小。如果能量以力学单位erg计算，频率取每秒振动的次数，那么$h = 6.5 \times 10^{-27}$ erg·s。我们已经知道，可见光每秒振动约6×10^{14}次，因此，这类光的普朗克量子能量只有$6.5 \times 10^{-27} \times 6 \times 10^{14} \approx 4 \times 10^{-12}$（erg），是一个非常小的量。然而，普朗克假设的“微小不连续”引发了戏剧性的结果！5年后，爱因斯坦站出来宣称，普朗克所说的远远不够。在他看来，不连续不仅仅发生在光的发射和吸收中；光本身也不是由平滑的波组成的，而是相当不连续或“量子化”的：简而言之，它表现得就像是粒子雨，这种粒子就是光子或光量子。

这又回到了牛顿的旧假设，但现在有了新的实验事实，尤其是对光电效应的观察。

这一点我们已经提到过（第二章第9节）。如果短波长的光落在物质上，它就会撞击出电子。光电管可以用于研究这个过程。光电管是内壁涂有一层金属（比如钠）的真空玻璃管，并留有一个石英窗口，可以允许紫外线通过（图52）。光电管用途广泛，比如用于有声电影和电视设备。还有用于测量光强的光电设备，摄影师用它估算曝光时间。

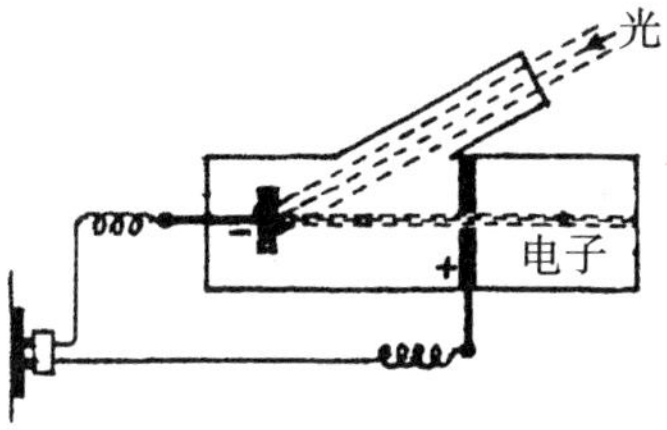

图52

物理学家已经准确地研究了发射电子的数目和速度与光的性质之间的关系。如果提高光强，金属发射的电子流也会增强，但和你预料的不同，不是因为更强的振动使电子加速得更快，故而金属会更快地发射电子。只要光的颜色相同，

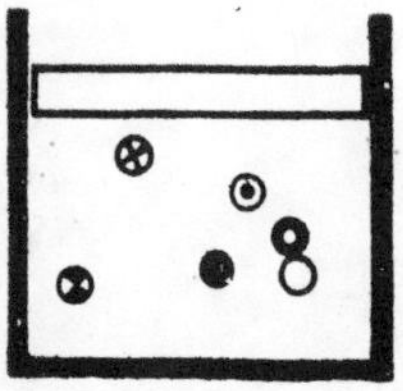

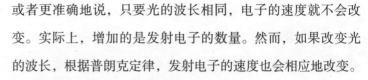

或者更准确地说，只要光的波长相同，电子的速度就不会改变。实际上，增加的是发射电子的数量。然而，如果改变光的波长，根据普朗克定律，发射电子的速度也会相应地改变。

这里必须注意，金属内部的电子离开金属时，它们所拥有的能量并不能完全地转化为动能，因为电子是以某种方式被束缚在金属内部的，否则，金属当然会自发地吐出电子。我们可以说，金属内部的电子比金属外部的电子能级更低，所以电子必须被抬升（能量上的抬升）才能获得自由（图53）。电子就像是地铁站里的人，虽然可以在有限的空间里自由移动，但如果想要回到地面，就必须乘坐电梯或自动扶梯。因此，电梯或自动扶梯的动力做了一定量的功，大小取决于水平高度的差异。同样，电子想要从金属内部被抬升出来，也需要一定量的功（A）。实验得出这个比率

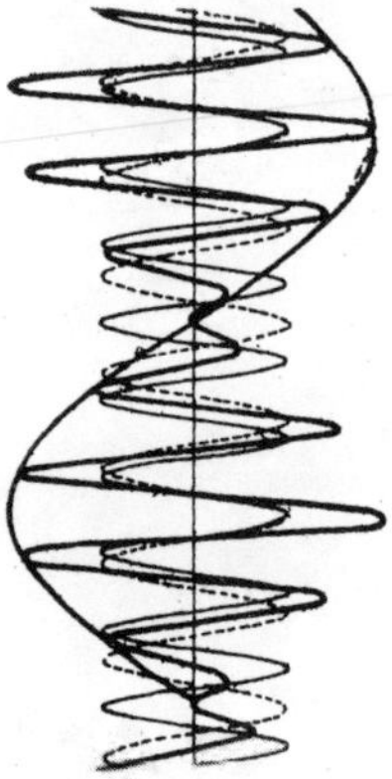

$$\frac{(E+A)}{v}$$

的值永远是相同的。

精确的测量已经证明，无论是何种物质，无论在哪种情况下，这个值与普朗克从完全不同的实验中推导出的h值一致。

从“波动说”的观点来看，这一切是很难理解的。为什么能量与频率有如此密切的关系？如果我们用非常小的金属粒子观察光电效应，这种矛盾就更加突出了。我们把金属粒子放置在密立根油滴法（第二章第8节）的带电金属板之间，

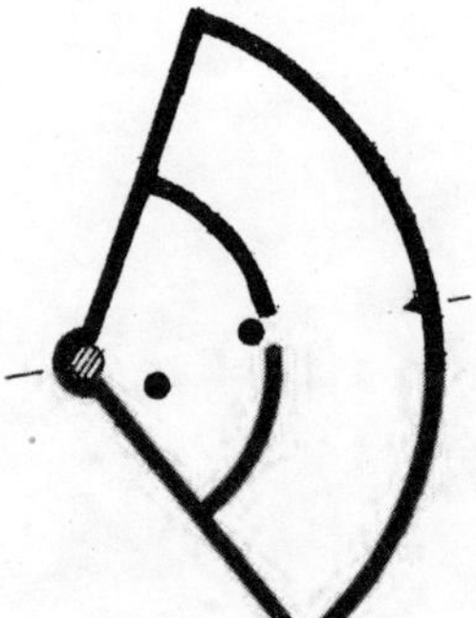

粒子下落速度突然改变的瞬间就是充电的瞬间。如果用“波动说”解释该现象，那么对于某个具有特定速度的电子，除非金属粒子吸收的能量等于该速度对应的能量加上把电子从原子中分离出来所需的功，否则电子就不会被赶出来。但事实并非如此：我们偶尔会观察到（尽管很少），电子的发射发生在光打开的瞬间，而金属粒子要过很久才能积累足够的能量。

爱因斯坦宣称，如果把光看成粒子（光子）雨，粒子的能量如普朗克所说等于$h\nu$，这种令人费解的行为就立刻变得容易理解。但我们马上就能看出，这样的粒子不可能是具有质量的粒子，因为如果它们有质量，并且以光速移动，那么它们的能量是无限的。这是相对论告诉我们的（第二章第7节）。落在原子上的光子会立即把能量让给一个电子，并把电子从原子中撞出来。被撞出的电子的数量，与光子的数量成正比；而电子的能量（减去把电子从原子中分离出来所需的功）与光的频率成正比。

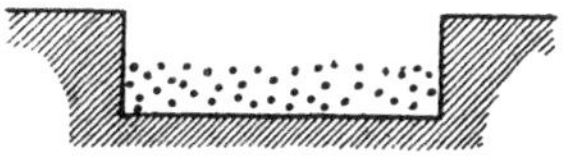

图53

一开始，物理学家非常怀疑这个观点，因为无数的实验和测量似乎已经确凿无疑地证明了“波动说”。但渐渐地，越来越多的实验现象出现了，这些现象立即在爱因斯坦的假说中得到了印证，而“波动说”对此无能为力。这些现象大多是光转换成其他形式的能量，或者其他形式的能量转换成光。

我们将讨论两组重要的现象。在普朗克的原始理论中，第一组现象一定程度上是可以理解的，即光的发射和吸收发

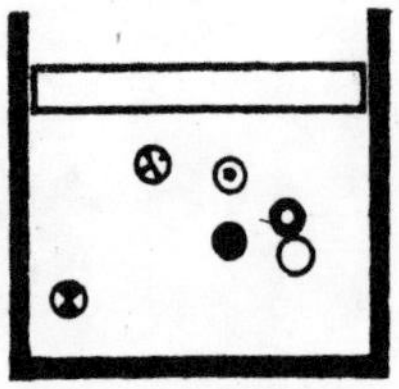

生在量子跃迁中。然而，第二组现象提出了自由辐射量子化的问题。

4. 气体的谱线

普朗克的能量量子的想法产生于热固体的辐射。但固体在任何方面都是复杂的对象，是无数原子挤在一个小空间里的聚合物。因此，它的辐射是由无数不同的波组成的旋涡。要从如此复杂的现象中推导出一条基本定律，简直是个奇迹。然而，还有一些更简单的物质，其中的原子或分子排列松散，几乎不会相互影响，那就是气体，我们总是会回到它这里。如果希望确定原子的性质，一个好的建议是考虑气体的辐射。

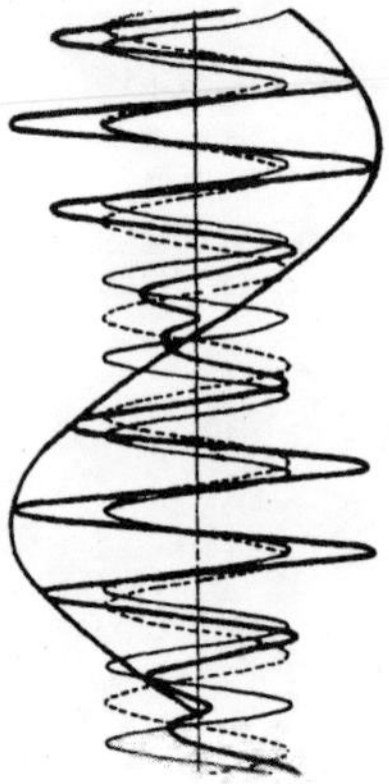

想象一个从没有听过歌剧的学生第一次去歌剧院。他和他的父母碰巧来晚了，必须在紧闭的门口等一会儿。他听到音乐正在奏响，歌声与戏剧效果此起彼伏，还有一阵喧闹的杂音。如果父亲说“听，这是男高音”或者“现在是美妙的小提琴独奏”，孩子肯定会感到茫然。物理学家第一次研究固体辐射时也处于类似的境况。固体辐射是一种光学音乐，由无数的未知乐器在紧闭的门后面演奏。

然而，气体大致相当于一组“第一提琴手”：它们演奏着同一种乐器，但其结构还是一个谜，且总是在紧闭的门后奏响。

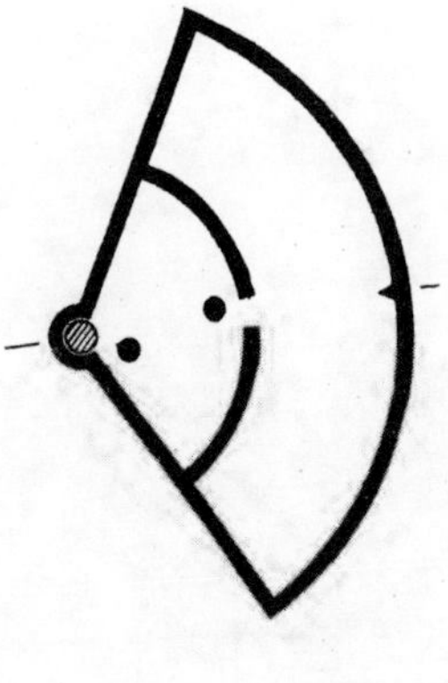

最终，歌剧院的门打开了。第一次来的男孩看到了歌手和管弦乐队，很快就明白了他们是怎样合作的。也许有一天

他会有机会演奏小提琴或长笛，理解它们是如何发声的。

物理学家只能用想象的眼睛观看他的光学乐队。如果能挑出一套同类型的乐器（气体原子）来研究它们本身，他会非常高兴。

对于被加热到炽热的固体，由光栅或棱镜产生的光谱包含了可见光的所有波长，且是连续的。而气体的光谱由单独的明线构成，通常数量很多。这意味着气体原子产生了特定频率的振动，这些振动以相应波长的波的形式传播。

这不是什么美妙的事情，声学中也有同样的情况。一根钢琴弦有一个与某一频率相关联的特有音符（叫“基音”）。但只要稍微运用技巧，就可以在基音之上发出更高的音符（“泛音”）。现在，弦的振动频率变成了2倍、3倍、4倍等，分别得到八度音程、八度音程和五度音程等。按住钢琴中央的C键，这个音符就发不出来了，因为琴键被压住了。然后短促地敲击低音C键，就可以很清楚地听到被按住的中央C键的音符。这是因为低音C键不仅包含自己的基音，也包含比它高八度的中央C键的基音，也就是低音C键的第一泛音。被低音C键的弦激发的空气使中央C键对应的弦振动，如果调整得当，弦的反应就会非常强烈（由于共振），当低音C键的弦被允许抬升的琴键压住时，我们仍然可以听到这个音符。同样的事情也可以用更高的泛音来证明。

弦的泛音对应着弦的振动，弦把自己分成振动的几个部分，被所谓的“节点”分开。节点就是静止的点。第一泛音

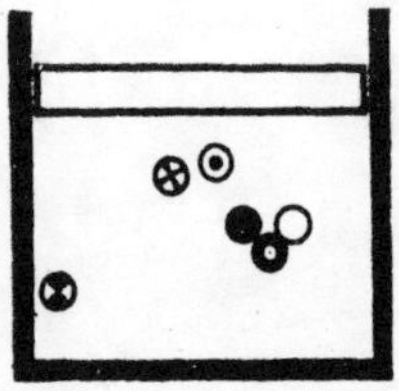

有一个节点，第二泛音有两个节点，以此类推（图54）。

其他的乐器，比如钟，它们的泛音的频率不是基音的2倍、3倍或更多整数倍，其振动要复杂得多。

这个类比在多大程度上适用于光学？也许谱线就是原子的基音和泛音，原子像弹性物体一样振动。

这是一个很自然的想法，人们已经彻底研究了，但没有完全成功。因为气体谱线中有一种现象，并不能解释为弹性物体的振动。

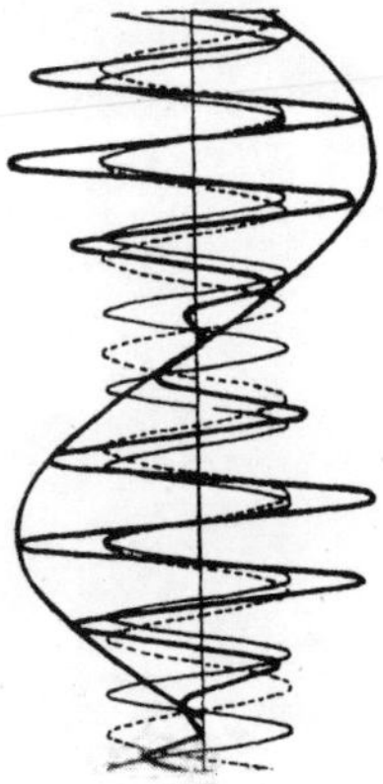

乍一看，这些谱线似乎很混乱，仿佛没有任何规律可循。例如，参阅铁光谱的局部图——插图Ⅱ（a）[①]。

然而，人们最终发现，在氢的例子中，我们有可能使这种混乱恢复秩序。氢是最轻的原子，大概也是最简单的原子。如果盖斯勒管中充满了氢气，那么它的谱线就遵循一个简单的规律，如插图Ⅱ（b）所示。巴耳末[②]发现了这条规律，稍后我们将讨论（第四章第2节）。我们发现，对于只有一个松散电子的原子，也就是在溶液中表现为一价正离子的原子，我们也可以得到类似的定律。这些原子就是已经提到过的锂、钠、钾等。这种形式的气体谱线被称为“谱线系”，当人们成功地单独观察到它或者从混乱的谱线中找到它时，它的规律就会立刻显现出来。插图Ⅱ（c）（钾光谱）显示了这样的谱线

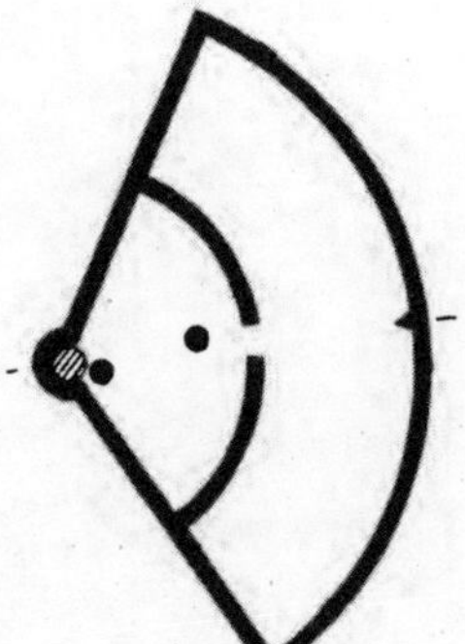

① 此照片经 Adam Hilger 有限公司授权复制，从该公司可获得原版。——原文注

② 约翰·巴耳末（Johann Balmer，1825—1898），瑞士数学家、物理学家。他的主要贡献是建立了氢原子光谱波长的经验公式——巴耳末公式。

系。它立即让人联想到泛音，只不过有一个根本的区别：谱线越往后越收拢，显然是朝着一个极限累积；超过这个极限，就找不到谱线了。声学中的泛音不会这样，因为任何物体或任何系统的弹性振动的频率都会形成一个没有终点的谱线系，就像在钢琴弦的简单例子中，谱线系是一连串的数字：1，2，3……一直到无穷。

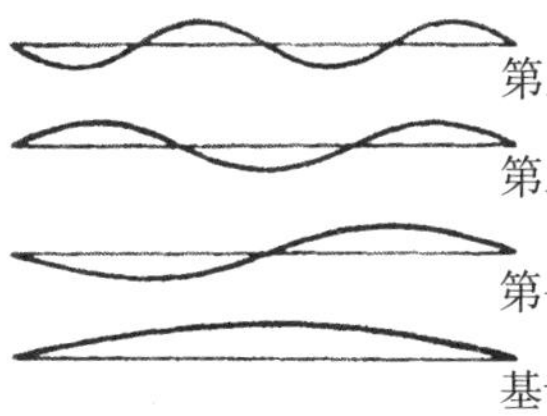

图54

然而，在谱线的例子中，还有一个简单的定律，以发现者的名字命名，叫“里茨[①]组合原则”。在明显密切关联的谱线组合中，也就是所谓的“双重线”和“三重线”中，该原则表现得最好。炽热的钠蒸气中会出现双重线，其波峰和波谷的波长为：

$$8194.94 \times 10^{-8}\ \mathrm{cm}$$

$$8183.31 \times 10^{-8}\ \mathrm{cm}$$

和

$$5888.26 \times 10^{-8}\ \mathrm{cm}$$

$$5882.90 \times 10^{-8}\ \mathrm{cm}$$

如果我们用光速 3×10^{10} cm/s 除以波长，就得到了它们的频率，每次我们都能得到相同的差值，这种差值也表现在其他谱线对上。这种关系可以用图55来说明，其中竖直线代表频率。在这个例子中，双重线总是起始于相同的高度。从两个末端的位置看，差值很明显是相等的：谱线的终点位于两

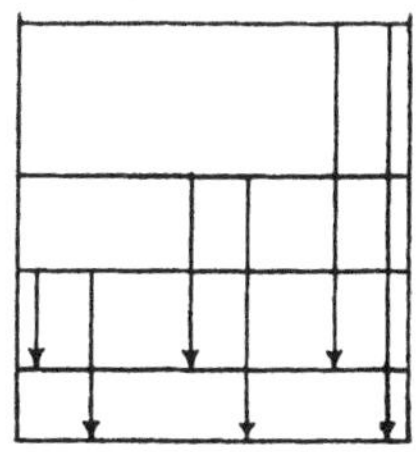
图55

① 指瓦尔特·里茨（Walther Ritz，1878—1909），瑞士理论物理学家，以里茨组合原则而知名。

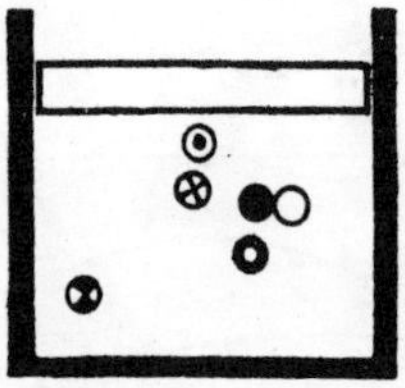

条水平线上。三重线、四重线等也可以绘制类似的图。

由此自然可以得出一般性的结论。对于一个确定的原子，我们可以画出许多条水平直线，或者叫“能级”，接着我们可以用这些能级之间的垂直距离表示其谱线的所有频率。决定能级位置的数字当然比频率要少。上面的例子中有5个能级和6种频率，但谱线的数目通常大于能级的数目。然而，并不是所有成对的能级都能以谱线的形式出现。后面（第四章第2节）我们还会给出能级的图片（读者可能会喜欢看这些图，比如氢原子的能级），目的是使读者了解不同谱线系中能级的排列，以及用连接能级的线表示的谱线。

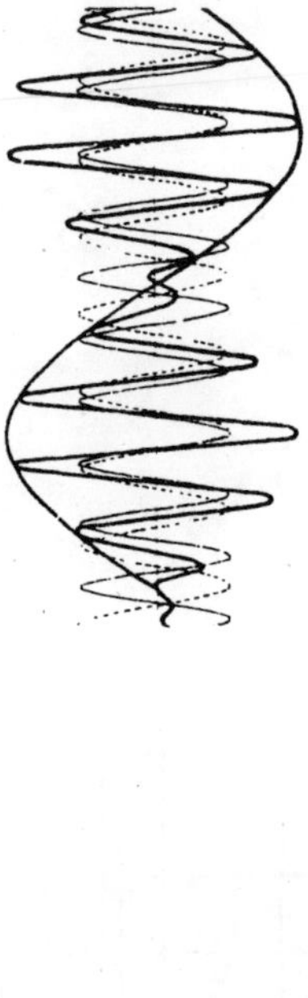

能级的位置可以在频率标度上给出，其绝对值（与最低能级相关的数字）是相当不确定的。这些能级差值也叫“谱项”，那么里茨组合原则表述如下：每个原子都有许多谱项和一幅谱项图，每条谱线就是两个谱项的差值；谱线的频率等于较高的谱项减去较低的谱项。无数的光谱分析已经证明里茨组合原则是正确的，无论是在可见光范围内，还是在红外线和紫外线中，更不用说X射线和 γ 射线了。但这究竟意味着什么呢?

5. 玻尔的谱线理论

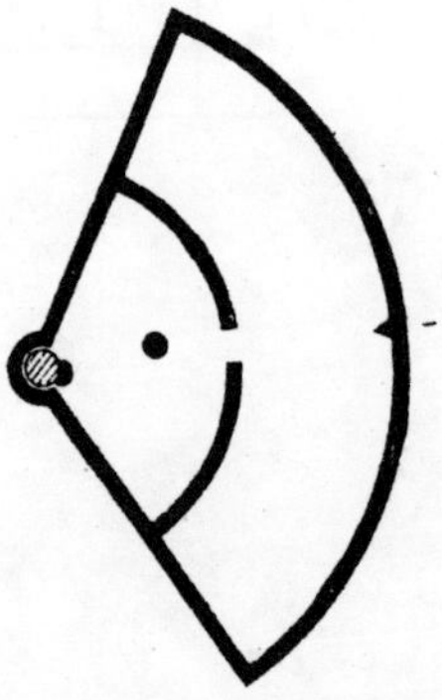

1913年，玻尔[1]认识到里茨组合原则与普朗克量子理论之

① 尼尔斯·玻尔（Niels Bohr，1885—1962），丹麦物理学家，1922年因对原子的结构及原子发出的辐射的研究而获得诺贝尔物理学奖。

间的联系，首先是在氢的例子中，后来又有很多例子。普朗克断言，光的发射和吸收发生在量子跃迁的过程中，玻尔没有像大多数物理学家那样花时间反复研究这个断言的正确性。不同于这个表述：

$$频率=发射的能量/h$$

玻尔写下了下面这个等价的表述：

$$频率=发射之前的原子能量/h-发射之后的原子能量/h$$

现在只需要把它和里茨组合原则结合起来，就可以得出结论：

$$谱项=原子能量/h$$

或

$$原子能量=谱项\times h$$

这个公式的意思是，每个原子都有许多个量子态，玻尔称之为“定态”，每一种定态都有特定的能量。通过吸收和发射光，原子的能量可以改变；该光的频率等于两个定态之间的能量差除以h。

当然，玻尔的假设违背了经典力学。如果原子服从经典力学的定律，那么能量就可以按任意微小的量注入原子或流出原子。但玻尔的理论否定了这一点，这是一个巨大的优势，因为一个相当原始的论据表明，原子并不是像太阳及其行星那样的力学系统。在标准大气压下，一个原子与其他原子之间的碰撞超过每秒1亿次。然而，它的谱线很清晰，频率也没有改变。相反，想象一下如果我们的太阳系遇到了一颗恒星（比如天狼星），仅仅是从旁边经过而没有发生实际的碰撞，

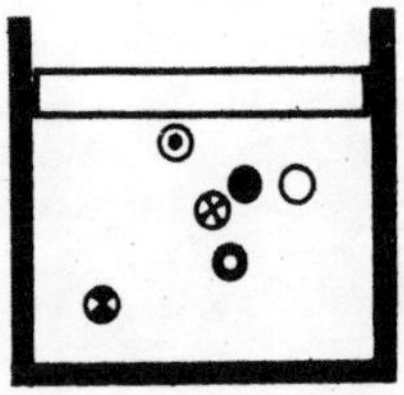

会有什么结果？所有行星都会被抛出自己的轨道，它们的公转周期都会改变，而这只是与另一个力学系统的单次碰撞。

可是，原子却表现出了极大的稳定性和对碰撞的抵抗力，这在我们身边熟悉的经典力学系统中从未出现。

如果玻尔的观点是对的，这种稳定性就立刻变得容易理解。因为自然状态下的原子会处于最低和最稳定的能级（基态），把它们抛出去的最小能量对应着最低能级和第二低能级之间的距离。然而，从谱项图中我们可以看到，相比于飞舞的原子的热能，这个能量差是很大的。所以，原子之间的碰撞不足以使一个原子脱离基态，或者用我们的话说，不足以激发它。

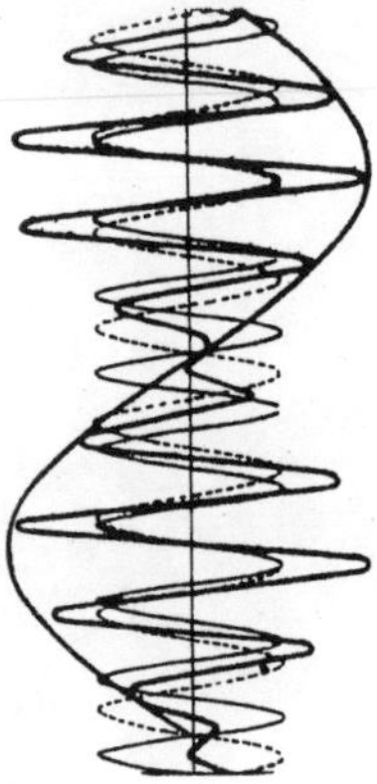

此外，玻尔的理论直观地解释了一个事实：气体的发射光谱比吸收光谱包含更多的谱线。如果我们通过冰冷的气体观察一个炽热的物体（发出各种频率的光），就会得到一个吸收光谱。然后，在明亮的连续光谱的映衬下，某些谱线显得暗淡。插图Ⅲ（a）所示太阳光谱中的夫琅和费线就是一个例子：这是由于太阳较冷的外层大气吸收了来自中心天体的光。

未激发的较冷气体处于基态，因此，它们只能吸收特定的谱线，即从基态跃迁到更高态所产生的谱线。而当一个处于更高态的原子被激发时，它可以发射更多的谱线，不仅仅是那些直接回到基态的谱线，也包括那些进入中间态的谱线。原子可以进一步从这些状态回到基态（图56）。

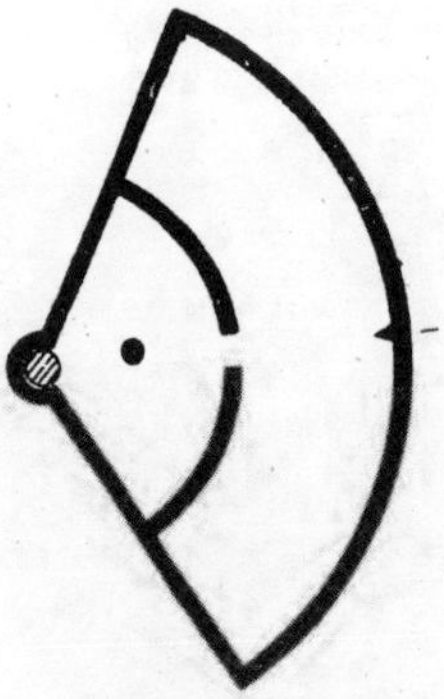

原子必须先激发才能辐射，这个观点非常有效地解释了

发光现象，也有助于电灯（比如霓虹灯等）的发展，因为它提供了一些信息，说明了在哪些条件下可能会出现哪些谱线。

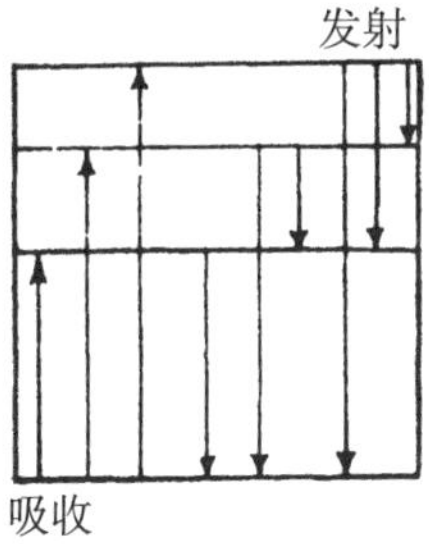

图56

例如，可以通过向原子发射电子来使它发光。通过改变电子的速度，我们有可能向原子提供更多或更少的能量。弗兰克与赫兹首先做了这些实验①，确凿无疑地证明了玻尔的理论。他们发现，只要电子“炮弹”的能量小于第一级激发态对应的能量，那么就什么也不会发生。原子不发光，电子被原子反弹且不损失能量。然而，只要电子的能量比这一能级高出一点点儿，第一条谱线就出现了。这是前所未有的奇妙现象——只有一条谱线的光谱。随着电子的能量进一步提高，谱线会按照插图Ⅱ（e）中的谱项图给定的顺序出现。我们甚至可以测量电子在碰撞中损失的能量，并将其与光谱项值进行比较：结果总是完全一致，除了光学测量通常比电学测量精确得多。

玻尔把这些谱项解释为能级，从而避免了极限值的任意性。我们越往上，能级就越收拢，它们接近一个极限。我们可以从插图Ⅱ（b）、（c）中一系列的谱线图和项图（图57）清楚地看出来。极限之外有一个连续吸收区。这句话的意思很明显。如果给原子提供的能量越来越多，电子最终就会飞

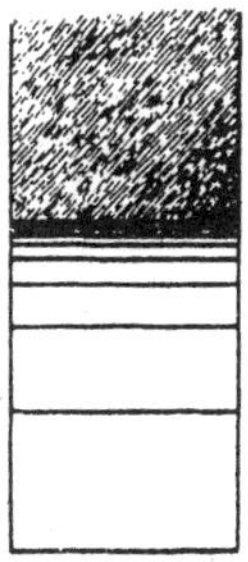
图57

① 詹姆斯·弗兰克（James Franck，1882—1964），德国物理学家。古斯塔夫·赫兹（Gustav Hertz，1887—1975），德国物理学家，电磁波发现者海因里希·赫兹的侄子。两人共同完成了弗兰克－赫兹实验，证明了波尔模型的正确性，并获得了1925年的诺贝尔物理学奖。

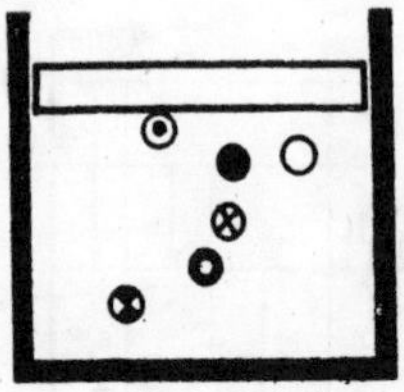

出去。一系列谱项的极限对应着把电子从原子中分离出来所需的功，也就是使原子电离所需要的能量。通常将这个值作为零点，在它之下的激发态记为负值，而基态具有最大的能量负值。超过极限的连续吸收光谱意味着：当电子飞离时，它可以携带任意量的动能。

在提出理论之前，玻尔已经搜集了大量的光谱数据。之所以这么做，是因为所有物理学家都认为其中隐藏着一个巨大的秘密。玻尔的理论真是神来之笔！这下秘密被看穿了，混乱的数字和观测结果又重新恢复了秩序。

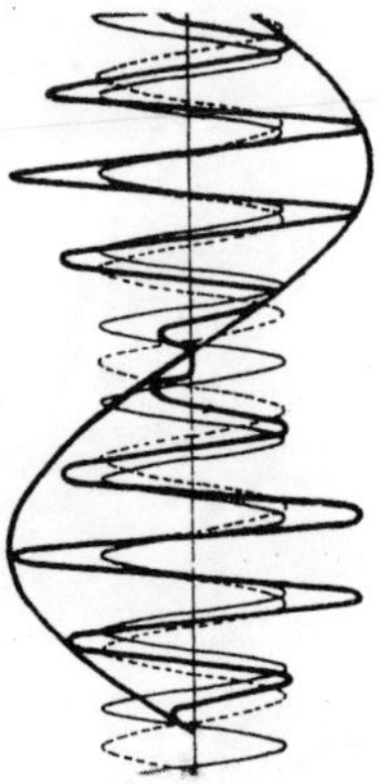

然而，这只是第一步。下一个问题是，原子的能级是如何产生的？“经典”力学对此一无所知。我们必须发明新的力学——量子力学。又是玻尔迈出了第一步。我们会在第四章继续讲这一点。非常值得注意的是，被称为“量子力学”的新的力学体系，仅仅是为了更好地解释光谱事实而逐步建立起来的。1925年，海森堡[①]提出了一个决定性的想法，约尔当[②]和我正是利用了这一想法，想出了合适的数学方法，即所谓的“矩阵力学”。

你可能想知道这是如何发生的。一个学生纯粹为了好玩，偶尔去听一些深奥的课程，然后很快就忘了。这是我在一堂

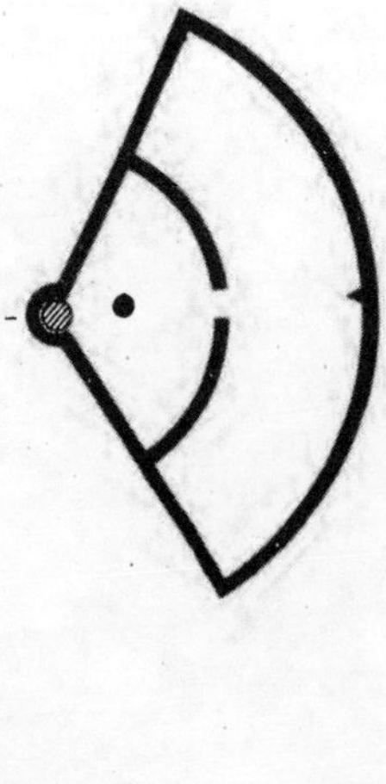

① 沃纳·海森堡（Werner Heisenberg，1901—1976），德国物理学家，量子力学的创始人之一，1932年诺贝尔物理学奖得主。

② 帕斯库尔·约尔当（Pascual Jordan，1902—1980），德国物理学家，在量子力学和量子场论方面做出了许多贡献。

高等代数课上的情况。我只记得“矩阵”这个词，以及一些关于矩阵的简单定理。但这就够了。稍微研究一下海森堡的物理公式就能发现这种联系。然后轻易就唤起了我那些记忆，并应用了这些结果。量子力学的这种形式也被狄拉克[1]完全独立地带进了一个非常完美的境界，它不仅是量子力学最早的形式，而且可能是最基本的形式。但它非常依赖数学，非常抽象，没有数学的帮助是无法理解它的。

因此，我们要暂时放弃这个思路，稍后再回来。同时，我们会转而研究其他现象，这些现象为研究原子的量子力学提供了一条比较容易的路径。

6. 光电台球游戏

在试图解释蓝天与红日的本质时，我们讨论了光的散射（第一章第10节）。当时，我们以汹涌水面的一艘船为例，一列水波使船摇晃或倾斜，并产生了次级波。

根据光的电磁理论，现在我们可以更好地理解这个过程。原子或分子是一种包含电子的结构，它们的内部一定有正电来平衡电子的负电。如果原子进入电场，带负电的电子会被拉向一侧，带正电的原子核会被拉向另一侧；这样两个电荷就分离了，形成一个偶极子，就像带电的天线一样（第三章

① 保罗·狄拉克（Paul Dirac，1902—1984），英国理论物理学家，量子力学的奠基者之一，1933年诺贝尔物理学奖得主。他统合了海森堡的矩阵力学与薛定谔的波动力学，发展出了量子力学的基本数学架构。

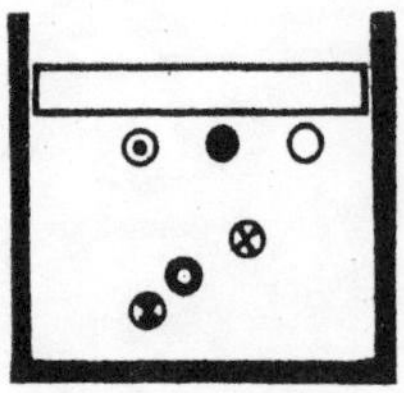

第2节）。

如此看来，光波只不过是前进的交变电磁场。如果光从原子旁掠过，就会产生一个偶极子。偶极子与光场一起振动，并会发出之前描述过的球面散射波。是的，先是原子，然后是空气，实际上是所有物体，一定都会散射光。但我们之前不是说过，散射与原子的密度变化有关？这两种说法都对，但我们必须记住干涉的存在。每一个单独的原子都会散射光，但如果原子是完全均匀分布的，散射波就会相互干涉和抵消。用于解释阴影明锐边界的论据（第三章第1节）也可以解释这一点：如果屏幕上的孔比波长大很多倍，那么对于该孔产生的次级波，波峰和波谷彼此抵消的区域形成阴影，彼此叠加的区域不形成阴影。同样，在空间中均匀分布的原子对光的散射只会对通过的光产生微小的变化（速度和强度的变化），但不会在横向上产生可察觉的光强。相反，如果粒子的分布不规则，横向散射的光就不会完全抵消，天空呈现出蓝色就是一个很好的例子。

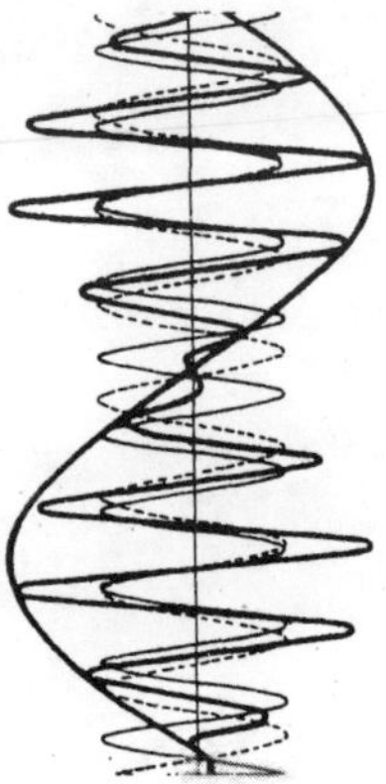

我们关心的是这一点：根据“波动说”，散射光的波长一定等于入射光的波长，频率和波长一定不会因散射而改变。

然而，在现实中，的确存在散射后波长改变的情况，即波长很短的光（X射线）。虽然差异很小，但优秀科学家的显著特征是，他能够注意到微小的差异，能够精确地观察、放大和解释差异，直到清楚地指出公认理论中的缺陷。这样，通向新发现的大门就会敞开。

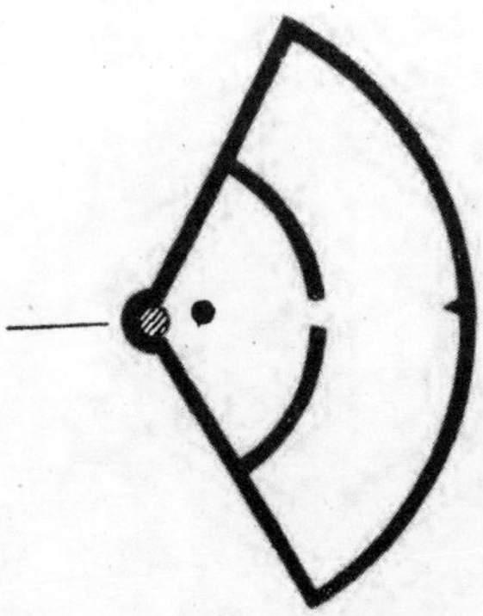

康普顿[①]研究了石蜡对X射线的散射，发现向侧面或向后散射的射线波长比原始辐射的波长稍大，如插图Ⅳ（a）所示。在波动理论中，这是难以置信的。因为从本质上来讲，这应该只是一个力学过程，就像一棵李子树在不停地摇晃，当然它的所有树枝也在以同样的节奏摇晃。

然而，康普顿意识到，光子假说可以很好地解释这种现象。

石蜡完全是由轻原子构成的物质，即碳和大量的氢。在这些轻原子中，电子相对松散，所以原子很容易被电离。此外，X射线的光子非常强，它的能量是频率的h倍，其频率大约是可见光频率的10000倍。对于这种数量级的冲击，电子的结合能完全可以忽略不计。在这个过程中，石蜡块完全可以看成是自由电子的集合。

现在我们可以想象一种台球游戏，用到了两个不同的球：一个球是石蜡中的电子，它几乎处于静止状态；另一个球是冲向它的光子（图58）。

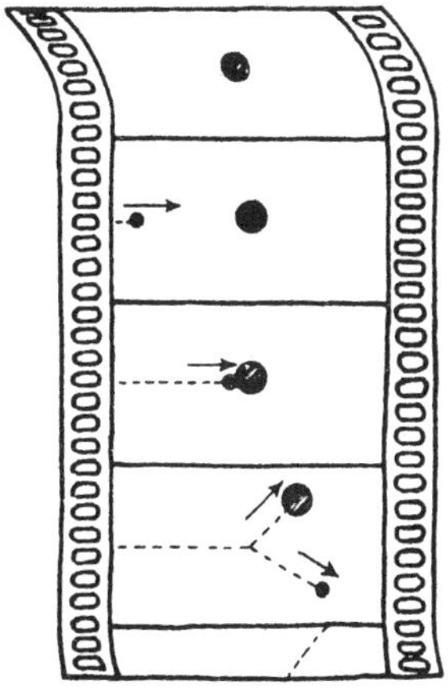
图58

如果发生碰撞，根据力学定律，这些球会飞散。电子会获得动能。由于总能量必须守恒，反弹后的光子能量必须减少。根据普朗克定律，这意味着频率更低，也就是波长更长。

目前我们只是定性地描述，而定量地计算也并不困难，哪怕考虑到因为相对论的因素质量会改变（第二章第7节）。

① 阿瑟·康普顿（Arthur Compton，1892—1962），美国物理学家，因发现展示电磁辐射粒子性的康普顿效应而获得1927年诺贝尔物理学奖。

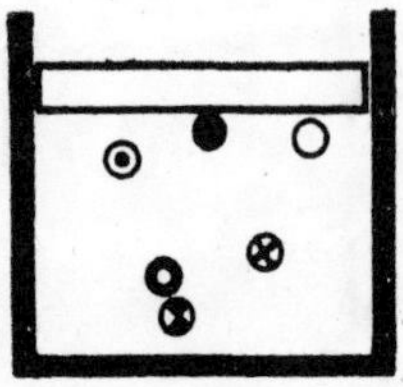

实验观测完全证实了由这种方法得到的定律。特别是我们可以观测到反冲电子。如果用气体代替石蜡，我们就可以在威尔逊云室中直接看到电子的轨迹。飞舞的光子无法被我们看到，但它经常以光电转换的形式从容器壁中释放出电子。这是一条可见的云迹，它的方向就是光子的方向。后者必然与反冲电子的方向有一定的联系。实验也证实了这一点。此外，我们可以在两个独立的计数装置中分别捕捉到光子与电子（或者更准确地说是光子产生的二次电子），并且发现两个计数装置总是在同一时刻受到影响。最终，波长变化的绝对值与计算值一致。后者是由单一数值决定的，即光子以直角偏离原始方向时波长的变化。理论给出的值是$\frac{h}{mc}$，其中m是电子的质量。求出来的结果是一个长度，叫“康普顿波长”。代入具体的数值，计算结果约为2.42×10^{-10} cm。这也很符合实验结果。

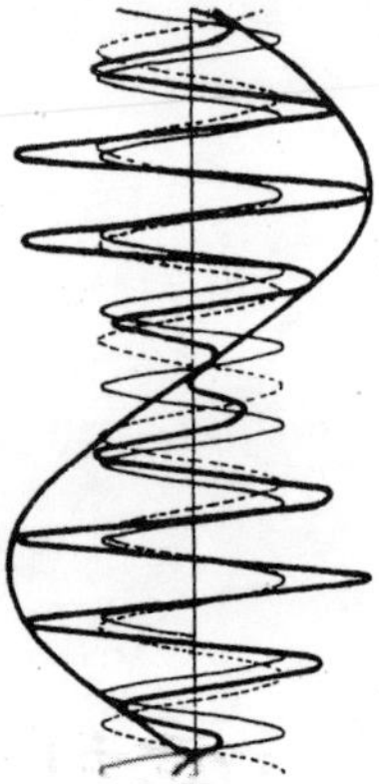

因此，毫无疑问，光子在碰撞时表现得像台球一样。另外，同样有力的证据表明光的行为像波。

对于一门以理性思维模式著称的学科，这真是相当尴尬的局面。

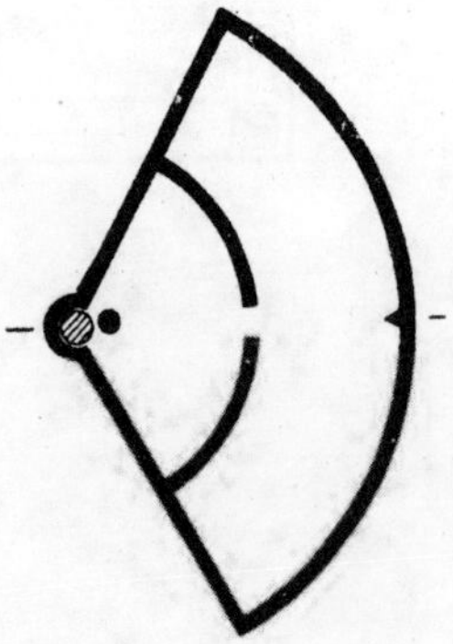

最开始，科学家主要靠直觉解决这个难题。他们发现，在某些现象中，“波动说”是对的；在另一些现象中，“粒子说”是对的。正如威廉·布拉格爵士所说：“周一、周三、周五我们采用一种假设，周二、周四、周六我们采用另一种假设。”第一类现象取决于光在空间中的强度分布，比如干涉条纹、光谱等；第二类现象涉及光能转换成其他形式的能量，或者其他形式的能量转换成光能。但对于一些实验，人们发现这两种观点都是必要的。例如，我们不用肉眼观察干涉条纹，而是在干涉条纹之上放置一个小型的计数管，从而对管（管壁或者从管内气体）中由于光电效应释放出的电子进行计数。然后，当计数管位于亮带时，我们得到很多的电子；而当计数管位于暗带时，我们只得到很少的电子。

如果屏幕上的光照非常强，以至于观察期间落在屏幕的单位面积上的光子数量非常多，那么将“波动说”和“粒子说”结合起来是没有问题的。很明显，由“波动说”可以计算出来，光子数量乘以一个光子的能量（hv）就等于光的强度。光的强度很强的地方，也就是亮条纹的地方，有许多光子到达；而暗条纹的地方，没有光子或只有很少的光子到达。由波决定的光照控制着光子的供给，而单个微粒（光子）的能量决定了光的动态行为（比如释放电子）。

到目前为止，一切都很简单。只有当我们必须处理非常微弱的光照时，调和波动性与粒子性才会出现真正的困难，因为此时落在屏幕上的光的总能量并不比单个光子的能量高多少。

光子一定会到达屏幕上的某个地方，但是在哪里呢？光波是否有一些尚未发现的特性，通过因果律调节光子的路径？我们当然不知道这种性质。观察表明，被微弱光线从金属表面击出的电子表现出随机性；它们在空间和时间上的分

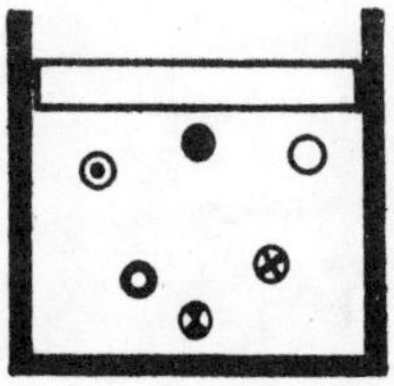

布遵循概率定律。唯一的限制是，对于强光或长时间的观察，平均分布完全遵循“波动说”预测的定律。

这一事实可以这样表述：在一个给定的地方，波的强度决定了在那里找到光子的概率。“某个事件的概率”这个表述仅仅是指在很长一段时间内，事件发生的数量的平均值。

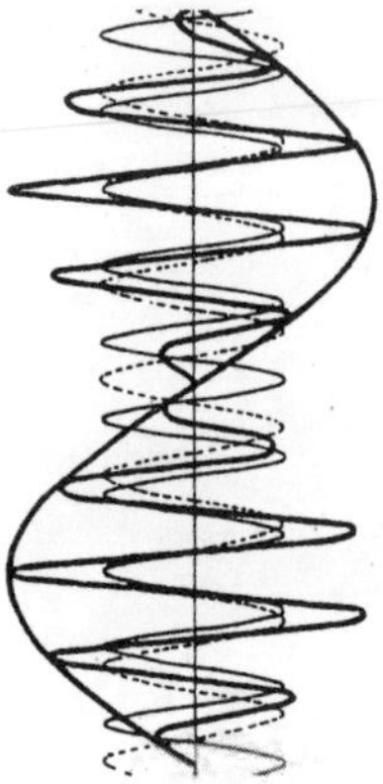

有人说电磁波因此已经完全降级，成为“无知之波”的一部分。我得说事实正好相反。电磁波给出了光子表现出的一切可以确定的东西，即这些粒子的平均数量。因此，称之为“半知之波”会更好。“半”这个字很重要。因为我们的思路表明，除非放弃“因果律可以预测一切”的想法，否则，“波动说”和“粒子说”就无法统一。我们可能会怀疑，物理学中关于“因果”的基本观点需要十分彻底的修正。但首先，更大的灾难即将来临。

7. 电子波

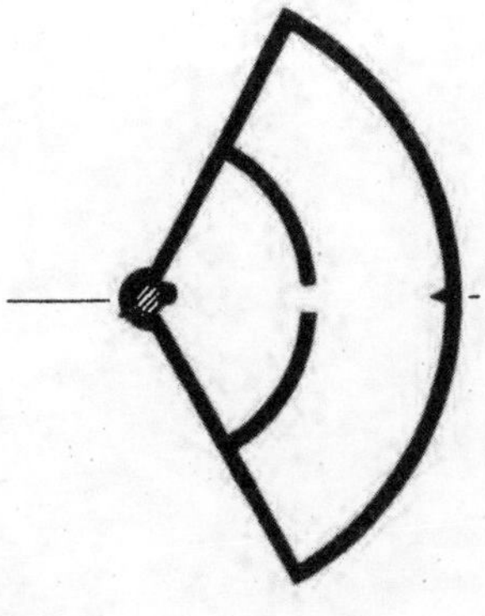

许多人认为，一种理论的唯一用途就是激励研究者去做新的研究。我不同意这种观点。我已经反复强调过：除非能够用理论解释，否则任何实验都没有意义。我并不是指哪个理论，而是泛指所有理论。因为在旁观者看来，相互矛盾的理论似乎是相互对抗、各执一词的。的确，这种矛盾似乎经常发生，但这仅仅是因为，目前的事实还不足以做出明确的决定。否则，两种理论可以都是合理的，并且就已经观察到的现象而言，它们只是同一理论的不同形式。数学家会说，其中一种可以“变形”成另一种。

我们可以以一场争论为例，即电力作用究竟是超距作用还是媒递作用。19世纪初，大多数物理学家，尤其是欧洲大陆的物理学家，断言电力直接作用于真空中的两个电荷（超距作用）。然而，法拉第提出了一种观点：电力通过电荷之间的电场产生作用（媒递作用）。关于这个问题的争论很激烈，所有不能一劳永逸解决的问题都是如此。数学家已经确凿无疑地证明了，只要实验的精度不足以判断电干扰的传播是瞬时完成还是需要一定时间，这两种表述就完全等效，这两种表述就一定会得到相同的结果。随着赫兹发现电磁波的传播速度是有限的，上述争论立刻就平息了。

因此，我们深信，只有一种正确的理论，而且我们在逐渐接近真相。在接近中的每一个阶段，都存在着几种可能的进展。科学家围绕这些进展争论不断，直到新的发现以这样或那样的方式解决了问题。

一种理论经常会有惊人的结果，即它可以预测实验者从未想过的新现象。对于尚不完整、不清晰的理论，物理学家必须考虑改进和完善它的可能性。这种“完善”是一件奇怪的事情：事实上，美感在理论物理学家的思考中起着不小的作用。如此一来，对于任何精通数学的人而言，爱因斯坦的相对论似乎比牛顿力学更完整、更令人满意，因此也更优美。我认为，这种感觉实际上是由于消除了旧观念中的任意性和模糊性，从而消除了人们的不安。

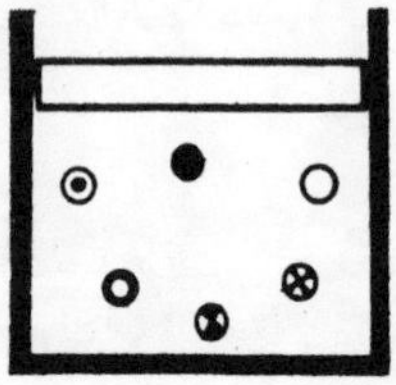

Ⅰ. 气体分子

最令人震惊的预言之一是德布罗意①在1925年提出的。他的思路是这样的：

光学中存在着光波与光子的对立。100年前人们只相信光波的存在，这是因为干涉现象更容易观察。另外，光电效应的研究需要现代电气工程的各种资源，因此过了很久才被发现。

在阴极射线和其他电射线的例子中，实验一开始就让人直接联想到微粒理论。在这里，有关波的想法一定完全格格不入吗？“波动说”与“粒子说”的对立也适用于电子吗？

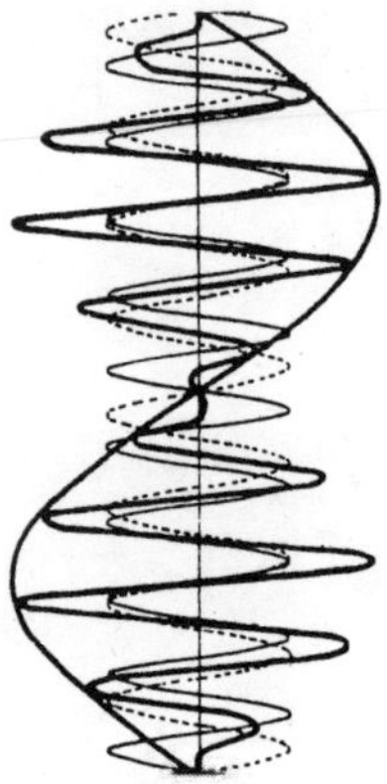

Ⅳ. 群速

接着，德布罗意利用已知的关于光的事实，推论出一个大胆的结果。

首先，他必须考虑相对论。根据相对论，当我们从一个匀速运动参照系移动到另一个匀速运动参照系时，距离和时间间隔一定会以某种方式改变。在这种变换中，距离和时间间隔是对称改变的。光振动的周期（τ）是一个时间间隔，它是每秒振动次数的倒数，普朗克定律将其表示为这种形式：

$$E\tau = h$$

根据相对论，这个时间间隔，即光振动的“周期”，必定有一个与之对应的类似的空间量。这是什么呢？显然是波的空间周期，即波长。那么，能量对应的是什么呢？我们再一次求助于相对论，并了解到粒子的能量（E）和动量（p）总

① 路易·德布罗意（Louis de Broglie，1892—1987），法国物理学家，因发现了电子的波动性，以及对量子理论的研究而获得1929年诺贝尔物理学奖。

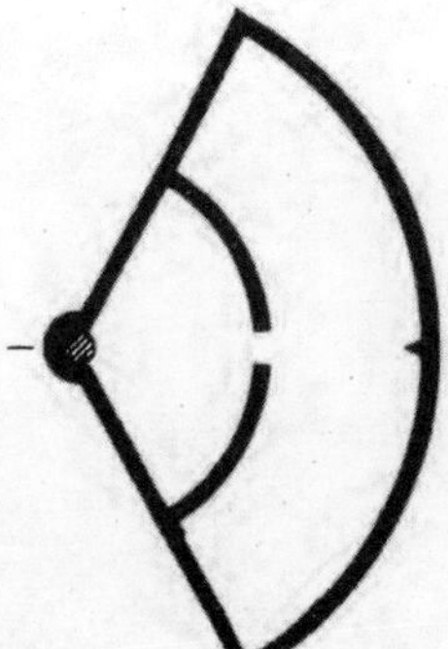

Ⅱ. 分子速率的测量

是相伴相随的；从一个参照系到另一个参照系，时间间隔和距离以相同的方式转换。因此，我们不得不假定，除了普朗克定律，还有一个德布罗意定律，即：

$$\text{动量} \times \text{波长} = h$$

或

$$p\lambda = h$$

但就光而言，这并不是什么新鲜事。我们已经知道，光波的动量等于它的能量除以光速 $\left(p=\frac{E}{c}\right)$；另外，波长等于周期乘以光速（$\lambda=\tau c$）。在$p$和$\lambda$的乘积中，我们抵消了光速$c$，只剩下普朗克常数。

但如果我们讨论的不是光，而是电子，情况就不同了。首先，电子的速度相对于光速来说很慢。其次，电子的能量和动量并不简单地取决于速度。这里，德布罗意定律会告诉我们一些新的东西。

现在我们想象电子也有一个与之伴随的波，叫“德布罗意波”，它与电子的关系仍然很模糊，就像是光波与光子的关系。

无论是何种波动，它的传播速度（u）都可以这么计算：

$$\nu\lambda = \frac{\nu}{\kappa} = u$$

其中，ν是频率；λ是波长；κ是波数，即$\kappa=1/\lambda$，或者单位长度中波的数目。

我们可以把分子和分母同时乘以h，得到：

Ⅲ. 赫兹振荡

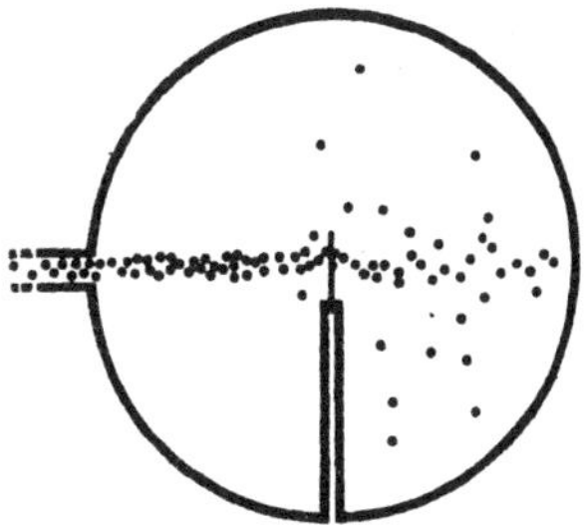

Ⅴ. α粒子的散射

Ⅵ. 氢原子中电子的运动

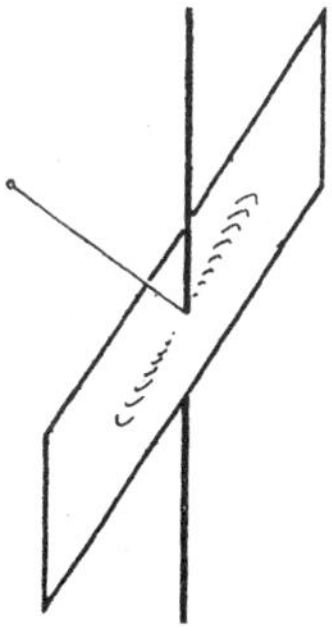

Ⅶ. 轨道平面的旋转

$$u=\frac{h\nu}{h\kappa}=\frac{E}{p}$$

这是由普朗克和德布罗意的公式得出的。另一方面，根据相对论，我们可以用粒子的速度表示E/p。因为$E=mc^2$，$p=mv$，所以$E/p=c^2/v$，得到：

$$u=\frac{c^2}{v}\quad 或者\quad uv=c^2$$

这样我们就用粒子的速度v表示了德布罗意波的速度u。对光来说，分母等于分子的其中一个因子，所以在这种情况下，波的传播速度也等于光速。

然而，对于电子，其速度永远小于光速。结果就是德布罗意波（“导波”）的传播速度大于光速。这似乎是一个令人不愉快的结果，因为整个相对论的基础就是，没有比光速更大的可测量速度。然而，在现实中，这是正确理解波粒二象性的重要线索。要了解这一点，我们必须更细致地考虑波的概念。

8. 波群与群速

到目前为止，我们只是以一种非常含糊的方式讨论了波。在这里，波是指任何可以传播的振动。现在我们必须更准确地表达自己的观点。

对于一种波，如果赋予它确定的周期和确定的波长，那

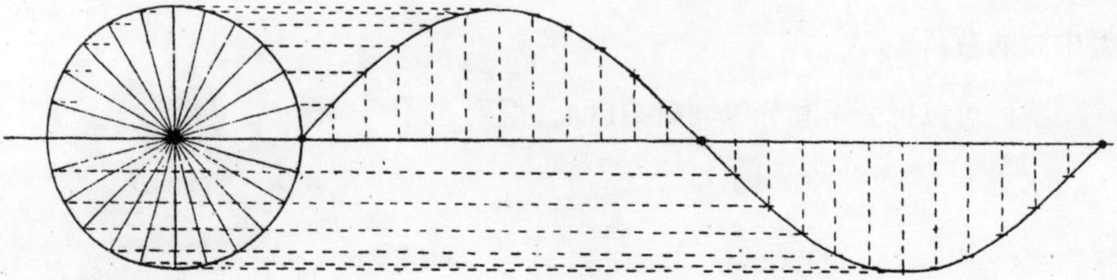

图59

么实际上我们指的是一种特殊的波，可以更准确地称其为“简谐波”。这是一种在大自然中根本不存在的波。我们可以在一张纸上表示简谐波，它的传播方向向右，波峰朝上（图59）。

由此得到的波的曲线在两个方向上都没有边界，完全取决于波长和振幅。如果把这条曲线看成匀速前进的，比如匀速向右，我们就得到了一列前进的简谐波，它一直在传播，每个点上都有确定的传播速度和确定的周期。

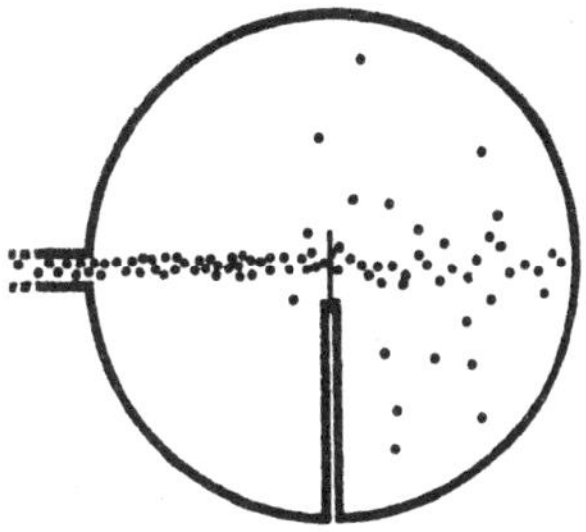

这种在空间和时间上的无限延伸是简谐波概念的一部分。只有这样，通过给出波长和周期（以及振幅）来区分波才是有意义的。

其他类型的波动，比如从某一点开始、到某一点结束的波动，都需要更多的数据来描述，至少也要包括第一个点和最后一个点。

到目前为止，我们谈论波的时候，总是默认为简谐波。然而，遗憾的是，自然界中不存在这样的波，或者只存在近似的简谐波。以光为例，光波是延续了很多次简谐周期的波列。

因此，简谐波只是一种理想的极限情况，是一种用于分析更复杂的波的有用概念。

简谐波不能携带信号。它像油一样平滑，每个波峰都完全相同，永远是单调地前进。它的传播速度可能比光还快，因为只有当它能发送可分辨且与时钟进行比较的信号时，相对论才会遭到反驳。

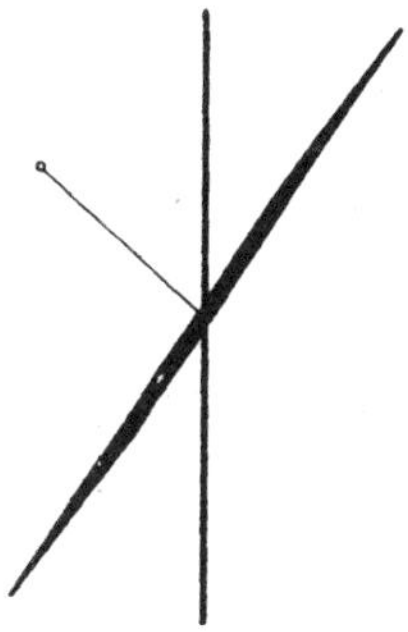

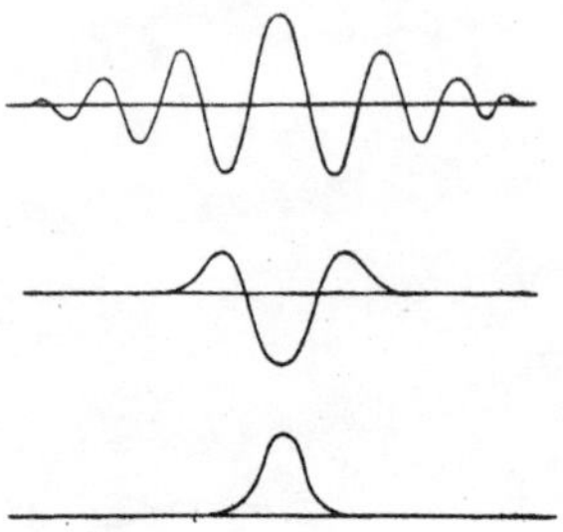
图60

正如我们已经看到的，德布罗意波的速度大于光速。我们认为它具有确定的空间和周期，也就是把它看成简谐波。这样，它与相对论的矛盾就消失了。一个新的难题出现了：如果要使粒子和波的结合成为可能，那么粒子必须作匀速直线运动。但它肯定会从某一点开始运动，也肯定会在另一点结束运动。因此，我们必须把粒子的起点和终点都归因于导波。所以，它不可能是简谐波。可以肯定的是，粒子与波的结合只不过是一种对理想情况的近似。我们必须更努力地接近实际情况。

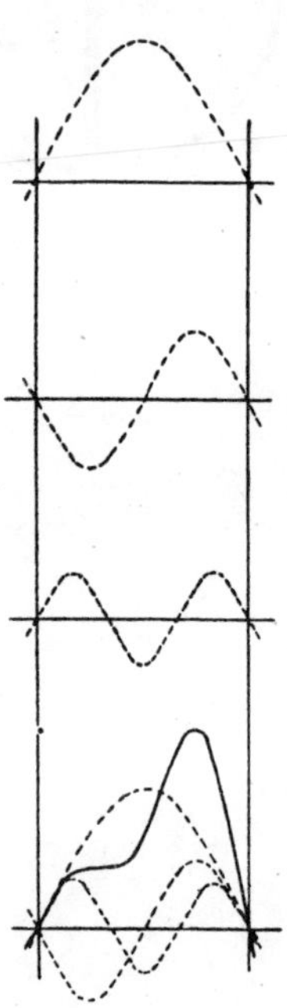
图61

要做到这一点，我们必须考虑若干个简谐波是怎样结合的，以及结合的结果。首先，我们考虑某一特定时刻的波，在某种意义上，我们认为这是一幅波的快照。然后，振幅形成了一定的曲线，比如图60中的三条曲线。这三条曲线都是起始于某一点，结束于另一点。最上面的曲线仍然表现出一定波的特征，我们可以识别出它的一个周期。中间的曲线几乎没有波的痕迹。最下面的曲线只有一个隆起，没有周期性重复的迹象。

现在，我们找一些波长和振幅不同的简谐波，并把它们叠加在一起，也就是简单地把它们的振幅相加。这样我们就可以得到各种各样的曲线，图61就是一个例子。

大约100年前，数学家傅里叶[①]得出了一个论断：只要合

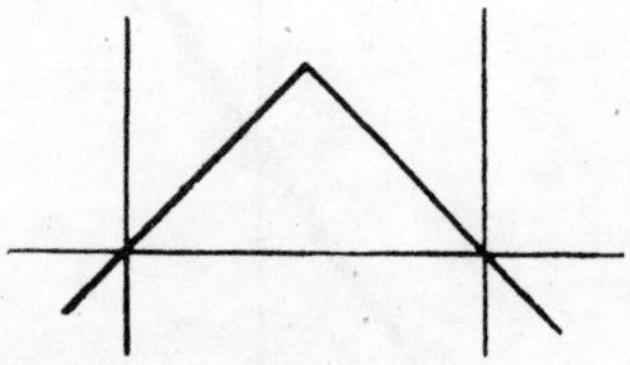
图62

① 让·巴普蒂斯·约瑟夫·傅里叶（Jean Baptiste Joseph Fourier，1768—1830），法国数学家、物理学家。

适地选择大量的简谐波，那么任何曲线都可以表示为简谐波的组合。这一论断引起了极大的关注和争论。

这似乎难以置信。比如图62中的那种有尖角的曲线如何表示呢？

然而，傅里叶用严格的数学推论证明自己的断言在任何情况下都成立。的确，要正确地表示有尖角的曲线，我们必须叠加大量的简谐曲线。但图63显示，不需要用太多的曲线就可以表示一条近似的有圆角的曲线。有一件事是清楚的：一条曲线越偏离简谐曲线的形状，我们就需要越多的简谐曲线才能表示它。一个简单的定理可以让我们估计需要多少条简谐曲线，至少粗略地估计。其内容如下：

要表示一条只存在于确定空间区域内的曲线，并不需要所有可能波长的曲线，而主要需要波数（每单位长度的波的数量）在一个确定区域内的曲线。这里的“主要”是指，未落在该区域的波非常微弱，我们可以忽略它们。更进一步，我们得到了定性的表述，即两个量的乘积（曲线在空间中的延伸长度 × 波数的范围）近似等于1，或者换句话说，这两个量互为

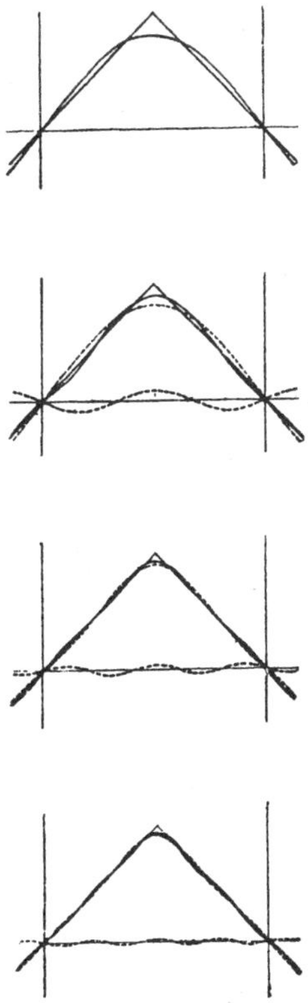

图63

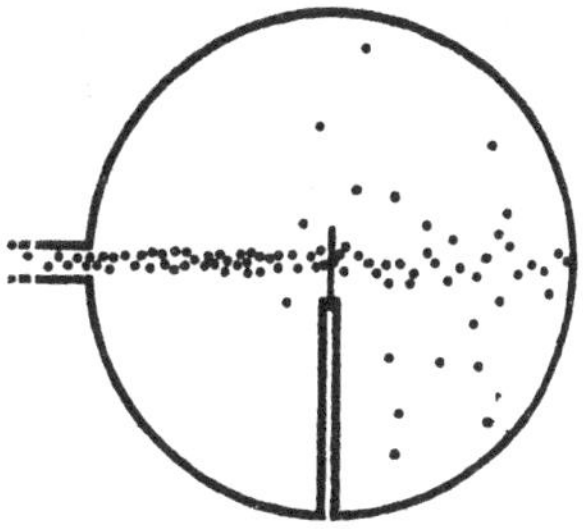

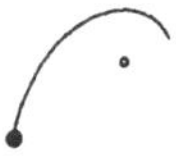

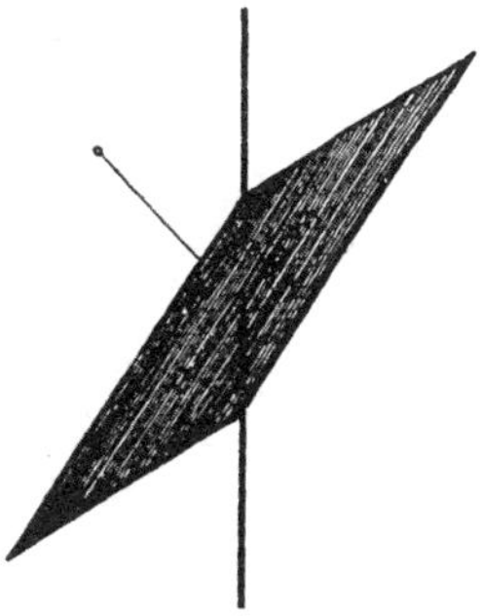

倒数。

上述定性表述是单缝衍射现象的抽象表达。在前面（第三章第1节），我们已经看到，缝的宽度与屏幕上衍射条纹的宽度成反比（图64）。如果用一条曲线表示通过狭缝光的强度，它就会与上面描述的曲线完全同型。然而，衍射条纹可以分解成简谐波，因为它是由源于狭缝不同点的基本球面波叠加而成的。因此，该定性表述立即就可以解释为什么窄缝会产生宽的衍射条纹。

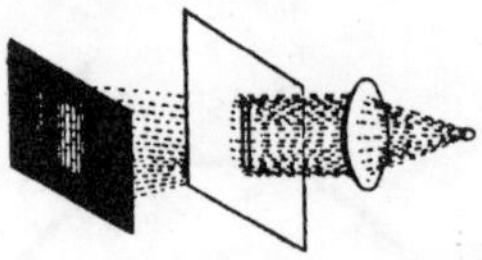

图64

我们现在不讨论静止的波列，而是讨论前进的波列。只要它们速度相同，叠加得到的图案就会作为一个整体向前移动。光也是如此，一“包”平面简谐波以不变的形式在空间中移动。

电子波则不是这样。对于电子波，不同波长的简谐波有不同的速度。因此，通过叠加得到的图案就被扭曲了，而且是以一种极其复杂的方式被扭曲的。但即使如此，下面要讲的简单定律仍然适用。

我们将考虑这样一种情况：只有两条波长几乎相等的波，并且它们的速度也几乎相等。这个例子见于动画Ⅳ，它显示了两个简谐波及它们叠加形成的波。这里存在拍频[①]现象，了解声学的人可能很熟悉。举个例子，如果一台钢琴调音很差，以至于属于同一个音符的两到三根琴弦没有以完全相同的速

① 拍频是声学上的概念，即两个频率相近的声波相互干涉，得到信号的频率等于原先两声波的频率之差。

度振动，那么听起来就会是颤音，音量会增大或减小。动画Ⅳ里也有同样的情形。我们看到叠加产生的波，其振幅具有周期性波动；我们可以更清楚地说明这一点，用一条曲线将波的极大值连接起来，这条曲线同样具有长波长的简谐波形式。如果我们面对的是光（或声），当两个初级波以同样的速度前进时，拍频波也会以同样的速度移动，并使光强产生波动。然而，当我们看到动画Ⅳ时，我们立刻注意到情况并非如此：初级简谐波的运动速度略有不同，长波比短波快，因此拍频波的运动速度比这两种波都慢很多。

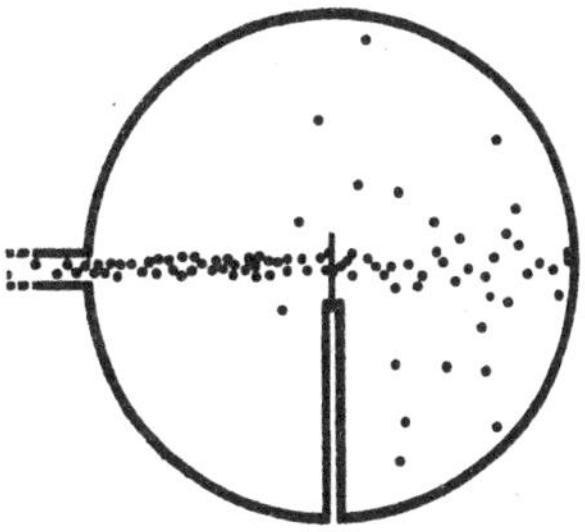

如果我们有的不是两个初级波，而是一“群”完整的波，或者说一个“波包”，其波长限制在一个狭窄的间隔里，那么同样的事情也会发生。根据傅里叶定理，整个波包在空间里充分延伸，就像在两个初级波的例子中，单个拍频波的“隆起”比初级波的波长更长。整个波包的速度也叫“群速”，它比单个波的速度小得多，前提是波速随着波长的增加而增加。为了区分，我们把后一个速度叫“相速”。

德布罗意利用这些事实，更准确地描述了电子运动与导波之间的关系。他计算出了群速，发现群速小于光速，而恰好等于电子的速度。这个结果有多么令人惊讶，就有多么令人喜悦。简谐波显然是数学上虚构的，它可以无限延伸，并以比光速更快的速度运动。事实上，匀速运动的电子与一群波长范围极窄的波（因此能在空间中延伸较大）相关联，其波群与电子保持同步，并且以同样的速度运动。但，什么是

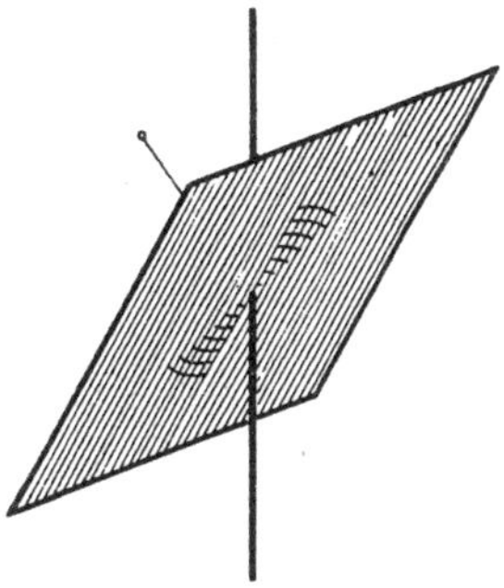

波群在空间中的延伸呢？在回答这个问题之前，我想，我们已被大量的推测弄得晕头转向，我们更愿意首先弄清楚是否能通过实验在自然界中探测到电子波。

9. 物质波的实验探测

一开始，没有人系统性地寻找电子波，它是在另外一个目的完全不同的实验中被发现的。戴维森和革末①专注于研究金属对电子束的反射。反射的强度显示出了非常不规则的变化。埃尔萨瑟②首先想到这些观察结果可能与德布罗意假说有关，而金属原子的晶格或光栅起到了连接作用。我们已经看到，原子的规则结构，也就是我们所说的晶体，就像人造光栅一样，当光线穿过时会产生干涉条纹。然而，一般来说，金属块本身不是晶体，而是由大量非常小的晶体组成。因此，当X射线穿过一层金属时，产生的干涉条纹不是简单的带或点，而是环。单个小晶体在相对于入射光线的确定位置产生了一个干涉点，所有小晶体产生的干涉点合并形成一个明亮的圆环。

插图Ⅲ（b）显示了X射线衍射现象的一幅照片，插图Ⅲ（c）显示了电子波衍射现象的相应照片。这不是用戴维森-革

① 克林顿·戴维森（Clinton Davisson，1881—1958），美国物理学家，1937年诺贝尔物理学奖得主。雷斯特·革末（Lester Germer，1896—1971），美国物理学家。在戴维森-革末实验里，两人共同合作发现电子衍射现象，并证明了物质的波粒二象性。

② 瓦尔特·埃尔萨瑟（Walter M.Elsasser，1904—1991），德裔美国物理学家。

末反射法拍摄的，而是用到了类似X射线成像的方法，即让阴极射线穿过金属箔，落在感光板上。我们看到这两幅图非常相似，并立即联想到这两种现象的相似之处。如果其中一个发生干涉，那么另一个也必定发生干涉。但如果发生了干涉，那么阴极射线就一定具有波的性质！不仅如此，德布罗意定律还可以这样表述：

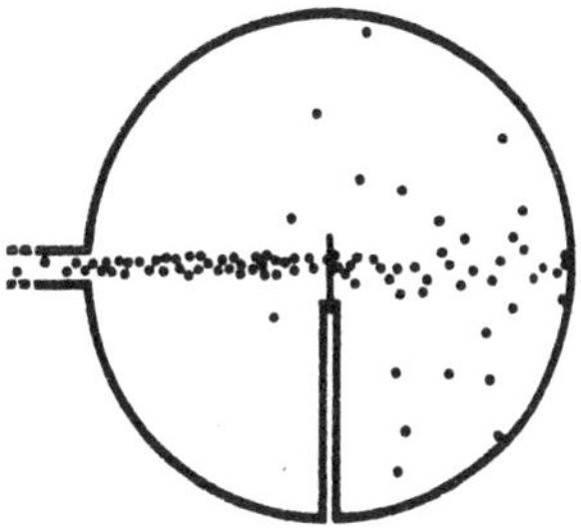

波长＝普朗克常数/电子的动量

从而可以定量计算。因为我们很容易使电子穿过一个电场（比如阴极和栅极之间的电场），从而使电子加速或减速，也就是改变它们的动量。如果动量加倍，波长必须减半，干涉环的大小一定也会同样减半。实际情况正是如此。根据环的大小我们可以得出结论，电子的波长与X射线的波长具有相同的数量级。由于可以测量电子的速度，我们可以用数据来验证能否从公式中得到普朗克常数。结果是肯定的。

回顾电子理论的发展历程，我们一定想知道为什么没有更早地发现电子的干涉，况且许多物理学家都曾观察过电子通过金属板的过程！他们没有看到环真是太幸运了，否则会引起多么大的混乱啊！可能会出现两个派系，“微粒派”和“波派”。他们会倾尽所有的热情和激情去争论，但在缺乏真正的论据时，这种热情和激情总是流于表面。在那个时候，比如30年前，我们还没有足够的条件承认“两派都是对的”。物理学自诩是最严谨的学科，而我们面临的情况只属于宗教、哲学或政治问题。“波派”狂热分子会用“粒子党”这个词贬

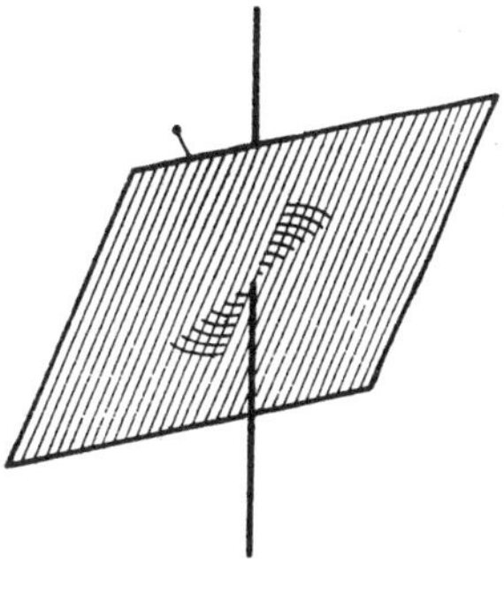

低对手，反之亦然。幸运的是，人类幸免于难。

只有电子存在波粒二象性吗？我们知道还有其他形式的物质射线——各种离子束，甚至电中性的原子或分子，我们已经在第一章中提到过它们了。这些真实存在的物质射线在适当条件下也会产生干涉条纹吗？

的确如此。例如，斯特恩制造了氢分子束和氦分子束，让它们以一个小角度在晶体表面反射。然后，晶体中的有序离子表现得就像光栅一样，我们得到了分子的真实光谱，仿佛分子就是光子。当然，分子束包含了不同速度的粒子，也就是说它们有不同的德布罗意波长，这一点与白光类似。我们甚至可以更进一步。利用机械设备，我们可以选取一小捆速度几乎相同的粒子。动画Ⅱ中所示的旋转装置就是一个例子。另外一个例子用到了同一轴上旋转的两个齿轮，我们已经在第一章第7节中描述过。这些设备可以更方便地选择给定速度的粒子。然后我们让这些粒子落在晶体表面并反射，最后被接收器捕获。

结果完全证实了德布罗意的观点。即使是普通的原子和分子，当它们形成粒子束时，在空间中的分布也遵循波动理论的规律。

同样清楚的是，就力学效应而言，它们始终保持着粒子的性质。接收器可以采用计数装置，然后我们会发现，干涉最大值的地方收集到的粒子很多，干涉最小值的地方收集到的粒子很少。

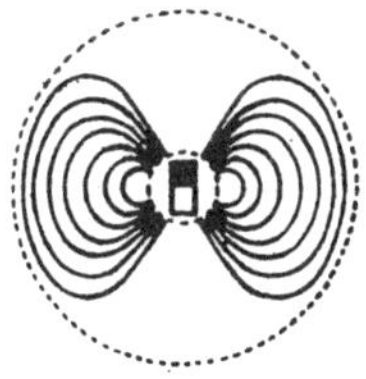

电子波和物质波的发现，也许就是我们这个时代物理学的最重要成就。因此，科学的基本理念发生了根本性的改变。我们现在必须讨论这些问题。

10. 波动力学及其统计学解释

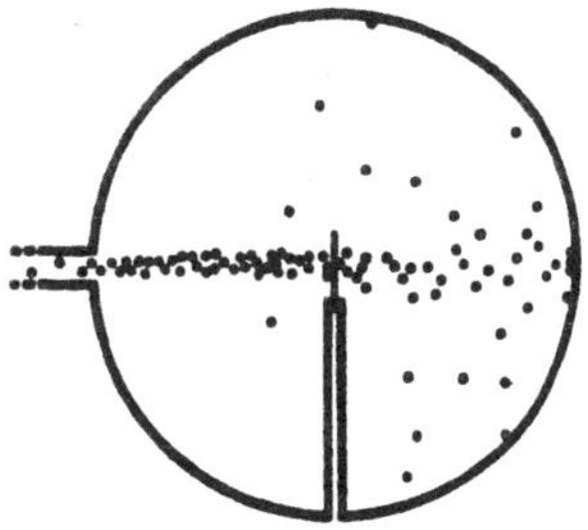

实验很清楚地表明，光与物质既有波的性质，也有粒子的性质。因此，我们不能说它们是波还是粒子：它们既是波，也是粒子。根据观察方法的不同，它们显示出不同的性质。

这种情况给理论阐释带来了很大的困难。玻尔已经公开宣称，物理事件中存在着一种不可理解的非理性因素。要阐明这一点，我们只需要直截了当地说明普朗克和德布罗意的量子假说的含义。

能量和动量是微小粒子的性质。频率和波数是简谐波的性质。简谐波的定义意味着它们在时间和空间上无限延伸。

然而，有人主张，我们不仅需要确定用于变换度量单位的因子h，也需要确定能量和频率、动量和波数。

同时，我们也会看到，除非放弃一些经典力学的基本假设，否则这是不可能的。

相对论也曾面临类似的情况。关于光在快速运动系统中的行为的实验，迫使我们形成了新的时空观。而在量子理论中，我们必须替换掉的是因果律，或者更准确地说是决定论。

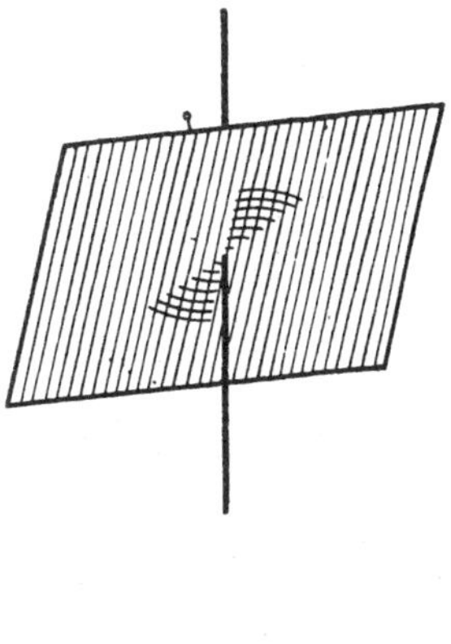

为了更清楚地说明因果律的含义，我将回到本书开头用过的发射炮弹的例子（第一章第4节）。当时我们得到结论：

对自然定律的了解远远不足以预测未来事件，我们必须知道初始状态。在大炮的例子中，所有可能的轨迹都是由一条自然定律决定的，它表达了重力（也许还有空气阻力）对炮弹运动的影响；但在预先设定的条件下，炮弹的实际路径取决于大炮的发射方向和炮弹的初始速度。

在过去的物理学中，我们假设可以用任意的精度来表示这些初始条件。接下来，我们当然可以用任意的精度来计算后续过程（比如炮弹的弹道）。在遵循自然定律的基础上，初始状态决定了未来状态。从一种给定的状态开始，一切都像自动机器那样运转，前提是我们知道自然定律和初始状态，这样我们就可以通过思考和计算来预测未来。

事实的确如此。首先，天文学家非常准确地预测出了月球和行星的位置、日月食及其他天象的发生。其次，工程师信赖他们的机器和结构，让机器完成他们准备进行的工作，并且取得了成功。

然而，现代物理学宣称，当我们必须面对由原子和电子组成的永不停息的宇宙时，事情没有那么简单。

我们已经看到，对于气体粒子，即使“根据初始状态确定后续现象”在理论上是个很棒的想法，却也得不到实际的结果，因为我们不可能确定某一瞬间所有粒子的位置和速度。因此，我们求助于统计学。我们假设一种等概率的情况（假设分子随机排列），并由此推导出结果。由于结果与实验相符，我们被引导去相信，关于概率的表述可以像物理学的经

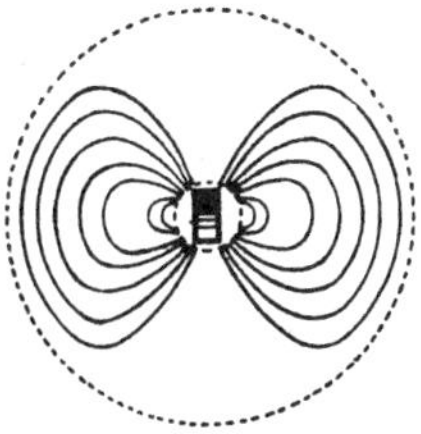

典定律一样成为客观的自然定律。然而，这种统计论据与物理学其他方面的联系既不明显，也不紧密。

随着波粒二象性的发现，一切都改变了。实验表明，波和粒子同样具有客观真实性，和粒子的云迹一样，波的干涉极值也可以被拍摄下来。似乎只有一种摆脱困境的方法。这种方法是我提出的，现在已经被普遍接受，即波动力学的统计学解释。一言以蔽之：波是概率波动，它决定了粒子的“供应”，即粒子在空间和时间中的分布。因此，除了客观真实性，波与观察的主观行为也一定有某种联系。

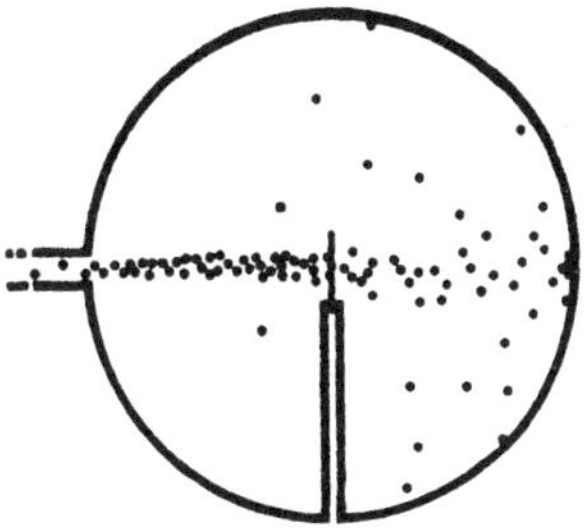

这是整个问题的根源。

在过去的物理学中，我们假设宇宙像机器一样运转，无所谓有没有人在观察它。因为我们相信，观察不会干扰事件的进展。无论如何，通过望远镜观察的天文学家不会影响行星的运行！

但是，对于想观察电子运动轨迹的物理学家，他面临的境况并没有那么简单。他就像一位试图用泥瓦匠的铲子镶嵌一颗昂贵钻石的手艺人。物理学家没有比电子更小、更精细的仪器，他只能使用其他的电子或光子。但这些电子或光子会对被观察的粒子产生强烈的影响，从而破坏实验。我们看到，原子物理学的一个必然结果是，我们必须放弃“观察宇宙中的事件而不干扰它”的想法。

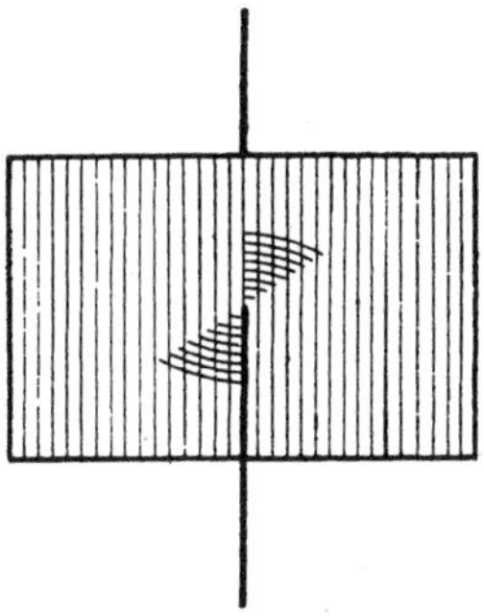

如果观察的必要步骤对这些事件本身有非常复杂的影响，那么数学、物理学就根本不可能存在。幸运的是，情况并非

如此。我们已经熟悉的量子理论的基本定理确保我们有足够的空间来做预测。但预测不再是“确定性的”，即“今天在这里观察到的粒子明天将在某处出现”；而是“统计性的”，即“粒子明天在某处出现的概率是这样的”。在大量样本的极限情况下，比如日常生活中的情况，这种概率实际上会成为必然。在这里，因果律仍然保持旧有的形式。

为了更深刻地理解这些说法的含义，我们回顾一下电子和导波。我们看到，在物理上把导波视为不确定范围内的简谐波是没有意义的；相反，我们必须把它看成由波数无限接近的小波群组成的波包，也就是说，它在空间上有很大的范围。那么群速等于粒子的速度，波包随着粒子移动。但是，波包中的粒子具体在什么地方？

显然，说这个问题没有答案才符合概率论的精神。我们还可以说粒子在波包中任意位置的概率是相等的。波只是对一部分现象的描述，它取决于观察者的观察深度。观察者取代了经典物理学中的初始条件。然而，不同之处在于：假设粒子有一个确定的速度，这必然意味着粒子的位置在很大程度上是不确定的，而且不确定的程度一定很大。因为只有对于波数几乎相等的波群，我们才会说群速。根据本章第8节的描述：

波在空间中的延伸 × 波数的范围

结果近似等于1。因此，如果波数的范围很小，那么波在空间中的延伸一定很大。

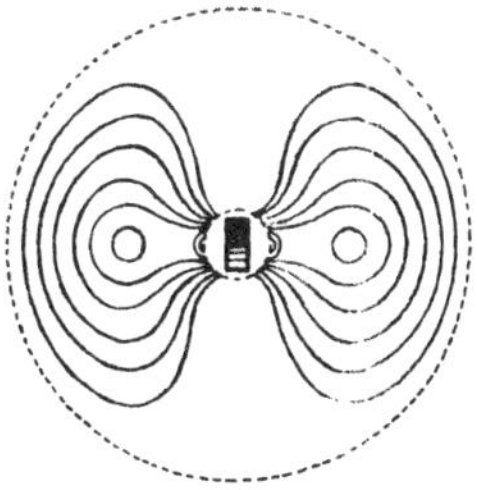

这个规则可以用另一种方式表述，它不再指波，而是告诉我们关于粒子的位置和速度的可测性。

我们已经看到，波在空间中的延伸对应着粒子位置的不确定性。现在再来看一下德布罗意关系式：

$$\text{波数} = \text{动量} \div h$$

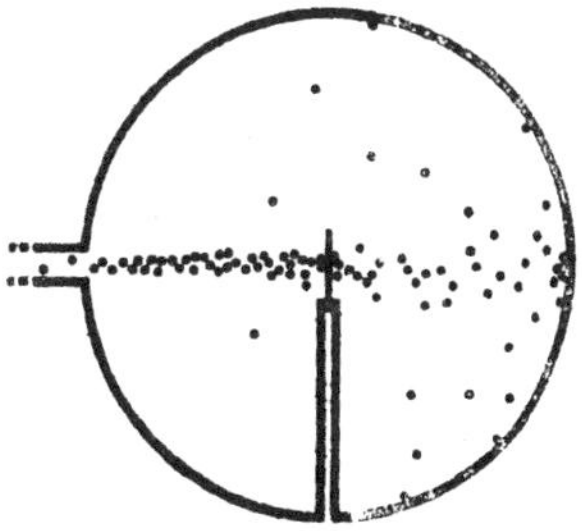

一个特定的波数范围对应着一个特定的动量的不确定性。因此，我们得到：

$$\text{位置的不确定性} \times \text{动量的不确定性}$$

结果永远小于h。这就是著名的海森堡“不确定性原理”。它将量子定律的非理性解释为各种量的测量精度的限制。时间和能量之间也存在一种类似的关系。现在我将举例说明这些关系的意义。

根据粒子理论，单缝衍射可以这样解释：

狭缝使光子在与射线垂直的方向上的位置具有不确定性。我们知道，狭缝越窄，屏幕上的衍射条纹就越宽。根据不确定性原理，事实上，粒子在狭缝平面上的动量越不确定，在该平面上的位置就越确定，即狭缝越窄。然而，这意味着粒子会往侧面扩散。

另一个例子是通过显微镜观察电子。很明显，在显微镜下，我们能分辨的最小距离就是光的波长。要精确地测定电子的位置，我们必须使用短波长的光。但随后出现了康普顿效应：光表现出微粒的性质，并向仪器光圈范围内的方向推动电子。当位置确定时，电子因此获得了动量的不确定性，

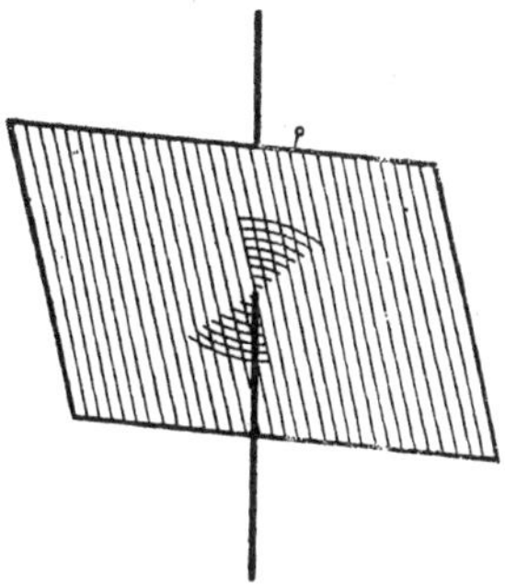

一个简单的论证表明海森堡不确定性原理也适用。如果我们试图用波长较长的光来避免康普顿效应，动量的不确定性就会减小，这是事实，但位置的不确定性就会增加。

我们还可以列举大量类似的例子。量子理论的进一步发展已经表明，除了动量与位置，还有其他成对的量，我们不可能以任何期望的精度同时对其测量。提高一个量的测量精度就会降低另一个量的测量精度。这样的量被称为“共轭量”。

因此，从微粒的角度看，普朗克常数h代表共轭量的测量精度的一个自然极限。

由于放弃了理想情况下的无限测量精度，量子假设的非理性就消失了，任何实际的实验都不会产生矛盾。人们只需放弃这样一种想法，即存在一种理想的实验安排，使任何有关物理系统的问题都能得到解决。事实上，不同的实验安排既互斥也互补，只有同时进行这些实验才能获得尽量多的信息。

尼尔斯·玻尔引入了这种“互补”的想法，目的是以简短的形式、新颖的观点来描述实验和理论的关系。对于互补的情况，他提出了许多有启发性的案例。比如，想一想托马斯·杨的双缝干涉实验。干涉条纹表示在屏幕特定点上找到光子的概率。事实上，如果把感光板换成计数器，我们就可以记录每一个光子的到达，从而确认光的粒子性质和波的统计解释。因此，我们似乎可以很合理地提问：某个具体的光

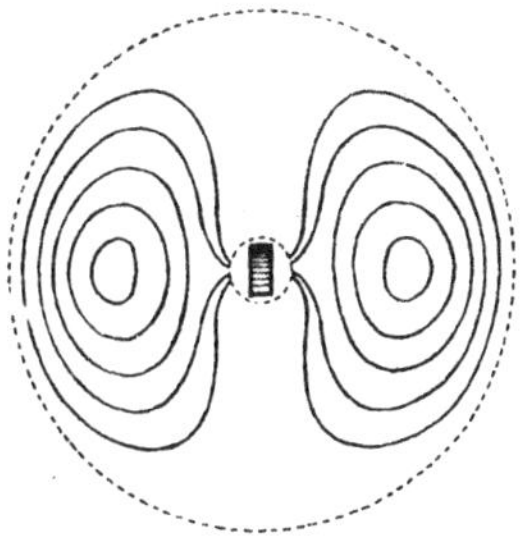

子通过了哪条狭缝？事实上，这个问题是否合理，取决于“具体”这个词的含义。如果它指的是“某些”光子，你就有可能回答这个问题；你只需要在其中一条狭缝处安装对光子有反应的指示器（例如，你可以把狭缝放在轻质的移动框架上，框架可以接收光子的动量）。通过指示器的反应（比如框架的反作用），我们可以观察到通过的光子。但接着，光子会受到一个无法预测的偏转，该偏转只能通过统计学方式确定，因此它将到达屏幕的其他地方，从而破坏干涉条纹。事实上，条纹本身也是依赖于一个假设，即仪器的所有部分都是刚性连接的。因此，如果“具体”这个词意味着光子到达屏幕上的某个固定位置并被实际观察到，那么狭缝的机制就会失效。

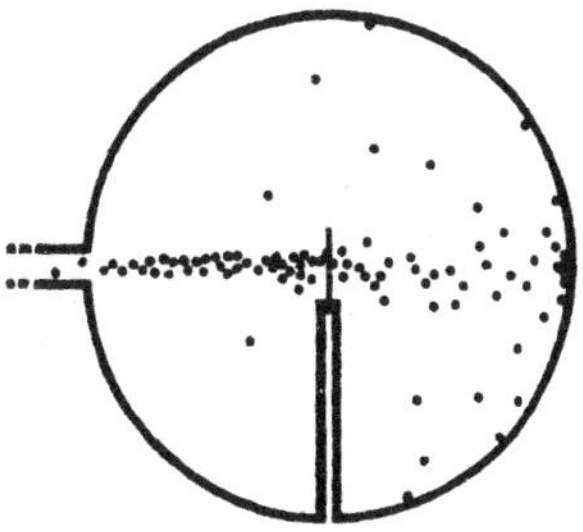

玻尔还讨论了其他的案例，包括两个物理问题的矛盾性和相应仪器的互补性。在每一种情况下，我们都可以证明，并不会产生真实的、可以通过实验证明的矛盾。

现在我们再一次回到因果律的问题上。因果律建立在初始状态（初始位置和初始速度或初始动量）可以准确确定的假设上。然而，我们发现，实际上只能完全准确地确定其中一个（或者两个都不能完全确定）。这样，因果律就变得毫无意义。许多人紧抓着它不放，因为它是“思考之必需”。伽利略的反对者也曾声称，把地球当成宇宙的中心是“思考之必需”，否则它怎么可能是人类的家园，是造物主的最高荣耀？“思考之必需”往往只是思考之习惯。

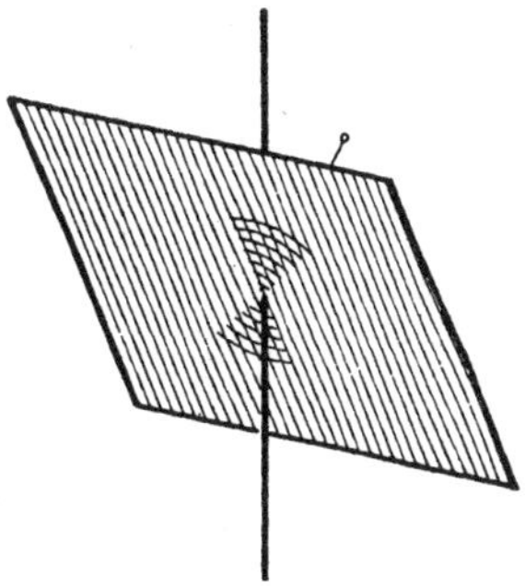

现在我们有了新的因果律，它的优点是可以解释统计定

律的客观有效性。其内容如下：如果在某一过程中，初始状态在不确定性关系允许的范围内被精准地确定，那么所有可能的后续状态的概率都由精确的定律决定。如果在相同的初始条件下多次重复试验，就可以预测预期效果出现的频率（及其波动）。

就日常生活中的宏观物体而言，我们又回到了旧的因果律。由于动量等于质量 × 速度，在质量很大的情况下，动量的波动只会引起非常小的速度波动。因此，位置和速度可以同时被相当精确地确定。

对于比电子重数千倍的原子或离子，通常也能很精确地应用经典力学的知识。

有些人以对实际生活的影响来判断某个发现的价值，他们不必为这些新观念而烦恼。他们可以把这些问题交给那些必须在物理实验室中面对电子和光子的专家。然而，对科学哲学感兴趣的人不能忽略从物理学中诞生的基本思想，这些思想可能会有更广泛的影响。玻尔指出，思维过程的生物学层面和心理学层面可能存在着类似的互补关系。如果不从根本上改变某种想法或感觉的心理内容，我们似乎不可能用生物学方法研究与该想法或感觉有关的大脑状态。如果不使用会影响受害者感觉的电流、化学反应甚至外科手术，就不可能对大脑进行生理实验。也许这不仅仅是一个技术问题，而是存在一种自然法则，即对神经过程的物理、化学描述和对意识形象的描述不可能同时达到任意精度，就像量子理论中

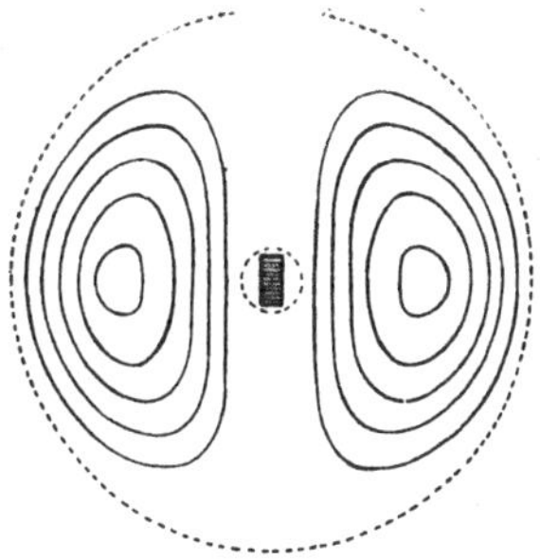

对位置和速度的测量不可能同时达到任意精度。那么，关于大脑中物理现象和相关的心理现象之间对应关系的古老哲学问题，就会变得毫无意义，必须用一种新的方式表述。

这一章比较难懂，其本意是让我们能够解释原子的结构。然而，它使我们产生了更深刻、更普遍的思考。

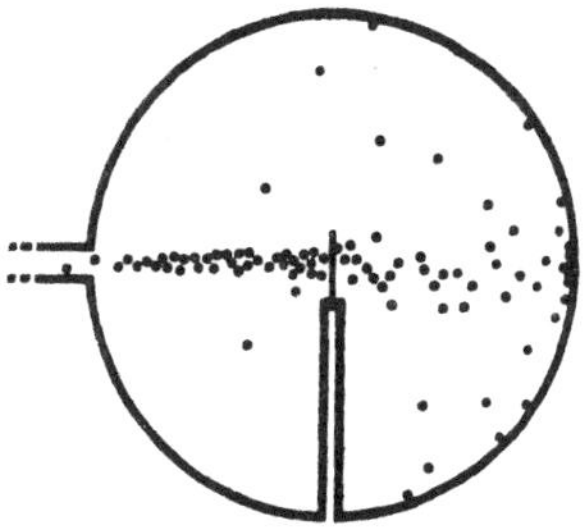

知识最完备的自然法则也不具有预测的能力，更不能掌控大自然。如果宇宙是一台机器，我们无法操纵它那精细的杠杆和轮轴。我们只能了解和引导它的大尺度运动。它隐蔽在我们的视线之下，永不停息地颤动。

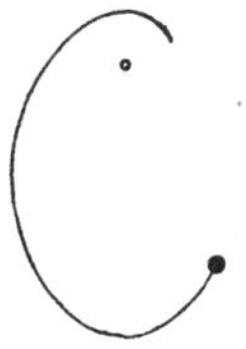

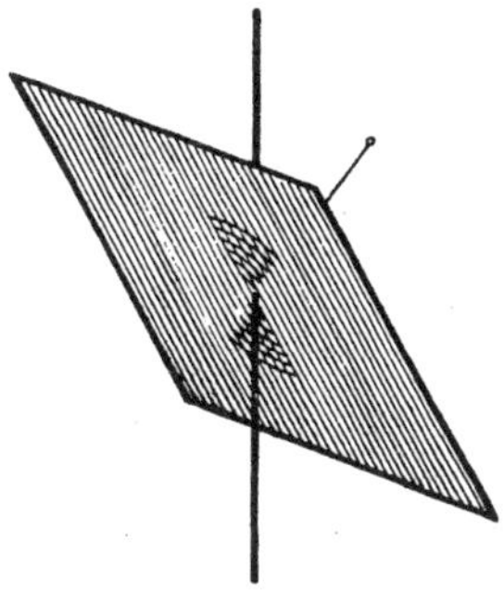

第四章

原子的电子结构

1. 原子中正电荷的发现

现在我们对电子已经足够了解，可以准确地研究原子的结构了。

原子中的正电在哪里？这个首要问题我们已经反复提出过，但还没有得到答案。

由于整个原子呈电中性，而它的外层区域有负电子，所以原子内部的某个地方一定存在正电荷。

为此，我们必须深入原子的内部。要实现这个目的，高速粒子是很有用的，因为它们动量很大。莱纳德做了最早的系统性研究，他使用的是高速的阴极射线。正如前面（第二章第9节）提到的，阴极射线穿过了金属箔。在固体中，原子紧密地挨在一起。一个原子的外层电子与相邻原子的外层电子几乎连在一起。在穿过原子内部时，如果一个电子的方向只有一丁点儿偏转，那么它肯定几乎没有受到干扰（图65）。因此，尽管原子的外层很紧凑，但它的内部一定比较空旷。

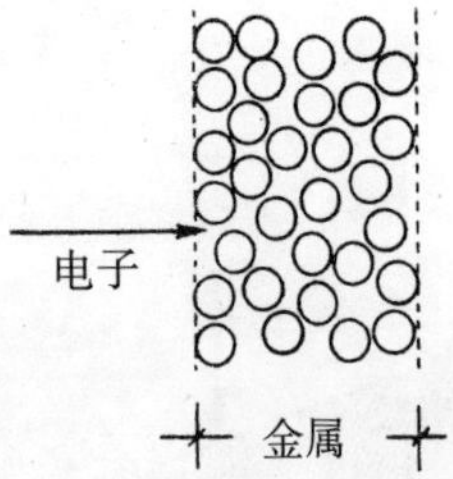

图65

偶尔有一个电子会大幅度偏转，我们理所当然地认为它碰到了某种坚硬的障碍物。莱纳德假设原子内部有大量带正

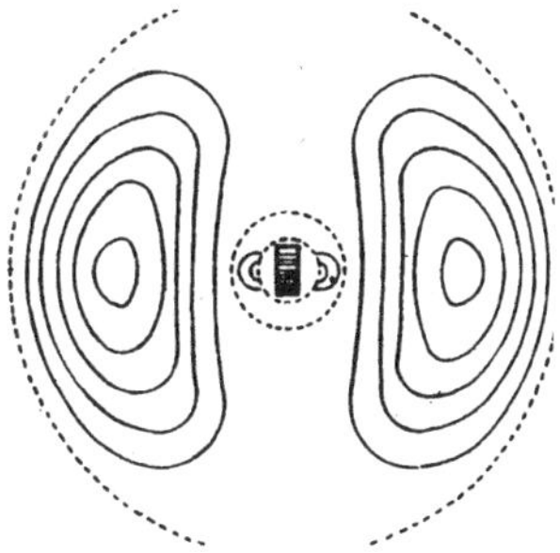

电荷的重粒子（他称之为“动力子”），以此来解释他的大部分观察结果。

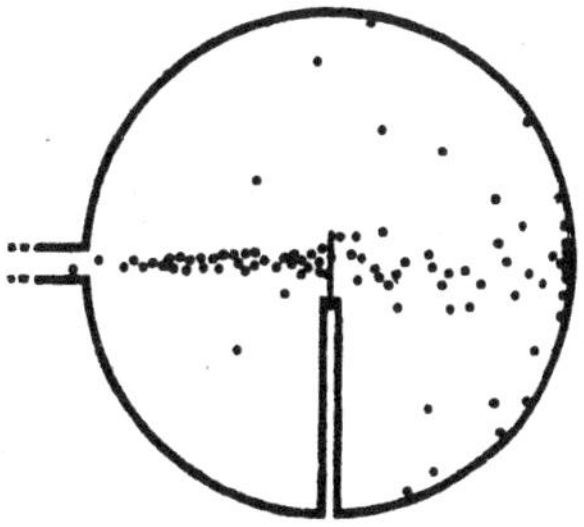

然而，我们不是根据莱纳德的实验，而是根据卢瑟福[①]的实验得出结论。卢瑟福使用了更重的 α 粒子作为射弹。α 粒子来自放射性物质，这一点我们也已经讲过。α 粒子的优势在于，它比电子重得多，发生碰撞时不会有丝毫的偏转；除非撞上质量差不多的粒子，否则根本不会表现出来。

首先，实验表明，大部分 α 粒子在通过金属箔时没有发生偏转，但小部分 α 粒子有明显的分散。由此可知，原子内部一定有小而重的粒子，被称为“原子核”。

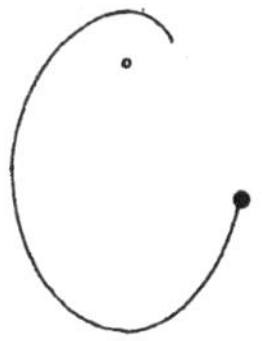

通过精确观察偏转的 α 粒子，我们可以了解原子核的更多信息。通过计数在不同方向上穿过金属箔的粒子的数量，我们可以推导出射出粒子与被它击中的粒子之间的相互作用规律。我们不可能直接观察到粒子的路径，至少不可能看到这条路径中最有趣的部分，因为它发生在从一条直线变换到另一条直线的地方，这肯定是原子尺度的，因此即使在威尔逊云室中也看不见。

图 66、图 67 和动画 V 给出了这些碰撞的实例。我们根据经典力学的原理绘制了这些图，这是很合理的，因为我们面对的是相对较重的粒子，正如我们所知，它们的量子效应并不明显。我们稍后会再谈到这一点。

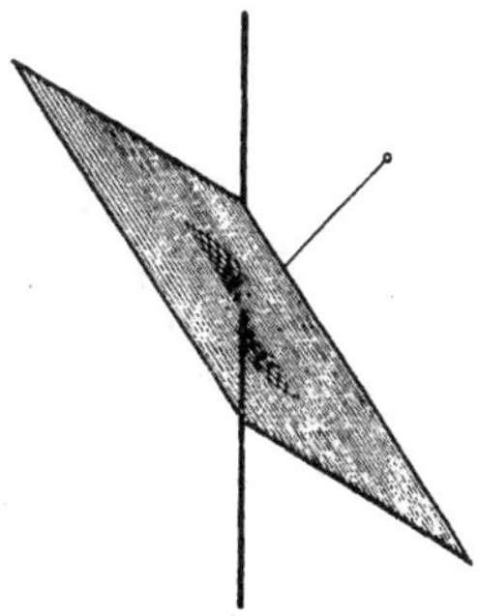

① 欧内斯特·卢瑟福（Ernest Rutherford，1871—1937），英国物理学家，核物理学之父，1908 年诺贝尔化学奖得主。

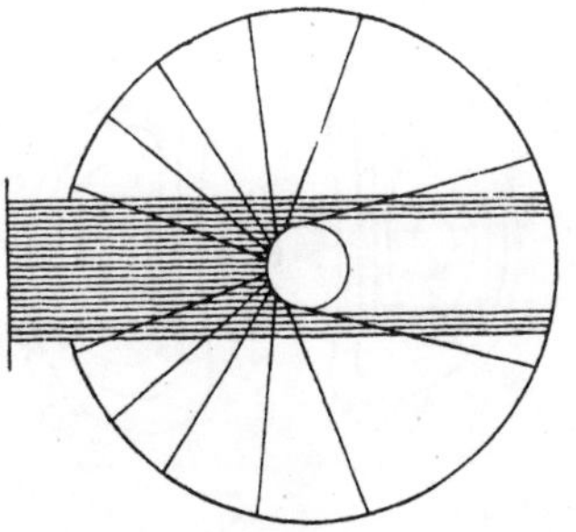

图66

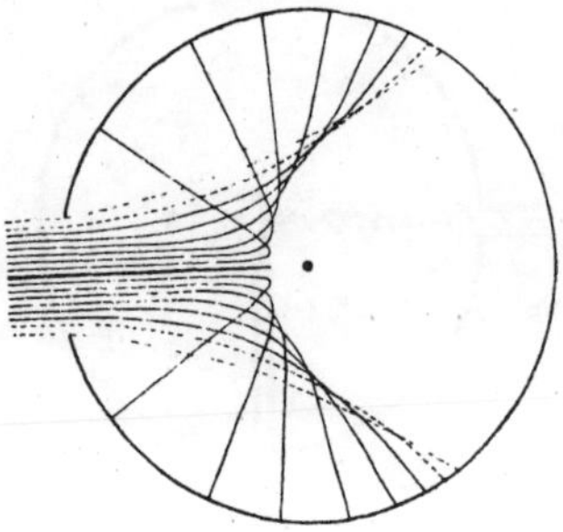

图67

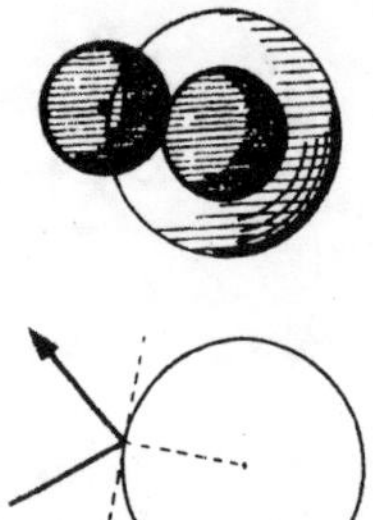

图68

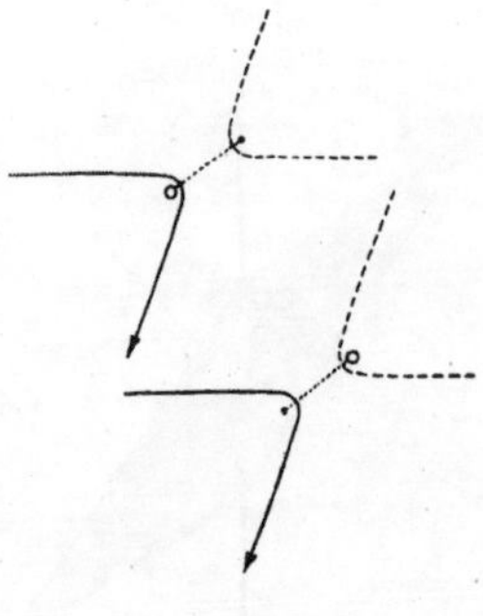

图69

图67显示了一种极限情况：运动粒子与静止粒子的相互作用非常小，直到它们相互接近到一定的距离，作用力突然大幅增加。如果我们设想一个以静止粒子为中心、以排斥力突然增加时的粒子距离为半径的球，那么撞击该球体的小粒子就会如台球一般被反弹回来（图68）。在图68中，我们用圆圈表示该球体。小粒子在反弹后没有减速，运动方向与圆的切线之间的夹角在撞击前后没有变化。在图66中我们看到，后退的粒子比前进的粒子更多。然而，如果我们在空间中而非在平面上做这个实验，就会发现一束均匀的高速粒子散射到各个方向。

图67显示了同一种现象，但力并不是在直接接触时突然出现又再次消失，而是延伸到一定的距离。事实上，我们假设排斥力作用在两个带相同电荷的粒子之间，也就是所谓的"库仑定律"，它和牛顿的"万有引力定律"有相同的形式。力与距离的二次方成反比，但这个力是排斥力，而非吸引力。和某些彗星的路径一样，粒子的路径也是双曲线[①]，只不过彗星对应的恒星位于内焦点，而粒子的斥力中心位于外焦点（图69）。我们看到，反射粒子的方向分布是完全不同的。每个粒子都有一定程度的偏转，但距离较远的粒子，其偏转程度可以忽略不计。因此，大部分粒子实际上是几乎没有偏转的。

① 彗星的轨迹有椭圆、抛物线、双曲线三种。

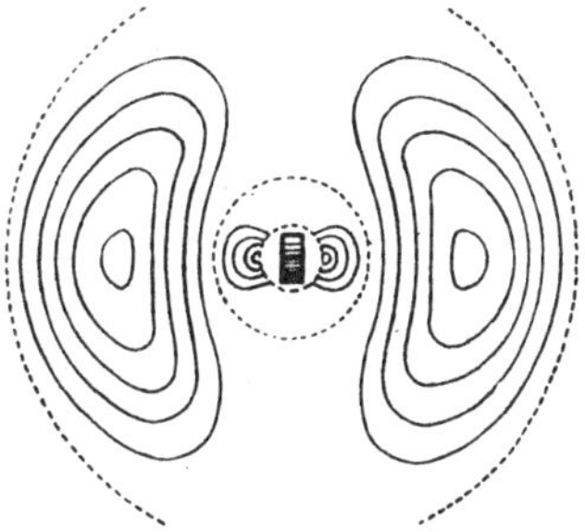

接近斥力中心的粒子大幅度散射，但绝不是均匀地朝各个方向散射。朝前散射的粒子比朝后散射的粒子多，差值很大。这就是卢瑟福散射定律。

对于另一种力的定律，我们应该有另一种散射定律。

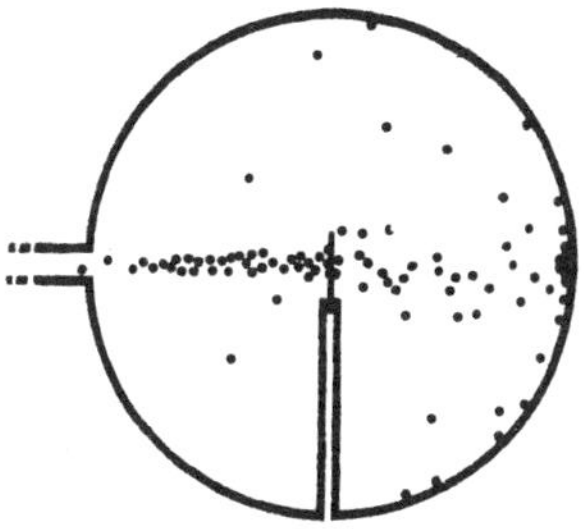

如果让一束很细的 α 射线落在一片金属箔上，并计数特定方向上偏转的粒子，那么施力的当然不是一个原子，而是多个原子。但是，如果计数装置离得足够远，那么施力原子数就无关紧要了。然后，我们可以通过对粒子进行计数，来确定散射是否遵循假设的散射定律。动画 V 大略地显示了这一过程，其中采用的不是计数装置，而是一个圆形屏幕，粒子粘在屏幕上。粒子堆积的厚度立刻显示出了散射粒子的分布情况。

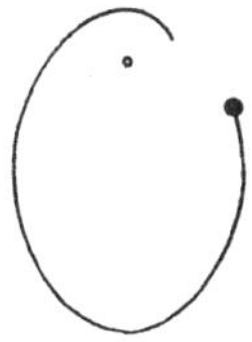

人们顺理成章地进行了研究，从而证明应用波动力学是否会对结果产生影响。作为一种波现象，粒子的散射类似于前面讨论的光的散射（第一章第 10 节）：一个平面的德布罗意波落在金属箔上，并在每个原子处产生一个次级球面波。根据波动理论，原子周围的力场所起的作用类似于光散射中的空气凝结所起的作用，波在一定程度上被反射回来。次级波在不同方向上的强度不同，根据对波的统计解释，这意味着粒子往各个方向飞的概率不同。计算表明，如果库仑定律成立，那么波动理论给出的散射公式与卢瑟福基于经典力学给出的论点完全相同。

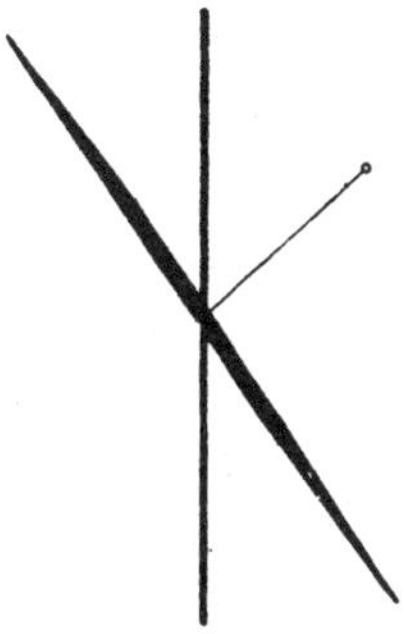

实验观察已经充分证实了卢瑟福的公式。因此，斥力是

由电荷引起的。

从这些实验还可以得出更多结论。事实上，我们能够由此确定原子核的电荷。我们已经知道了发射粒子的电荷与质量：α 粒子是氦核，它带有两个单位的电荷，它的质量是氢原子质量的4倍。我们前面已经讲到，一个电子以10^8 cm/s的速度射向一个固定的电子，两者最接近时的距离为10^{-8} cm（原子半径的数量级）。我们用一个 α 粒子作为射弹，并且用带Z个单位电荷的原子核替代固定的电子，那么就很容易对这些数值做必要的修正。简单的计算表明，最接近时的距离为$r = 1.35 \times 10^{-14} Z$（cm）。我们现在再来看图66和图67。我们看到，在双曲线路径中，偏转幅度超过90° 的 α 粒子的比例大约等于碰撞到球形障碍物的粒子数。球形障碍物的半径为r，即最接近时的距离。如果用N表示每平方厘米的原子核数，那么原子核障碍物的总面积为$\pi r^2 N$（cm^2）。现在假设每平方毫米有n个入射的 α 粒子，其中有一个 α 粒子偏转。因此1 mm^2的$1/n$就有1个有效障碍物，我们得到$\pi r^2 N = \frac{1}{n}$。因此

$$r = \sqrt{\frac{1}{\pi n N}}$$

举个例子，假设我们用 α 粒子轰击铜箔，铜箔的体积为1 mm^3。计数结果表明，入射的 α 粒子偏转幅度超过90°的比例大约是1/10000，因此$n = 10000 = 10^4$。而$N = 2 \times 10^{20}$铜原子/mm^2。因此我们得到：

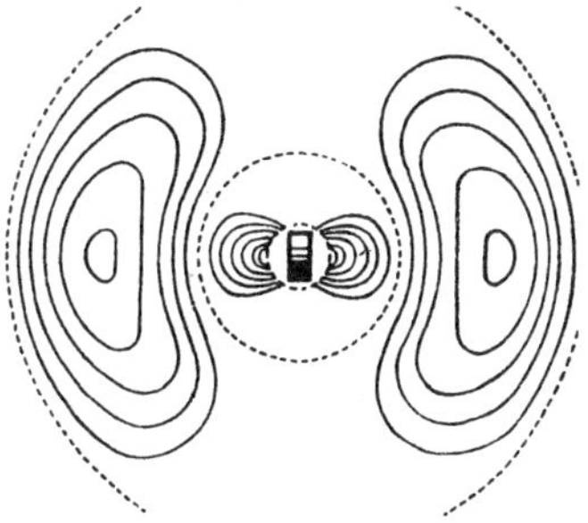

$$r=\frac{1}{\sqrt{\pi nN}}=\frac{1}{\sqrt{3.14\times10^{4}\times2\times10^{20}}}=4\times10^{-13}(\text{cm})$$

这是 α 粒子与铜原子核最接近时的距离。代入这个关系式：

$$r=1.35\times10^{-14}Z，或 Z=7.4\times10^{13}r，$$

我们得到铜原子的电荷为

$$Z=7.4\times10^{13}\times4\times10^{-13}，或者约等于30。$$

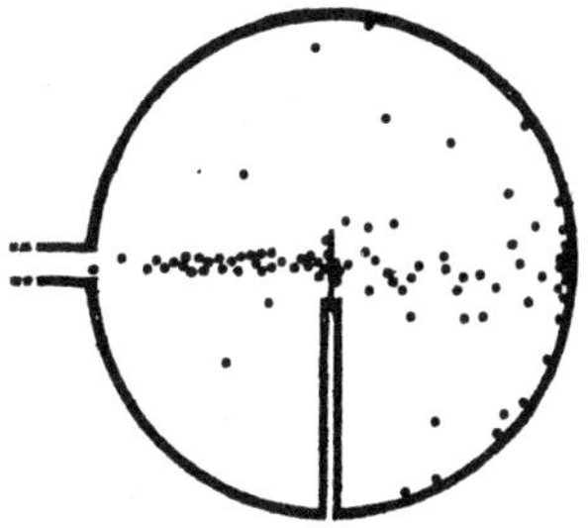

此外还有其他独立的对原子核电荷的测定实验，选取了不同偏转角度、不同来源和不同速度的 α 粒子。所有实验都相当精确地给出了如下结果：

铜元素在周期表中的原子序数是29，它的核电荷大约是29（然而，这个数值不够精确，无法证明核电荷数是整数）。

其他元素也得到了类似的结果，从而推导出这个基本定理：

原子核上的电荷数等于原子序数，即元素周期表中表示元素位置的数字。

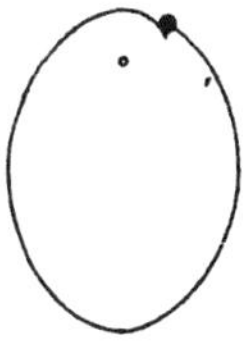

例如，查德威克[①]测得了元素铜（29）、银（47）和铂（78）的核电荷数值，分别是29.3、46.3和77.4。现在已经很清楚了，氢原子有一个带一个正电荷的原子核，外围有一个电子在旋转；氦原子有一个带两个正电荷的原子核和两个电子。以此类推。

电子的质量只有氢原子的1/1840，因此，氢原子核一定

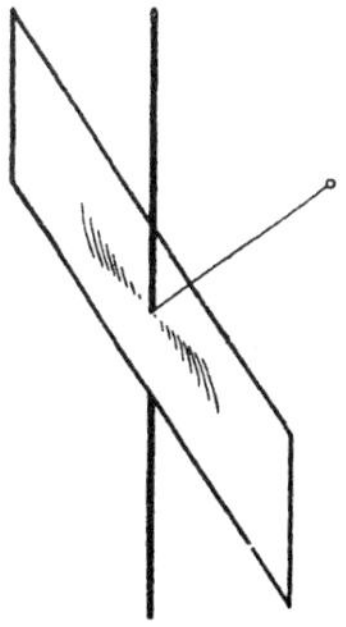

① 詹姆斯·查德威克（James Chadwick，1891—1974），英国物理学家，因发现中子而获 1935 年诺贝尔物理学奖。

占据了氢原子的绝大部分质量。原子核中最轻的部分叫质子（proton，在希腊语中的意思是“第一”）。对于其他所有原子也是一样的，原子的质量实际上就是原子核的质量。长期以来，化学家把原子量看作原子的特征。然而，现在我们知道事实并非如此，核电荷决定了原子在周期表中的位置，从而决定了它的化学行为。原子物理学的这一成果给化学带来了巨大的推动力。以前令人困惑的事实和关系突然清楚了。一般来说，原子量随着原子序数的增加而增加。但也有一些例外情况，在前面出现的周期表中用符号“⟷”表示。稍后我们将看到，X射线毋庸置疑地证明了按核电荷数排序的正确性。对于元素周期表是否完整的问题，我们也可以给出一个明确的答案：除了已经明确指出的空格，再也没有其他空隙。

然而，现在出现了许多更深层次的问题。

如果核电荷以整数为单位增加，那么难道原子核不是由质子构成的复合结构吗？为什么它们的质量，即原子量，不是整数呢？

我们将在第五章中讨论这些问题，也会讨论许多其他问题。目前我们不考虑原子核的结构，而是把它当成一个经验事实：元素周期表中有多少种元素，就有多少种不同的核。这并不会把一种元素简化成另一种元素，而且人们可能认为这依然无法解释元素周期表的所有规律。然而，这个结论还为时尚早。我们将看到，原子核的电荷稳步增加，其周围聚集了非常明显的电子结构，这才是周期系统特性的原因。

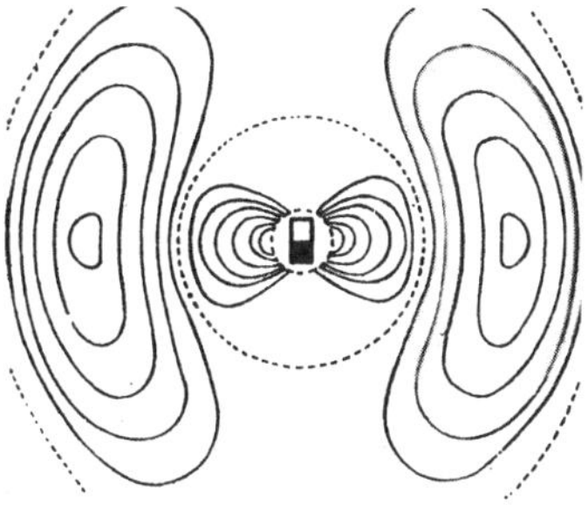

核电荷与原子序数具有同一性，对于这么重要的结果，我们必须寻找独立的证明。我们已经通过许多不同的方法实现了。例如，至少在较轻的原子中，对电子进行计数是有可能的。在这些原子中，电子被松散地束缚着，当受到X射线照射时，它就表现得像自由电子一样。每个电子对X射线散射有相同的贡献，因此，通过比较入射射线和散射射线的强度，我们可以获得所使用的部分材料的总电子数。然后我们用它除以原子数，就可以得到原子中的电子数。正如我们所预料的，这个结果等于核电荷数。

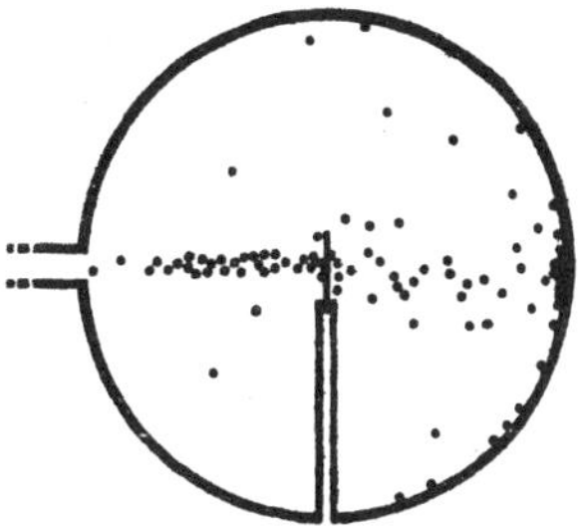

接下来的问题是，原子核有多大？我们在前面已经提到，对于电子，我们从纯理论角度假设它有一个有限的半径，大约是10^{-13} cm。但我们没有实验方法来确定它的半径。在原子核的例子中，我们面临的情况好一些。因为在那些几乎径直向后散射的 α 粒子中，我们已经发现了与卢瑟福散射公式的微小偏离。从图67中可以看出，这些 α 粒子几乎撞击在原子的正中心，并且最接近原子核。现在我们知道，直接碰撞时最接近的距离约为10^{-13} cm。在这个数量级上，实验现象与库仑定律的偏离是很明显的。因此我们可以说，核的半径大约是10^{-13} cm。我们已经根据气体分子的碰撞估计整个原子的半径是10^{-8} cm。将两个值相比较，我们看到，与电子一样，原子核相较于原子本身也是非常小的。但我们有理由怀疑原子核也是复合结构。我们将在第五章中尝试探索原子更深层的秘密。

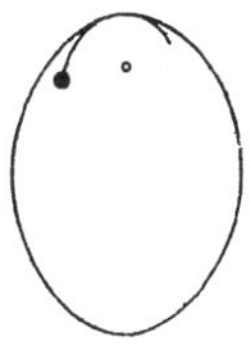

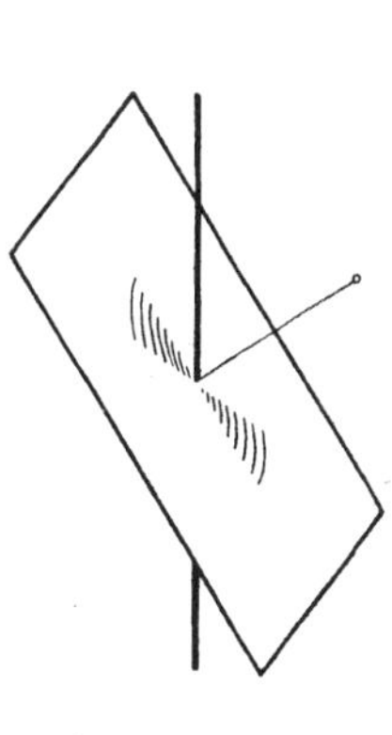

我们现在对原子的认知是这样的：每个原子的内部都有一个带正电的原子核，它几乎包含了原子的所有质量，负电子围绕它运动，负电子的数量等于核电荷的数目。

为了理解所涉及的数量级，我们可以想象把一滴水放大到地球那么大，原子也同等比例地放大。那么，原子核的直径大约是0.01 mm，也就是说，原子核仅仅是一个肉眼几乎看不见的点。电子的大小和原子核差不多（但轻了数千倍），这些小点围绕着同样小的原子核转圈。从粒子理论的观点来看，原子核与电子之间什么也没有。原子内部的空旷程度相当于太阳及其行星之间的空旷程度，太阳与地球之间的距离大约是地球直径的1.2万倍。太阳系就像原子一样，几乎所有质量都集中在中心天体；但太阳比行星大得多，而原子核与电子大小差不多。

2. 玻尔的氢原子理论

在第一次深入研究原子的电子结构时，我们借用了太阳系的类比。最简单的原子——氢，是由一个质子和围绕它的一个电子组成的，就像地球和月亮。但这种相似一定只是表面上的，因为我们知道，氢原子和其他原子一样，只能以一系列的定态存在，这与经典力学的基本定理相矛盾。

就氢原子而言，我们可以非常精确地知道定态的能级或项值。巴耳末发现，氢光谱［参阅插图Ⅱ（b）；第五章第3节；图70］的常规线系具有这样的频率：

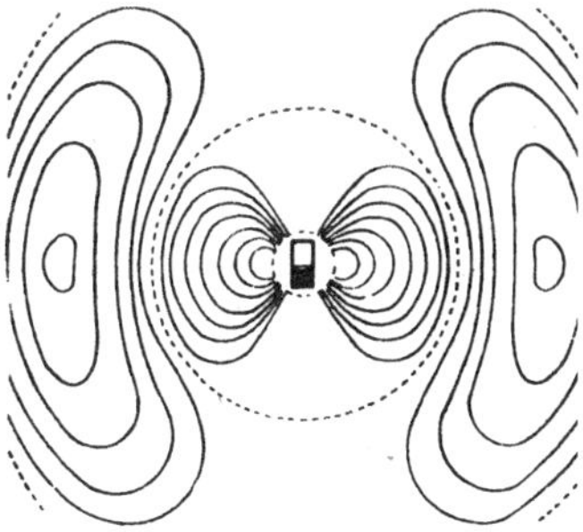

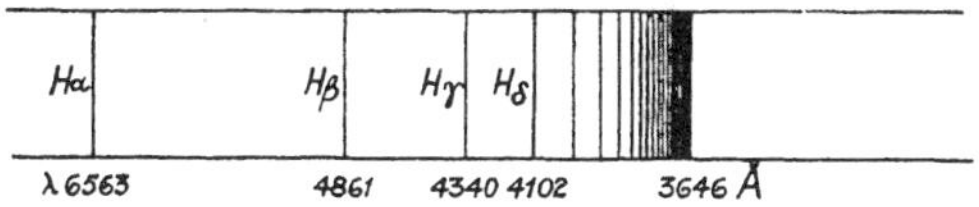

图70

$$v = R\left(\frac{1}{4}-\frac{1}{9}\right),\ R\left(\frac{1}{4}-\frac{1}{16}\right),\ R\left(\frac{1}{4}-\frac{1}{25}\right)\cdots\cdots$$

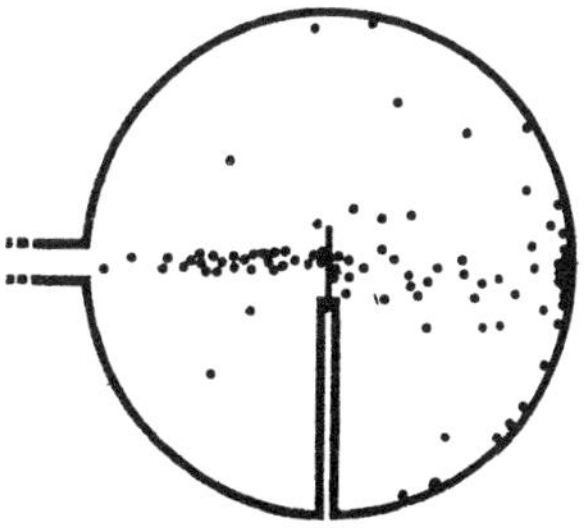

其中，R是频率的一个自然量，被称为“里德伯常量”，以一位杰出的光谱学家[①]的名字命名。其数值是3.29×10^{15}次/s。[②]

根据里茨组合原则，我们可以得出结论：氢原子的谱项是$R/4$，$R/9$，$R/16$……后来又找到了$R/1$，它位于紫外线的谱线系中。现在，根据玻尔的理论，这些谱项乘以h就等于氢原子的能级。我们前面已经解释过，这些能级是以把电子完全从原子中分离出来的能量为基准，它们比束缚态的能级高。因此，必须给它们加上一个负号。那么所谓的巴耳末谱线分别是：

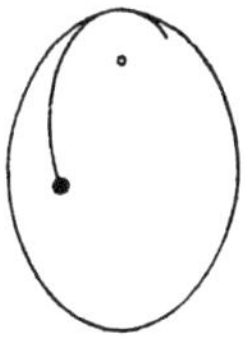

$$-\frac{R}{1^2},\ -\frac{R}{2^2},\ -\frac{R}{3^2},\ \cdots,\ -\frac{R}{n^2}$$

整数n后来被称为“主量子数”；我们现在直接采用这个名称。

图71表示谱项的分布。最低项（$n=1$）的值为$-R$，次项为$-R/4$，以此类推。这些谱项越来越接近，无限趋近于能级0。

在谱项非常密集的地方，能量几乎是连续的。因此，在

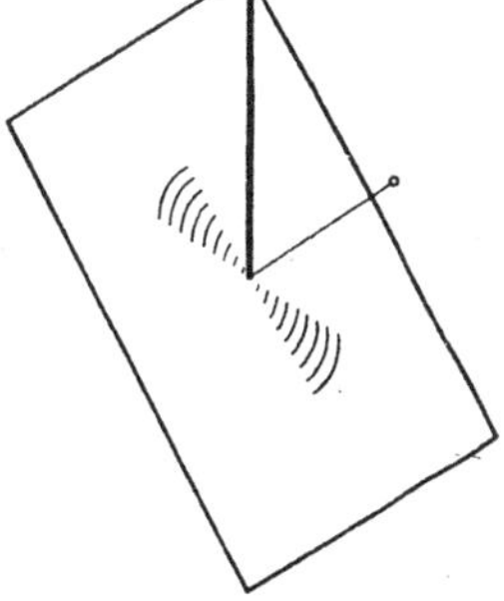

① 指约翰内斯·里德伯（Johannes Rydberg，1854—1919），瑞典物理学家。

② 里德伯常量是原子物理学中的基本物理常量之一，为一经验常数，一般取 $R=1.097373157\times10^{7}\,\mathrm{m}^{-1}$。文中这里的数值是引入光速变化而来的。

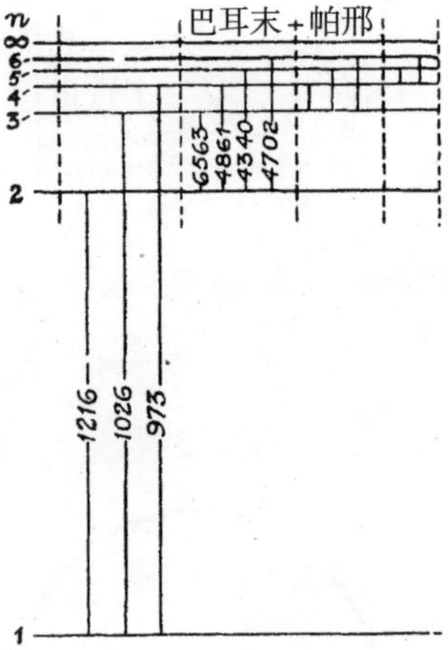

图71

该区域中，经典力学的结果一定是相当精确的。玻尔把这个论点叫作“对应原理”，并成功地将其应用于实践。因此，早在1913年，他就能够用电子的电荷（e）、电子的质量（m）以及普朗克常数h表示基态氢原子的频率R和轨道半径。

如果代入从之前观测中获得的e、m和h，我们就可以得到R的值，即：

$$R = 2\pi^2 me^4/h^3 = 3.29 \times 10^{15}\text{次/s}$$

正好等于前面给出的里德伯常量。轨道半径与预期的数量级非常一致，也就是从气体分子运动论中推导出的原子半径的数量级。精确值如下：

$$\text{氢原子的最低态半径} = 0.532 \times 10^{-8}\ \text{cm}$$

这是量子理论应用于原子结构的第一次伟大成功。

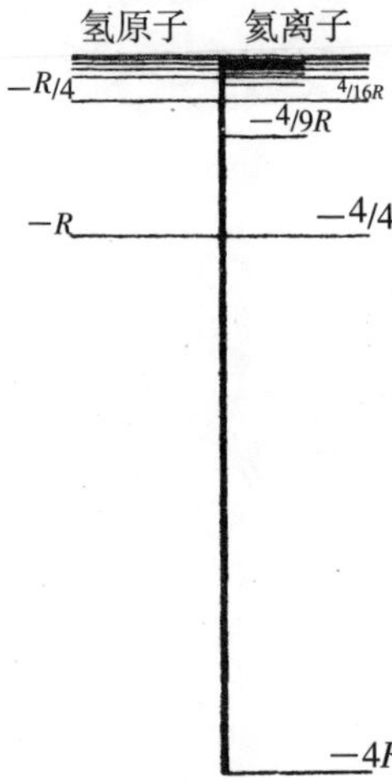

图72

玻尔的下列论点给人留下了更深刻的印象。如果拿走氦原子中的一个电子，那么就只剩下一个原子核与一个电子，与氢原子相同，只不过氦原子核有两个电荷。因此，氦离子的光谱一定与氢原子的光谱相似，但所有的谱项都是氢原子的4倍。因此，我们会这样表述它们的谱线系：

氢原子：$-R$，$-R/4$，$-R/9$，$-R/16$，$-R/25$，$-R/36$……

氦离子：$-4R$，$\underline{-4R/4}$，$-4R/9$，$\underline{-4R/16}$，$-4R/25$，$\underline{-4R/36}$……

我们可以看到，第一个谱线系的谱项（用下划线表示）都包含在第二个谱线系中。

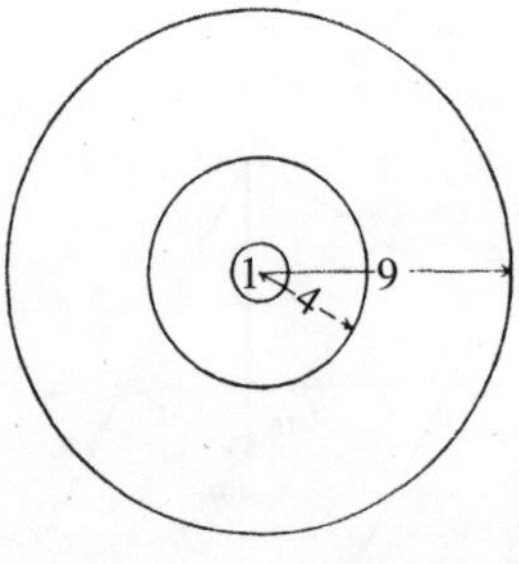

图73

根据图72也可以得出相同的结论。如果在计算中把氦原子核看成静止的，那么每两个氦谱项的值就会恰好等于一个

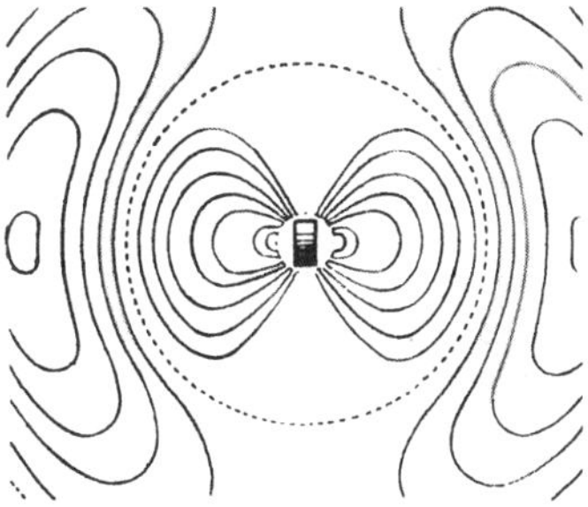

氢谱项的值。实际上，原子核会稍微移动。太阳系中有一个类似的规律，即太阳和行星围绕着它们的共同重心旋转。如果我们把这一点考虑进来，那么氦离子的第二、四、六项就不会与氢原子的第一、二、三项恰好相等，因为原子核的质量差异很大（氦原子核的质量大约是氢原子核质量的4倍）。

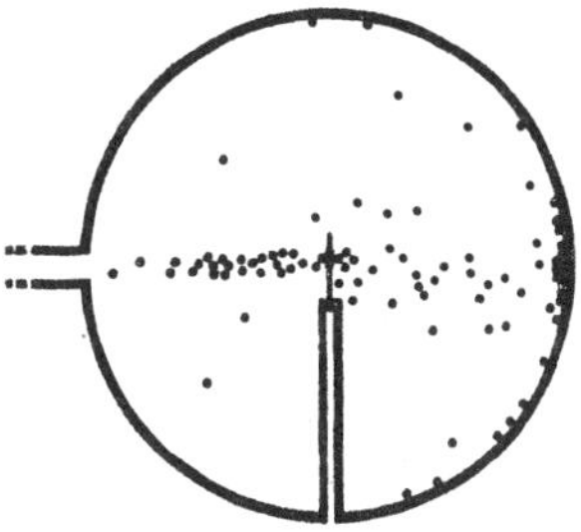

我们已经从含有氢气和氦气的盖斯勒管中得到了一个光谱，其中的谱线位于氢原子的巴耳末谱线之间。到目前为止，这些谱线也被认为是属于氢的。

现在，玻尔宣称："这些是氦的谱线。当你小心地移走管中所有氢的痕迹后，看看这些谱线是否还在。如果仔细观察，你会发现把这些谱线称为氢的巴耳末谱线是错误的，因为它们有轻微的偏移。"

以上说法立即得到了证实。这是玻尔理论的第二次胜利。

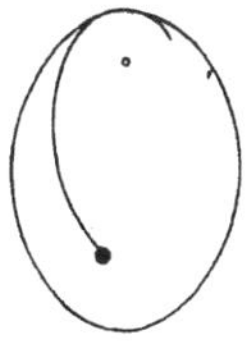

那时，没有人听说过电子波，也没有所谓的波动力学。物理学家毫不犹豫地利用经典力学计算电子的轨道，即使情况很复杂。他们获得的轨道能量值形成了连续的序列。必须有额外的假设，才能从这些连续的能量范围中选择一系列定态轨道。这些假设被称为"量子化条件"。我将只用最简单的圆形轨道（图73）来说明它们的性质。我们发现，只有接受动量乘以轨道周长等于h的倍数时，才能得出正确的能量值，也就是巴耳末谱项，即：

$$p\times 2\pi r=nh$$

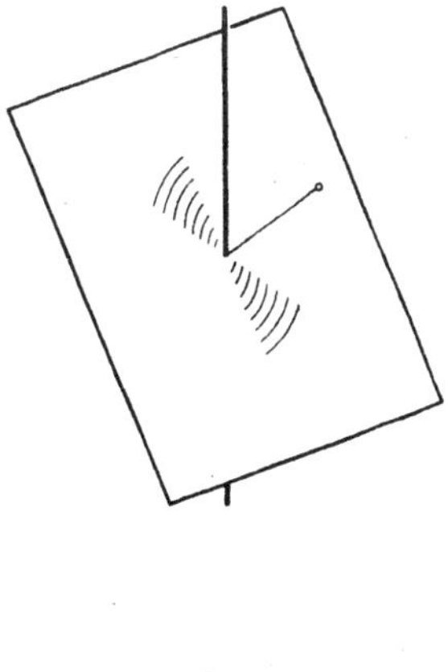

pr的乘积叫"角动量"。我们说角动量是"量子化的"，

也就是说，它总是某个单位的整数倍，即普朗克常数除以2π的值[①]的整数倍。这些圆的半径之比为1：4：9……

我们发现，同样的条件也适用于旋转运动，即使情况很复杂。上述条件中的整数n叫“量子数”。

并不是旋转运动有周期，而是具有振动性质的运动有周期。我们发现，每个周期都有自己的量子化条件。电子在绕原子核的封闭轨道上的运动就是一个例子。根据开普勒定律，这个轨道是椭圆形的。和圆周运动一样，椭圆运动只有一个周期，因此只有一个量子化条件；我们得到了与圆形轨道中一样的简单谱项系（$-R/n^2$）。有无数个n值相同的椭圆，它们的长轴相同（与n成正比），但偏心率不同，形状从扁条形到圆形不等（图74）。只有在圆形轨道上，n才与角动量成正比；在长轴相等的情况下，椭圆轨道的角动量更小。

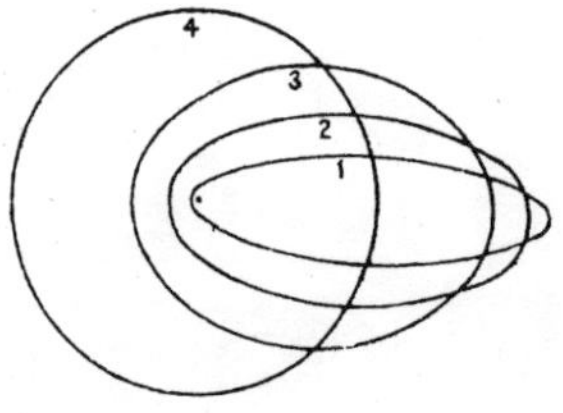

图74

现在我们已经知道，只有在观察手段很简陋的情况下，巴耳末谱线才会表现为单线。实际上，每条巴耳末谱线都是由一组细线构成的。这被称为谱线的“精细结构”。

因此，能量值必定具有一个精细结构。所以只用一个量子数是不够的；运动一定有第二个周期，也就是有“第二量子数”。

---

① 对于常数$h/(2\pi)$，我们已经引入了符号$\hbar$（约化普朗克常数），本书中偶尔会用到。——原文注

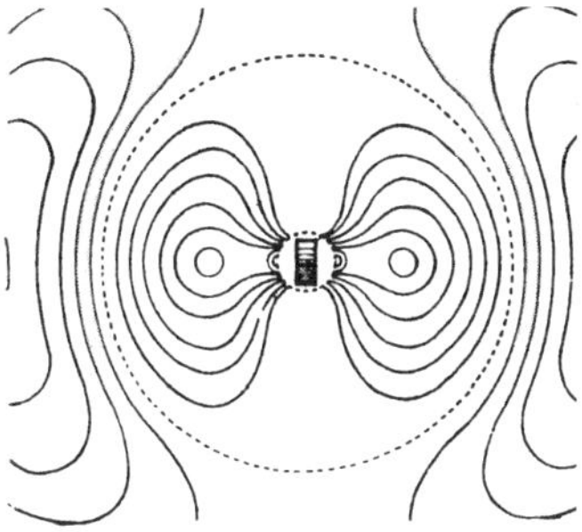

索末菲[①]发现了这种复杂情况的原因。在扁条形的椭圆轨道中，电子非常接近原子核，并在原子核附近达到一个接近光速的速度。然后根据相对论，电子的质量不再是定值，而是略有增加。这对整个轨道有轻微的影响。动画Ⅵ显示了这种运动的本质，轨道形状有点儿像玫瑰的花瓣。该运动可以近似地描述为绕原子核缓慢旋转的椭圆运动。这种旋转，或者叫"进动"，给出了第二个周期或第二量子数k。如果我们考虑n值相同，也就是长轴相同的椭圆（其中有一个是圆），那么根据开普勒定律，所有轨道的电子都具有相同的周期。

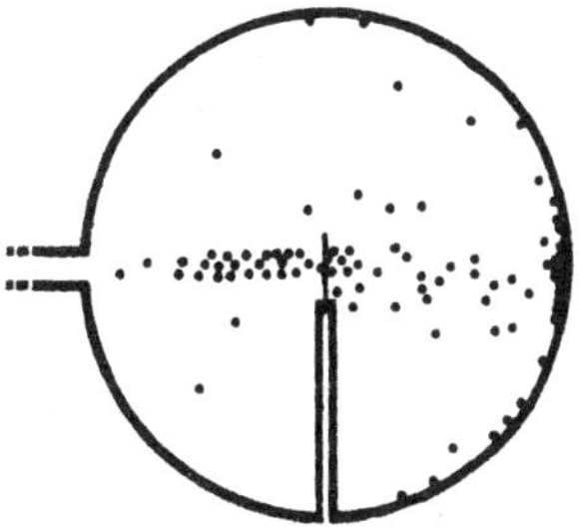

然而，整个椭圆的进动又给出了一个新的周期。狭长的椭圆更接近原子核，因此质量变化效应更明显。与进动有关的量子化条件是，只允许存在角动量为$\hbar$的整数倍的椭圆轨道，也就是角动量等于$k\hbar$。整数k就是第二量子数，它永远不会比n大；在圆形轨道中，$k=n$。图74显示了一连串椭圆，它们的$n=4$；$k=1, 2, 3, 4$。每一个值都对应着稍微有一丝差异的能量，也就是说每个谱项都被分裂了。

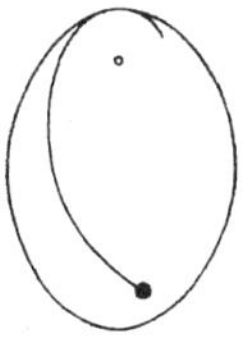

然而，一个粒子在空间中的运动还可以有第三个周期，这三个周期对应着空间的三个维度。这也可以在氢原子中实现，不是单独存在的氢原子，而是受到外部影响的氢原子。研究人员已经弄清楚了这种情况。如果一个含氢气的盖斯勒

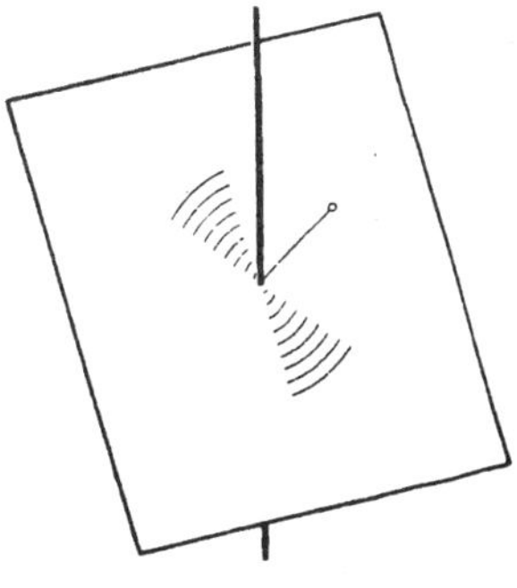

① 阿诺德·索末菲（Arnold Sommerfeld，1868—1951），德国物理学家，量子力学与原子物理学的开创者之一。

管被激发，并被放置在磁铁的两极之间，那么每条谱线都会分裂成几条线。塞曼[1]已经证明了这一点，即“塞曼效应”[插图Ⅲ（e）和（f）]。谱线在电场中的分裂则更加复杂（斯塔克效应）。这两种效应都可以用理论来解释。事实上，磁场给运动引入了一个新的周期，对应着一个新的量子数m。磁场中的现象很容易描述；粒子的运动不是在某个平面上的，但在弱磁场中的运动接近平面运动，并且可以想象成动画Ⅵ中的玫瑰花瓣形运动。轨道平面缓慢地绕着磁场方向指示线旋转。在所有可能的平面中，量子化条件按照下列方式选择了几个平面：

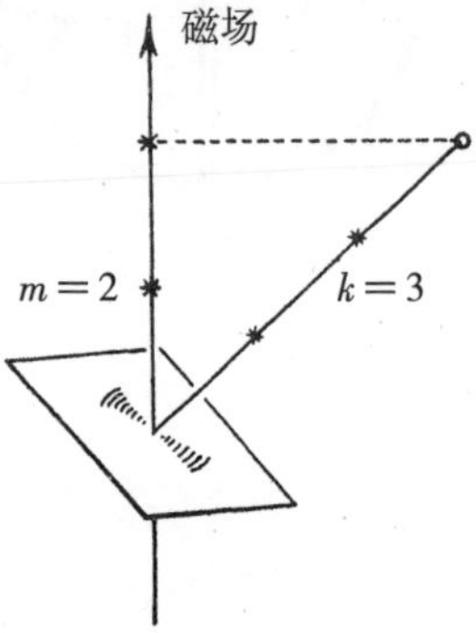

图75

在几何学上，角动量可以用一个指向旋转轴的箭头表示，这个箭头叫作“矢量”。

这里我们看到了两种旋转：电子在其轨道平面上的旋转（动画Ⅵ）和轨道平面绕着磁场方向的旋转（动画Ⅶ）。因此，如图75所示，我们必须把轨道角动量画成垂直于轨道平面的长度为k的线段（以$\hbar$为单位），把磁角动量画成沿磁力线方向的长度为m的线段（穿过原子核）。和k一样，数字m一定是整数，即“磁量子数”。由于我们假设磁场较弱，磁旋转的速度比电子旋转速度慢，因此，合成运动的旋转轴与较大的角动量k几乎完全重合。此外，m一定是k在磁场方向上的投影。所以，m的值一定是$-k$和$+k$之间的整数值。

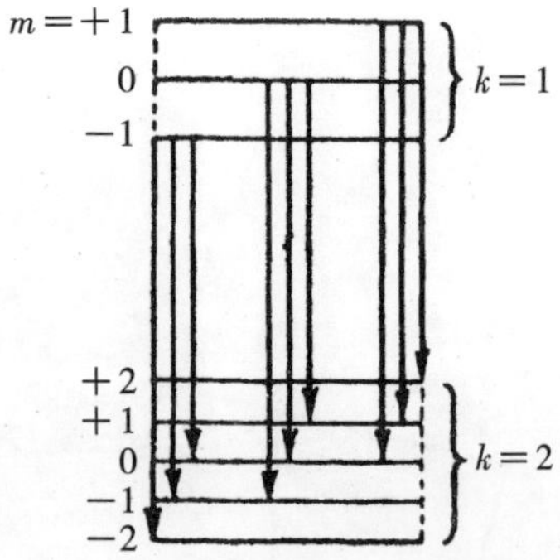

图76

① 彼得·塞曼（Pieter Zeeman，1865—1943），荷兰物理学家，1902年诺贝尔物理学奖得主。

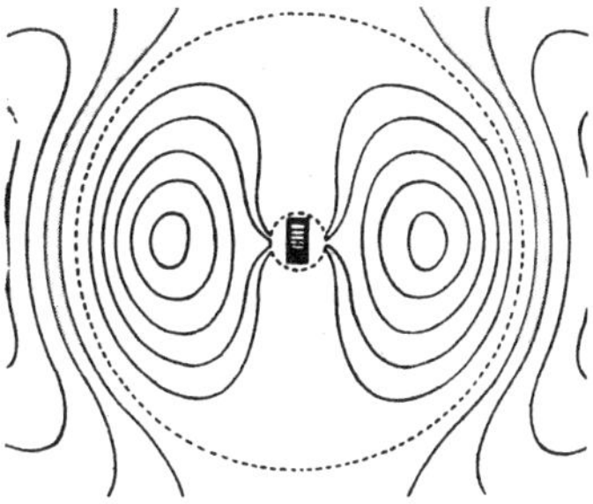

例如，

如果$k=0$，那么$m=0$；

如果$k=1$，那么$m=-1$，0，1；

如果$k=2$，那么$m=-2$，-1，0，1，2；

如果$k=3$，那么$m=-3$，-2，-1，0，1，2，3。

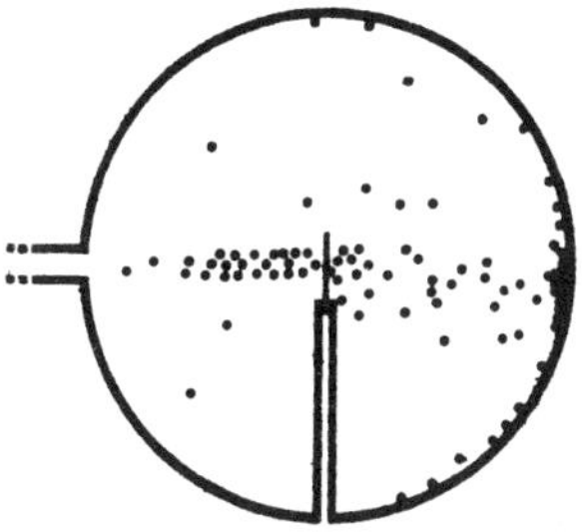

然而，这意味着，相对于磁场的方向，轨道平面只能占据一定数量的位置，如果$k=0$，1，2，3……那么位置数就等于1，3，5，7……

这种现象被称作“方向量子化”，是该理论最重要的成果之一。后面我们会看到一个直接证明它的实验（第四章第8节）。

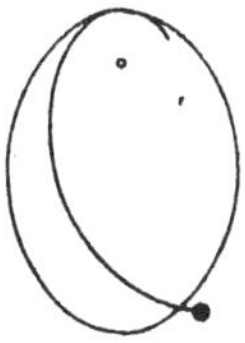

轨道平面的每个位置都对应着不同的能量，所以就出现了谱线的分裂。然而，这是一种非常简单的类型；谱线之间的距离都是一样的，谱项之间的距离也是一样的。因此，谱线总是分裂成三个部分。图76显示了一种情况，其中上面的谱项$k=1$，下面的谱项$k=2$。在旋转中，只有那些m增加值或减少值不超过1的跃迁才可能发生，它们被用箭头表示出来。图76中的确有9种跃迁，但它们构成彼此重合的三个组。因此，我们应该得到三条“塞曼谱线”。这实际上是偶然发现的；接下来我们会谈到“正常塞曼效应”［插图Ⅲ（e）］。这并不太合理，因为大多数谱线的分裂要复杂得多。我们很快就会知道原因。

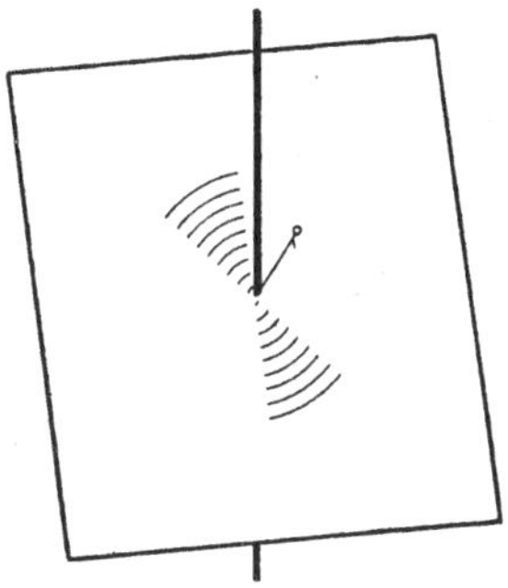

所有这些依赖于经典力学的理论都大致正确地再现了实

际观察到的现象，但在许多细节上都失败了。这并不奇怪，因为我们知道经典力学在此并不适用。例如，量子化条件就与它格格不入。在经典理论中，发光现象本身是很难理解的。它被解释成一个电子从定态轨道到另一个定态轨道的量子跃迁，但进一步研究的每一条路都是死路。

很明显，所有这些争论都是暂时的。这些步骤将为全新的量子力学在原子世界中的应用铺平道路。我们已经考虑了这种新理论的主要特征，我们知道电子也具有波的性质。现在我们必须看一看，这种性质是否会影响电子在原子中的行为，并弄清楚它会把我们引向何处。

3. 氢原子的波动力学

“微粒说”不适用于原子的真正原因是：我们更感兴趣的是定态，它对应着固定的能量值。如果我们观察到一个原子处于定态，那么根据海森堡的不确定性原理，我们就无法精确地观测时间，因为如果能量是精确已知的，测量时间的误差就可能是无限的。因此，运动过程在时间上是不可观测的，我们无法研究电子轨道，并且本书的动画有点儿像在骗人。

因此，我们必须放弃追问“特定时间电子在哪里”的问题。相反，电子在某一点上的概率是一个可以确定的量。为此，我们必须把德布罗意波和电子联系起来，或者用波替代电子，并确定它在某一点的振动强度。

神秘的量子化条件的含义立刻变得清晰起来。我们再一

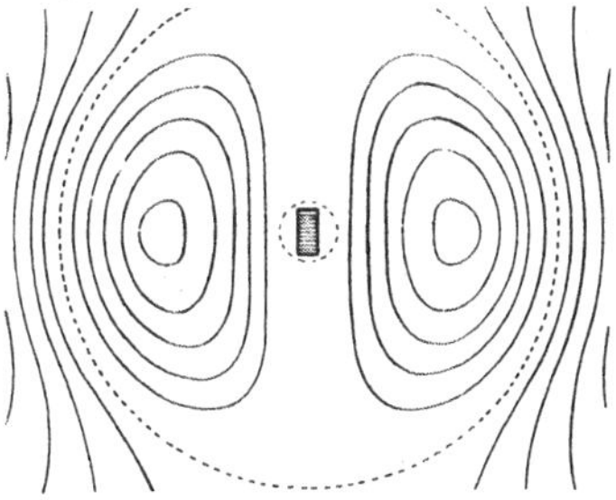

次考虑一个圆形轨道，并想象波伴随着电子在轨道上运动。如果半径很大，我们就可以忽略它的曲率，并假定，适用于平面波的德布罗意关系式也适用于旋转波，即：

$$动量 \times 波长 = h(p \times \lambda = h)$$

现在，如果我们尝试构造一个沿着圆形轨道的、波长已知的波动，那么在一个完整的周期之后，我们一般不会回到与刚开始相同的振动相位（图77）。在下一周期，相位又不同了，以此类推。总之，我们很难给圆周上的每个点定一个相位。我们一眼就可以看出，相位确定的情况只在特定的圆上成立，即周长恰好等于波长的整倍数的圆（$2\pi r = n\lambda$）。结合上面的德布罗意量子定律，我们得到：

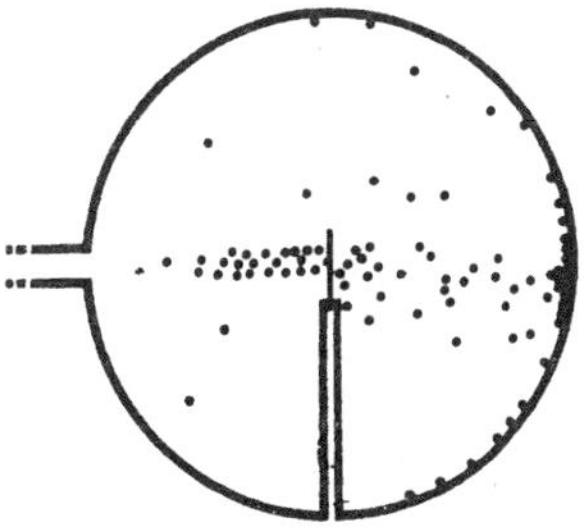

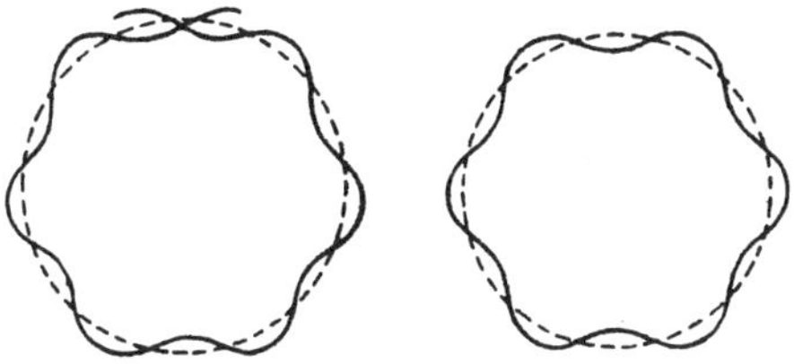

图77

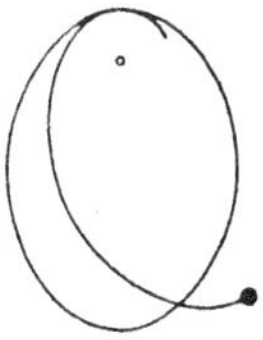

$$p \times 2\pi r = p \times n\lambda = nh$$

或

$$动量 \times 圆的周长 = h 的整数倍$$

这就是圆形轨道下的玻尔量子化条件。它表达的量子化条件是，在空间的每一点上，一个振动有且只有一个值。

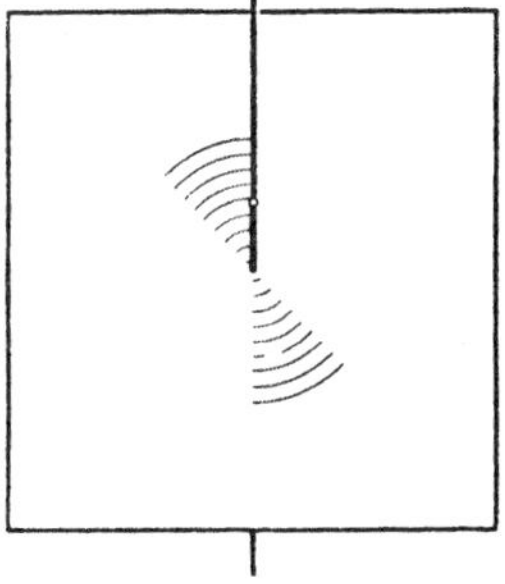

这种状态就像是一个轮子（没有辐条）或铁环的弹性振

动。在后一种情况下，很明显环的每个点只能以一种方式振动，即环的周长必须是波长的整数倍。这种振动很像紧绷的钢琴弦，唯一的差别是弦的两端并不固定，而是以某种方式连在一起。在这两种情况下，只能存在某些类型的振动。这些振动叫“特征振动”或“固有振动”，对于紧绷的弦，它们的弦长等于半波长的整数倍；而对于弯曲的环，其长度必须是波长的整数倍（图78）。

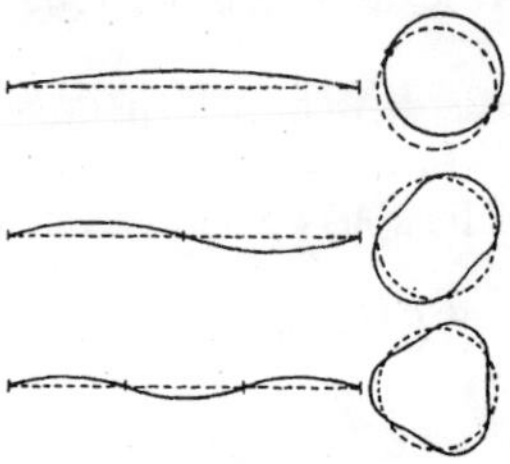

图78

对于弦，基音没有节点，第一泛音有一个节点，第二泛音有两个节点，以此类推。对于环，基音有两个节点，第一泛音有四个节点，第二泛音有六个节点，以此类推。

回到电子的问题上，现在我们必须大幅修改我们前面的图，因为这种电子的振动是发生在三维空间里的。我们不能将它与圆环的振动相比较，但可以将它与弹性物质的振动（比如食用果冻的振动）相比较。但是，我们很难画出三维运动的图，所以我们需要建立一个二维模型，即圆形膜（类似羊皮纸做成的鼓面）的振动。我们都知道，可以把细沙撒在振动表面，从而观察这些振动。沙子只停留在没有振动的地

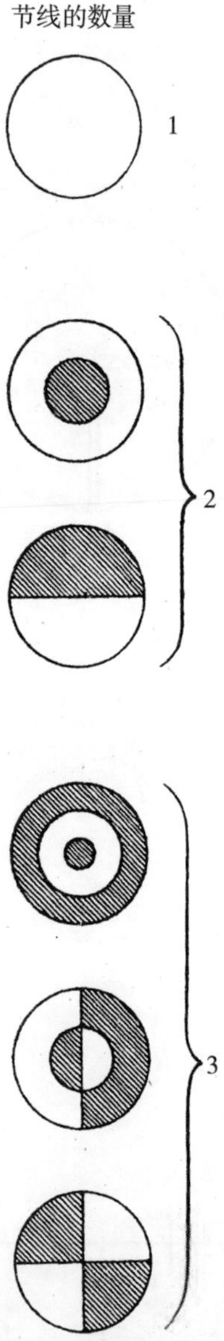

图79

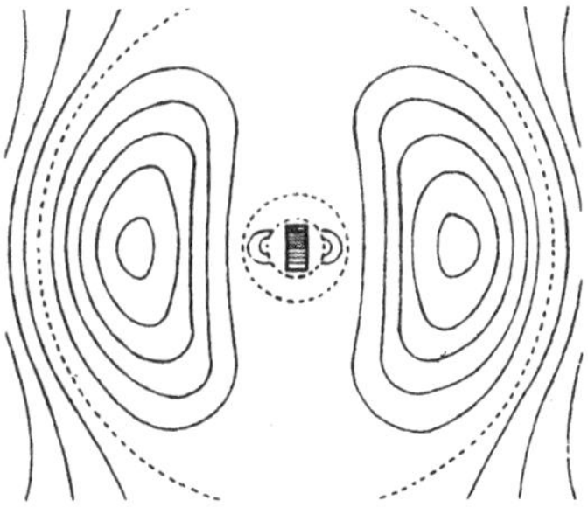

方，也就是所谓的“节线”，从而也得到了“克拉德尼[①]图”。这个模型的振动节线有两种：直的射线和以鼓面中心为圆心的圆。基音没有节线，不过，我们可以把不振动的边界算成节线。在克拉德尼图中，节线所包围的区域是交替的阴影和白色。这说明阴影区域的振动与白色区域的振动完全相反，例如，阴影区域向上移动，而白色区域向下移动。图中的振型与节线一样多（图79、图80）。

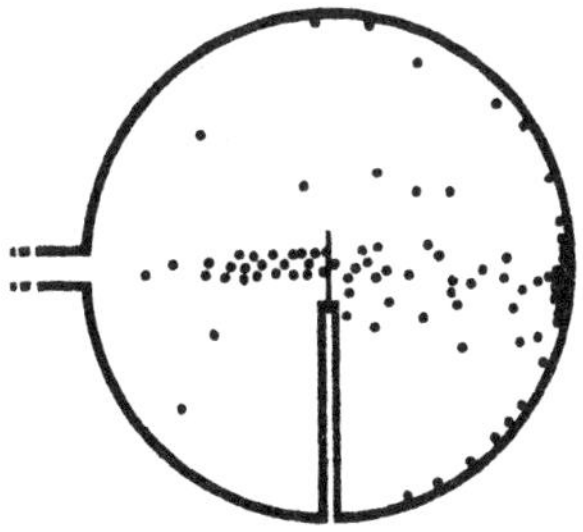

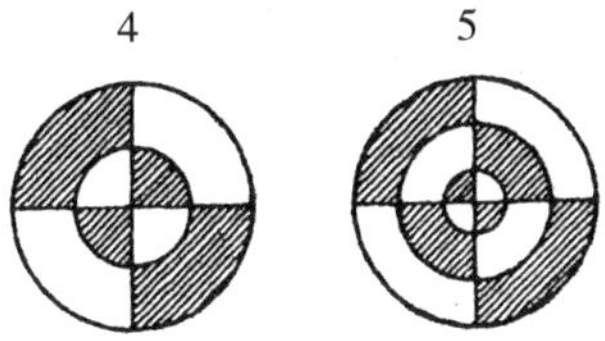

图80

膜的振动能力源于它的边界被固定了。原子没有这种固定的边界。相反，原子有原子核，用粒子理论的话来说就是，原子核吸引电子。这种吸引取代了边界上的张力。

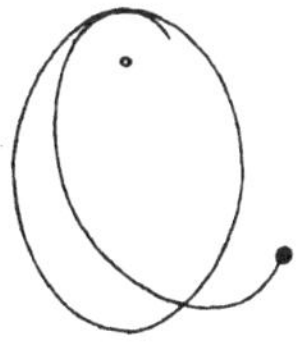

这个问题的数学表达式远远超出了本书的范围，它就是薛定谔[②]建立的“波动方程”。薛定谔考虑了作用在运动粒子上的力。波动方程也是碰撞现象的数学表达式，可以应用于卢瑟福的 α 粒子散射实验。在这里，我们关心的是方程的另

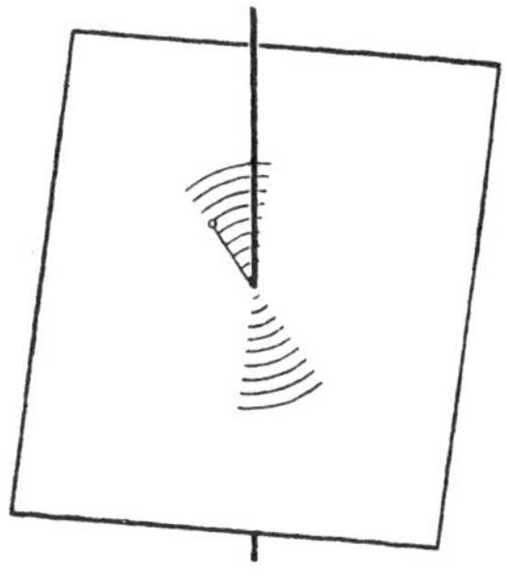

① 恩斯特·克拉德尼（Ernst Chladni，1756—1827），德国物理学家、音乐家，被誉为“声学之父”。

② 埃尔温·薛定谔（Erwin Schrödinger，1887—1961），奥地利理论物理学家，量子力学奠基人之一，1933 年诺贝尔物理学奖得主。

一种类型的解：平面波靠近并在原子核场的作用下转化成球面波。

但在目前的情况下，我们必须面对这样一种解：只在原子核附近产生强烈的振动，而在很远处消失。因此，在原子核附近，找到电子的概率很大；越往外概率迅速递减，但理论上只在无限远处为零。这个无限远的区域对应着膜的边界。频率乘以h就是定态系统的谱项值或能量。如果氢原子都处在一个平面，我们应该得到与膜一样的振动图，但其边界位于无限远处。

$n=1$

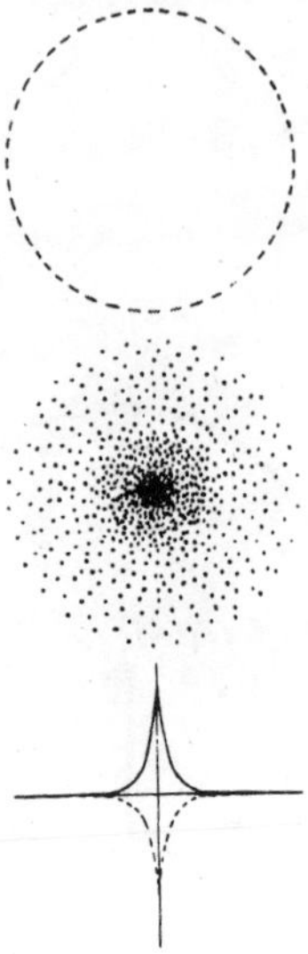

图81

在实际的三维情况下，没有节线，而是有节面，包括节平面和节球面。通过这些节面，我们可以绘制各种振型。但绘制的图像并不是唯一的可能。因为如果我们有两种振型，它们具有不同的节面和相同的频率（或能量），我们就可以把它们叠加在一起，得到完全不同的图像。然而，我们关心的不是节面的形状，而是节面的数量。因此，我们选择了一个确定的、容易绘制的节面构型。

$n=2$

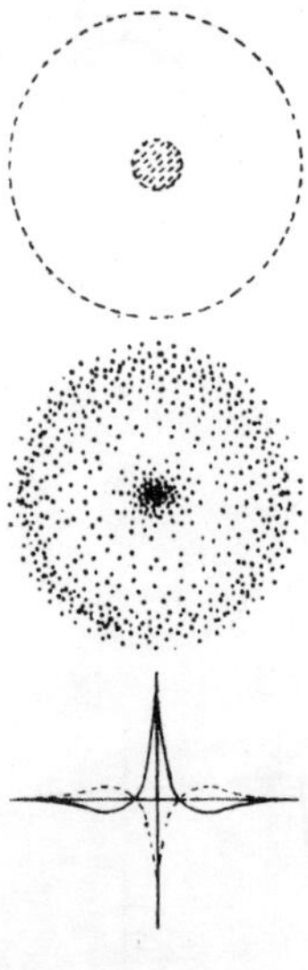

图82

我们从计算节球面开始。随着振动在远处消失，在一个非常大的球面上不会有任何振动的痕迹，因此，我们可以说“无限球面”是一个节面，就像我们可以把膜的边缘看成一个节线。包括无限球面在内的节球面的数量，就是波动理论中的主量子数n。当$n=2$时，我们有一个无限球面；当$n=3$时，我们有两个无限球面；以此类推。

图81和图82显示了$n=1$和$n=2$的两种情况，在二维

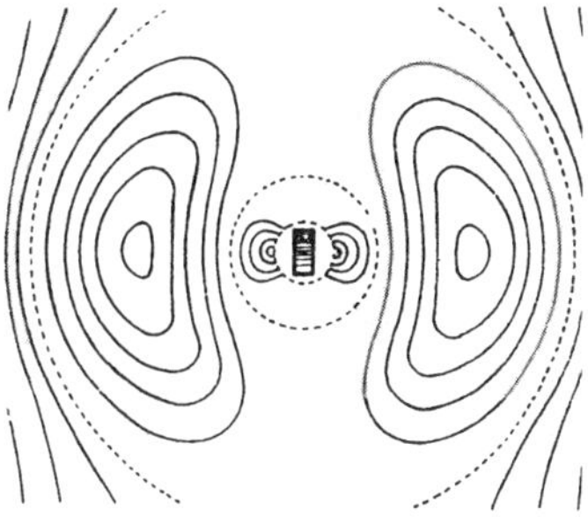

情况下分别用三种方式图解。其中，第一幅图只是通过阴影显示了振动如何被节球面划分成相位相反的部分。点的密度也显示了振动的外观；从上往下看，截面处显示了极端的振幅。我们看到，在图81所示情况下，电子有很大的概率出现在原子核附近，并且越往外概率越小。而在图82所示情况下，电子有较大概率出现在一个壳层区域。当n值更大时，壳层会更多。现在我们发现，$n=1$时振动区域的半径与玻尔第一圆形轨道的半径大致相等，$n=2$时壳层区域的半径与玻尔第二圆形轨道的半径大致相等，以此类推。因此，在这两种情况下，我们都有理由给n取相同的名字——“主量子数”，尽管我们面对的情况与粒子轨道和物体连续振动完全不同。

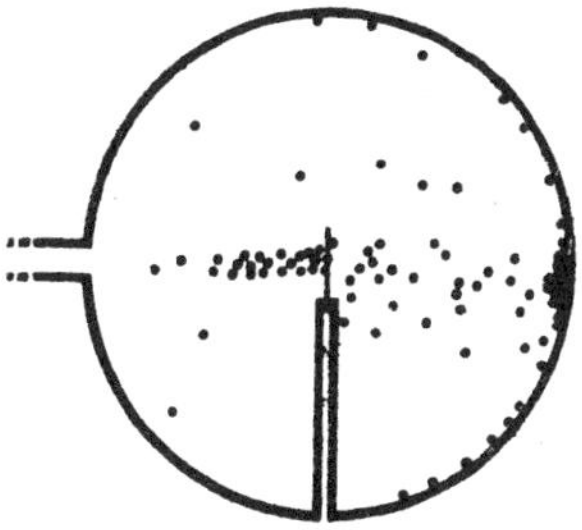

每一个球面振型都可能有节平面。为了对其进行分类，我们取穿过原子核的直线为轴；然后我们就得到了子午面和水平面，子午面穿过轴，水平面与轴垂直（图83）。

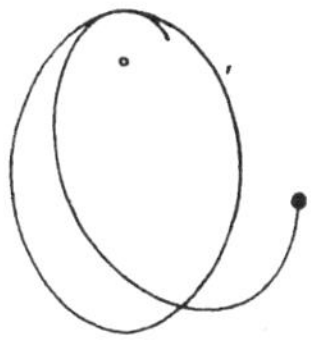

然而，节平面不能像膜的节线那样出现在每一种可能的组合中。对此，我们有如下定理：

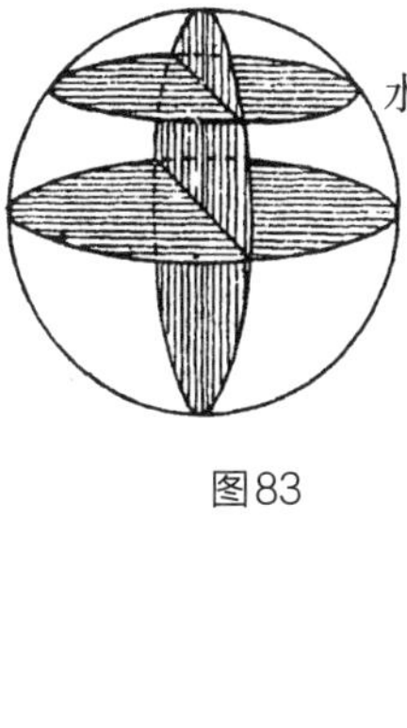

图83

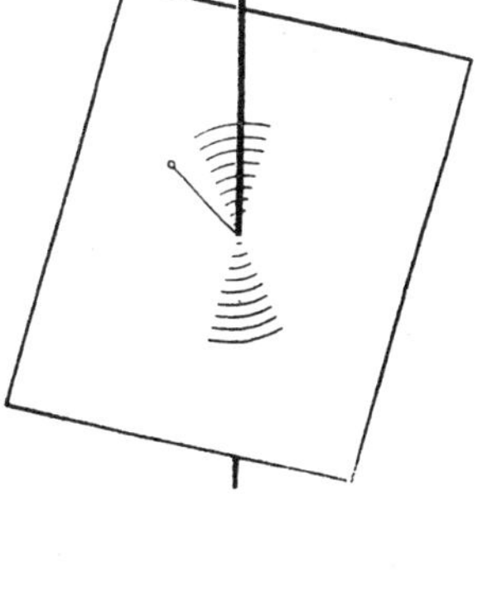

水平面的数量至多等于有限球面的数量；也就是说我们有下列组合：

当$n=1$时，$l=0$；

当$n=2$时，$l=0$或1；

当$n=3$时，$l=0$，1或2，

以此类推。

玻尔理论中有第二量子数k，它的值总是在1到n之间，使我们可以区分各种长轴的椭圆。k乘以h，我们就得到了角动量。

因此，新的l比k小1，在波动力学中被称为“辅量子数”。角动量与运动轨道的椭圆度之间的关系，以及角动量与水平节线的存在之间的关系，是不容易观察到的。随后我们将说明，对于磁场中的运动，波动力学是如何解释角动量的。然而，在这里，我们将满足于下面的观点：没有角动量，就没有玻尔轨道，甚至基态的轨道也是圆周运动，即$k=1$。然而，在量子力学中，存在没有角动量的振型；对于基态$n=1$，只有$l=0$。辅量子数直接给出了角动量（表示为h的倍数）。

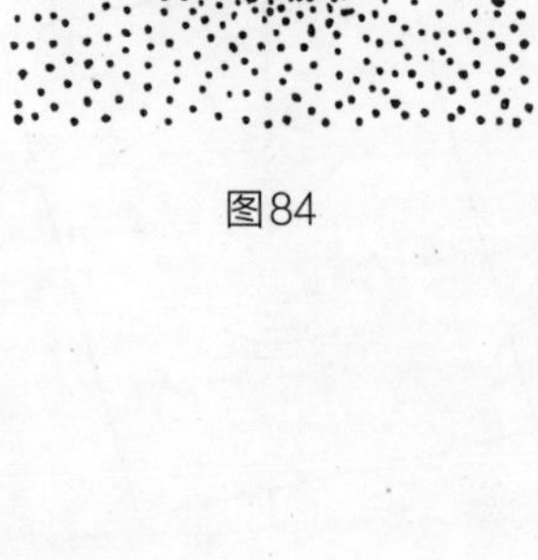

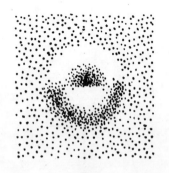

图84

图84显示了有两个节球面和一个节平面的振动系统的横截面，点的密度表示振幅。

最终，我们得到了一个子午节平面。在这里，可能发生的各种可能性由量子数m表示，它被称为“磁量子数”。如果不存在子午节平面，我们就写成$m=0$。如果有一个子午节平面，那么就有两种振型，它们的子午节平面互呈直角，我们

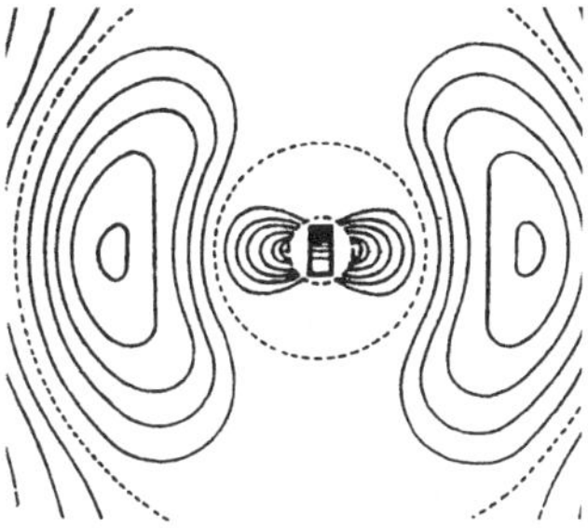

写成$m=-1$和$m=+1$。

我们得到：

$$l=1;\ m=0,\ m=-1,\ m=+1$$

当$l=1$的时候，我们得到了三种情况，即赤道面本身是一个节平面，同时图85显示了赤道面如何被子午面分割开。

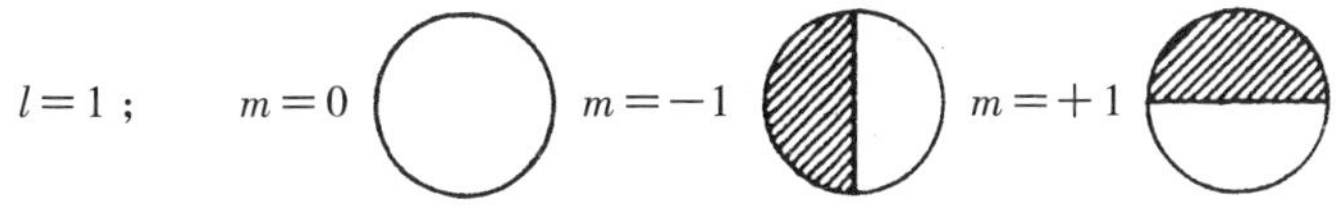

图85

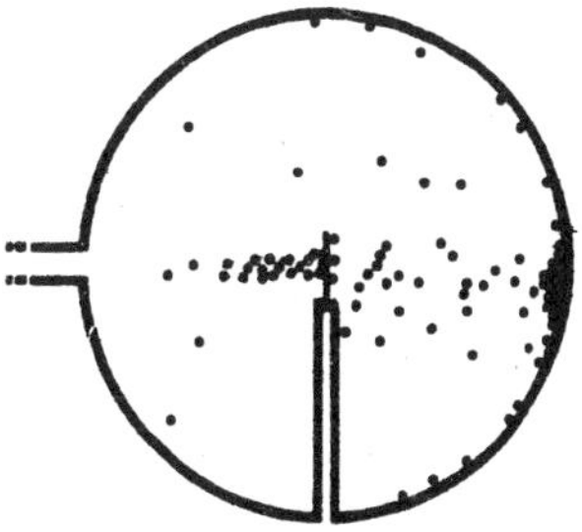

当$l=2$的时候，我们得到了五种情况，这在图86中可以很明显地看到：

$$l=2;\ m=-2,\ -1,\ 0,\ +1,\ +2。$$

现在我们可以总结，列出主量子数不同的情况下可能出现的振型数量：

$$n=1;\ l=0;\ m=0\quad（1种振型）$$

$$\left.\begin{aligned}&n=2;\ l=0;\ m=0\\&l=1;\ m=-1,\ 0,\ 1\end{aligned}\right\}（1+3=4种振型）$$

$$\left.\begin{aligned}&n=1;\ l=0,\ m=0\\&l=1;\ m=-1,\ 0,\ 1\\&l=2;\ m=-2,\ -1,\ 0,\ 1,\ 2\end{aligned}\right\}（1+3+5=9种振型）$$

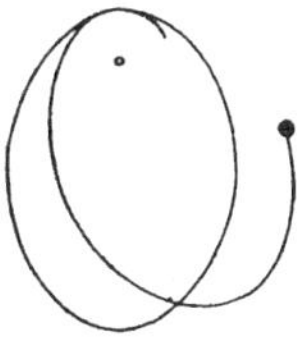

通常，如果主量子数为n，就有n^2种振型。

我们之所以不厌其烦地列举各种振型，是因为它取决于对化学基本事实——元素周期表的解释，这一点我们很快

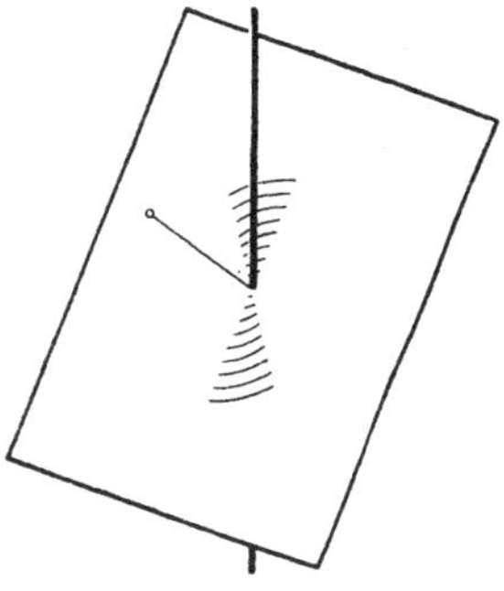

会看到。

如果我们计算能量，就会发现主量子数相同的所有振型都具有相同的振动能量，这个能量等于巴耳末谱项（$-R/n^2$），其中最低项的值R与前面提到的玻尔的测定结果相同。

就其本质而言，旋转电子的图像与振动的图像截然不同，但它们却给出了相同的能量值，这真是太令人惊讶了。我们也看到了，对于粒子与原子核的碰撞，波动力学给出了与经典力学（卢瑟福散射实验）相同的结果。这种一致性的出现真是幸运，否则，现代原子理论不可能取得如此成就。

这种一致性甚至可以更进一步。如果我们考虑质量的相对论性变化，实际上就得到了索末菲的精细结构方程。主量子数n相同而水平节平面不同的振型所具有的能量稍有差别；这对应着量子化椭圆由于其进动而产生的能量差异。如果我们设想把原子放在一个磁场中，就会得到与前面提到的正常塞曼效应相同的公式。在这里，具有不同子午节平面的振型给出了具有不同能量值的谱项。这种分裂一定对应着玻尔理论中的方向量子化。后者取决于旋转和角动量；然而在这里，我们研究的是平稳振动，因此这种联系并不明显。

稍后，我们会通过说明经典力学与波动力学之间的对应关系，更深入地研究这个问题。从子午节平面的图（图85、图86）中我们可以看到，永远有两个振型对应着m的值及其相反的值，比如$m=-2$和$m=+2$，它们在本质上是相同的，只有方向不同。要使两幅图重合，我们必须旋转其中一个，

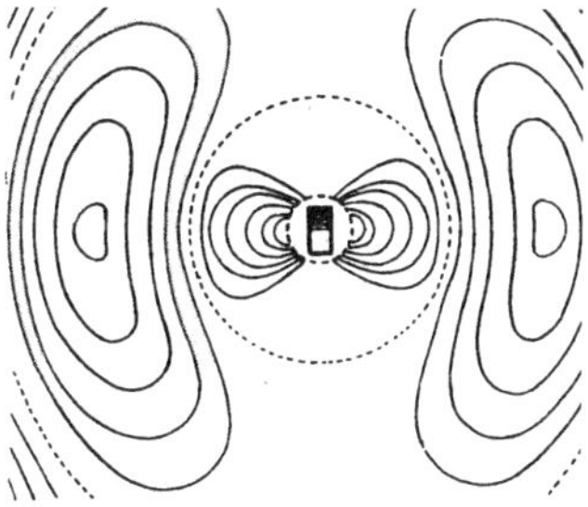

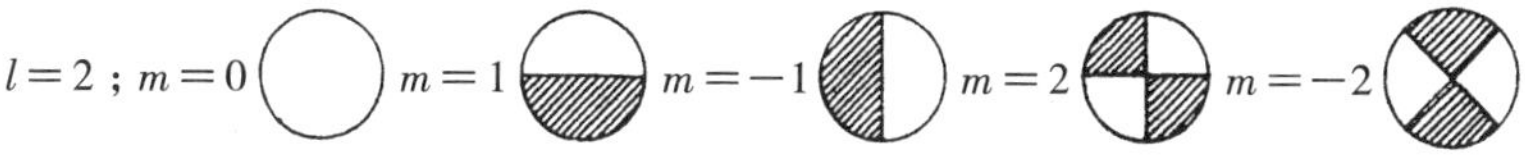

图86

直到它的子午节线正好落在最初区域的中线所在的位置。例如，如果我们只考虑靠近赤道面的振动，就会得到图87和图88，一个振动与另一个振动相差1/4个波长。

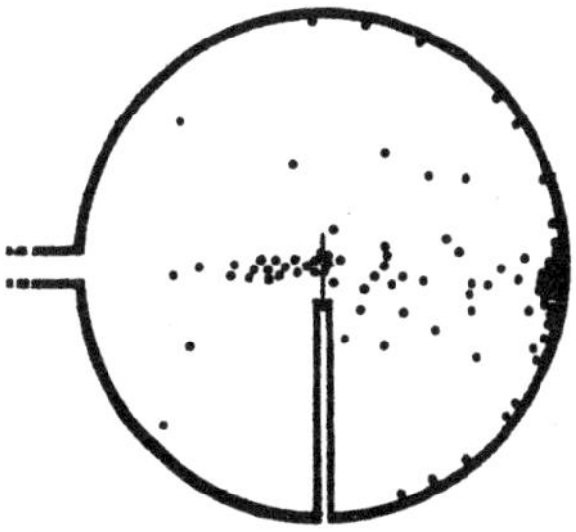

然而，这可以通过两种方式实现，顺时针旋转或逆时针旋转。图87是顺时针旋转，图88是逆时针旋转。在没有磁场的情况下，两种振动具有相同的能量，即它们以相同的速度振动（所有的振型有相同的n和l）。因此，它们的组合也产生一种可能的振动。正如我们所看到的，有两种不同的结果，每一种都可以同等地代表这种振型。

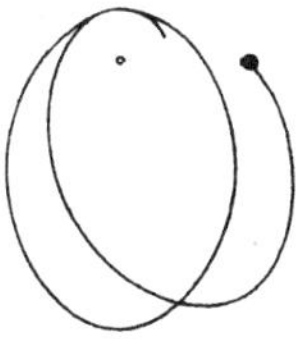

然而，由此产生的振动不是定态波，而是前进波（图89）。图中显示了固定节点的两个定态波（细线和点线），以及它们的合成波（粗线）——一个前进波。因此，我们得到的并不是$m=-2$和$m=+2$的定态波，而是两个对立的旋转波，可以表示为$m=2r$和$m=2l$（r代表“右”，l代表“左”）。

现在我们看到的是：在没有磁场的情况下，两种波的表达式是等效的，但在有磁场的情况下它们就不同了。波动方程的解不再是定态波，而是旋转波。后者具有完全相反的角动量和能量，即相对于原始值向上和向下位移同等的距离。

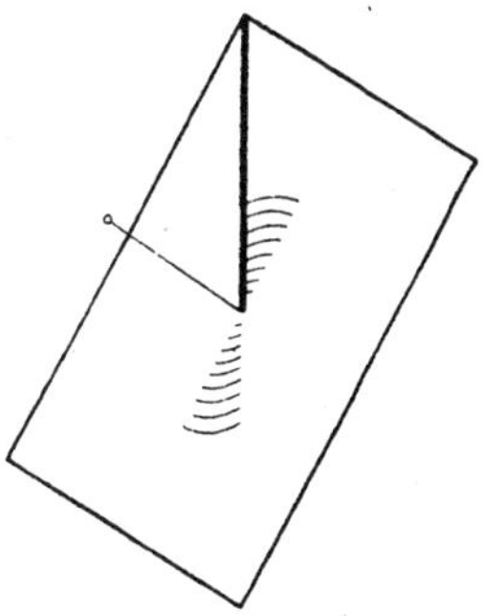

这里我们清楚地看到，在波动力学中，谱项的磁分裂（塞曼效应）是如何取决于旋转和角动量的。事实上，我们得

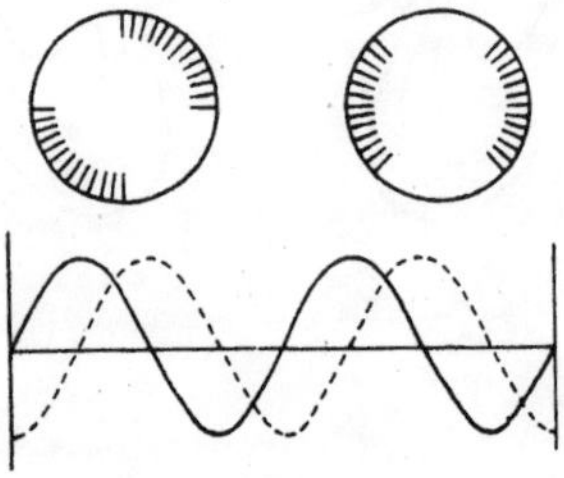
图87

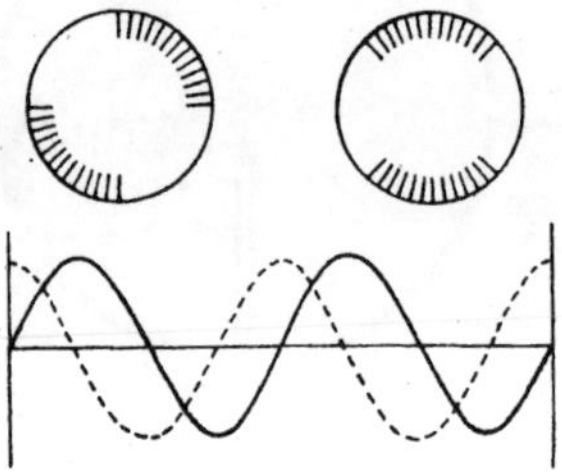
图88

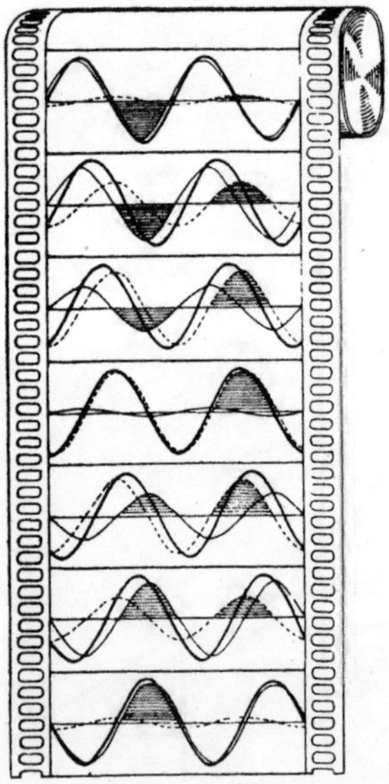
图89

到的分裂程度和项数的结果，与使用方向量子化法得到的结果完全相同，即正常塞曼效应（然而，正如我们在前面提到的，它在许多情况下与实验结果并不一致）。

我们也可以计算电场中谱项的分裂（斯塔克效应）。就谱项的位置而言，这里的结果再一次与玻尔理论给出的结果相符。

那么，波动力学相较于玻尔理论的优势在哪里呢？最后的结果似乎是一样的！

它们之间还是有一些重要的区别的，下面详细解释。

能量值的差异给出了谱线的频率。然而，每条谱线都有一定的强度，有强谱线和弱谱线之分。一方面，根据玻尔理论只能相当粗略地估计强度，方法是利用对应原理计算旋转电子在经典理论中的辐射，使其与高激发态跃迁辐射的能量相等。另一方面，量子力学给出了计算谱线强度的精确说明。这些都太数学化了，我们无法一一叙述。我们只需要提一点，这个问题是量子力学较早形式的真正起点，也就是海森堡、约尔当和我创立的矩阵力学。后来人们发现，根据薛定谔的波动力学也能得到完全相同的结果。在这两种理论中，量子力学对谱线强度的预测比单纯计算项值更加深刻；实验也充分证实了这一点。

这是量子力学相较于旧方法的决定性优势；但更重要的一点是，新的力学形成了一个合乎逻辑的、独立的、自洽的系统，这是旧方法做不到的。而且我们已经证明它能够推广

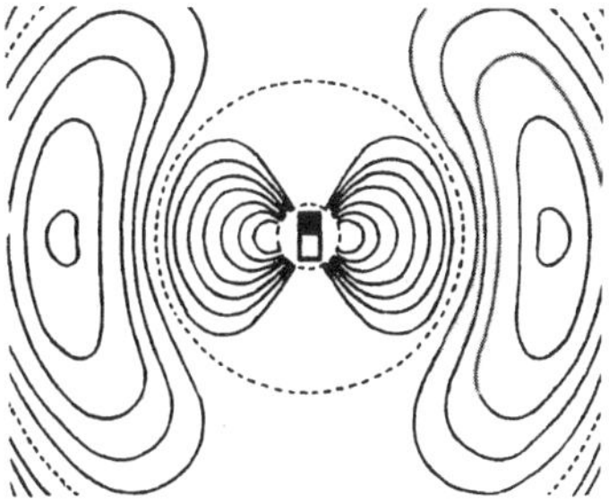

到具有多个电子的原子，甚至具有任意数量粒子的一般系统，比如分子、晶体和金属。

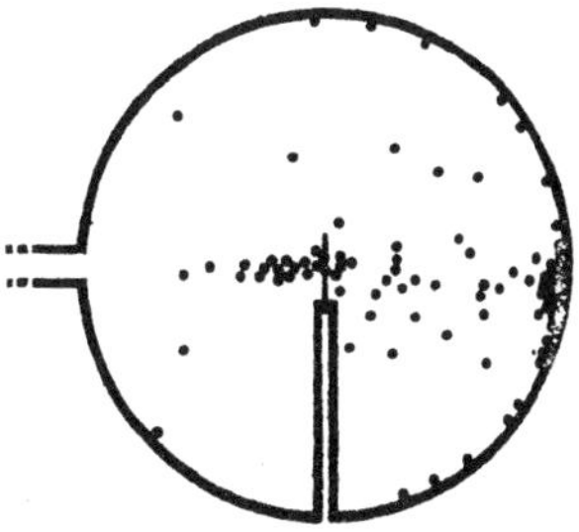

4. X射线光谱

原子序数更大的原子，也就是不止1个电子的原子，给理论物理学家带来的问题类似于太阳系给天文学家带来的问题。事实上，从玻尔理论的角度来看，这两个系统并非只有表面上的相似。在本质上，它们带来了同样的问题。在原子的例子中，我们更关心电荷产生的力；而在太阳系中，我们更关心质量决定的力。上述事实导致我们更难比较两者。太阳比所有行星加起来更重，因此占优势的力是太阳的吸引力，相比之下，行星之间的相互作用只会导致较小的扰动。的确，一般原子核的电荷值要比单个电子的电荷值大，但它的优势并不像太阳质量的优势那么明显，因为所有电子的电荷值加起来与原子核的电荷值大小相同（符号相反）。因此，天文学中以经典力学为基础发展起来的摄动法，在原子身上只能得到相当差的近似结果。

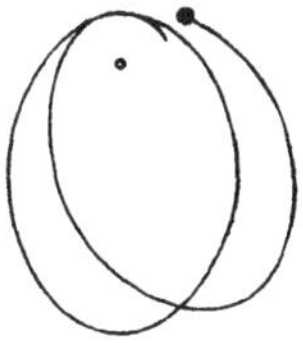

波动力学也是如此。同样，我们首先可以假设电子之间彼此没有影响，而只与原子核产生关联；在此基础上我们可以考虑电子相互作用引起的扰动。

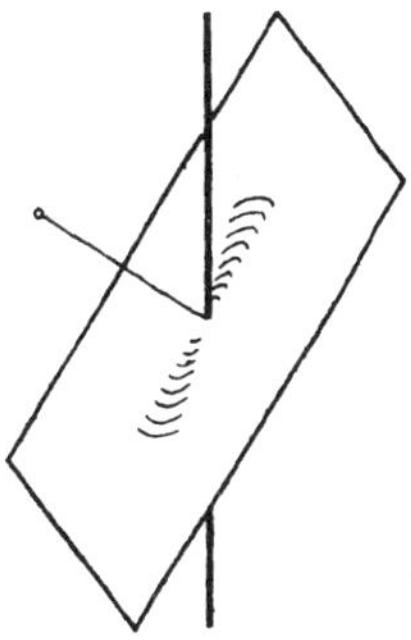

从数学角度来看，这甚至比经典力学更加简洁优雅。但我们不应该期望获得极大的精度，除非经过了大量计算。因此，重要的是考虑特定情况，即电子之间的相互作用微不足道、可以忽略不计。

首先，部分原子有一个容易分离的电子。我们已经见识过了，最典型的是碱金属原子。它们的谱线非常类似于氢原子的巴耳末系。因此，我们可以假定，其中一个电子松散地占据轨道，或松散地振动，这很像氢原子的轨道或振动；其他所有电子在原子核周围形成密集的云，并使原子核的电荷在很大程度上不受外界的影响。对于有11个电荷的原子核（钠），10个电子紧密地包围着它，其外部效应几乎与带一个电荷的原子核相同。然而，碱金属的光谱表现出一种不符合我们理论的特性：大多数谱线是双重线。稍后我会更详细地讨论。

除了最轻的原子外，原子核的吸引力大大超过电子之间相互作用的另一种情况是，原子中最内层的电子。有一种信使可以给我们带来关于原子深层本质的信息，它就是X射线。在靠近原子核的地方，适用的定律几乎和氢原子的定律一样简单，因为最内层电子的运动几乎完全由原子核的高电荷决定。

现在我们来了解一些有关X射线更准确的信息。我们前面已经提到过，它们可以在晶体“光栅”的帮助下进行光谱分析。为了研究纯物质的辐射，我们在X射线管中放置一个平板，叫“对阴极”。它正对着阴极，要么由所讨论的物质构成，要么覆盖着一层该物质。我们发现，除了连续光谱外，还可以像气体那样得到单线。每一种原子都有自己的特

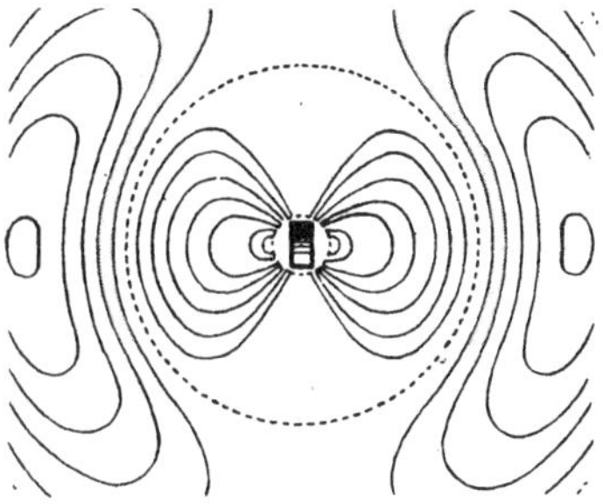

征谱线。其中波长最短的线叫“K线”，波长稍长的线叫“L线”“M线”，以此类推。

X射线光谱与光学光谱的差别如下：两个“相邻”原子（核电荷相差为1的两个原子）的光学光谱差别非常大；位于元素周期表同一列的一组元素（如碱金属），其光学光谱的相似度也不高。相反，对于一系列相邻的元素，其X射线光谱在性质上是相同的，谱线差别仅仅是相对位移［插图Ⅴ（b）］。这表明它们来自原子的内部区域，所有原子该区域的电子结构都非常相似，只是结合的程度和强度不同。X射线的振动比光学光谱线的振动快几千倍，这一事实进一步证明了该假设。

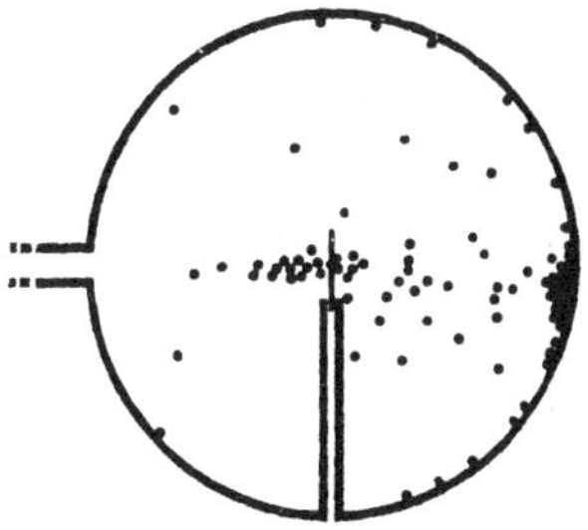

组合原理不仅适用于光学光谱，还适用于X射线光谱。有一些特定的“谱项”，差别在于频率。然而，还有一点不同：X射线光谱没有吸收线。在光谱中，吸收现象突然出现在一个特定位置，即“吸收边”，并从吸收边开始向频率增加的方向延伸［插图Ⅳ（b）］。在连续的吸收带内，还有进一步的吸收边，这里的吸收突然增加。

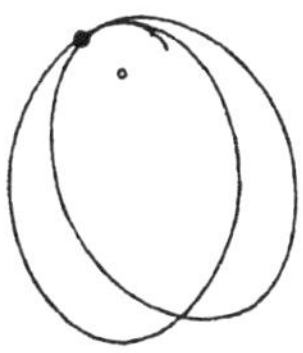

关键在于，我们发现原子吸收边的频率同时给出了发射线的谱项。

这一经验事实给出了对X射线光谱的解释，也是原子结构最重要特征的证据：壳层中的电子排列。对这一点的理论解释，我们稍后会看到。现在，我们关注的是科塞尔[1]对经验关

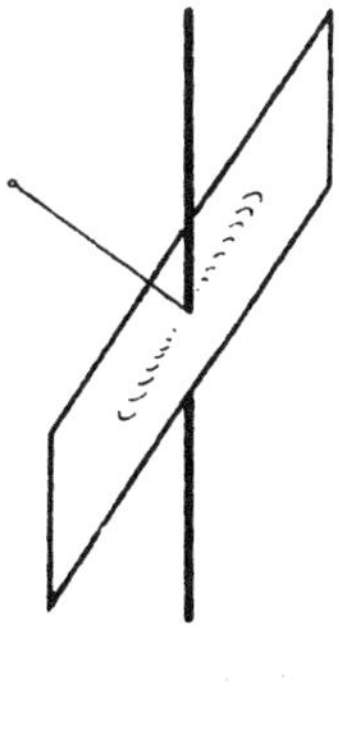

① 瓦尔特·科塞尔（Walther Kossel，1888—1956），德国物理学家，因化学键理论而出名。

系的一个令人信服的解释：

电子排列在壳层中。有些电子被牢牢地抓住，并形成K壳层。接下来的电子被更松散地抓住，形成L壳层、M壳层，依次排列。

如果光落在原子上，它可能会击出一个电子。普通光具有小量子，只能克服最外层电子的束缚：这就是普通的光电效应。然而，X射线能击出较内层的电子。要打破一个K层电子、一个L层电子、一个M层电子或之后电子所受的束缚，需要一系列确定的最小能量；这立刻解释了吸收边的存在。我们现在可以这么标记：波长最短（频率最大）的是K吸收边，第二短的是L吸收边，以此类推。

然而，如果K壳层的一个电子被光或电子击出，那么该壳层上就会留下一个空缺，另一壳层的电子就可以掉进该空缺。这又会在原本的壳层（比如L壳层）上留下一个新的空缺。K吸收边和L吸收边之间的能量差值就被激发成X射线的光子。这解释了X射线光谱的主要性质。

通过分析发射光谱确定的项值比通过观察吸收边确定的项值要精确得多。

根据莫塞莱[①]的说法，这样获得的数据可以用来检查元素周期表的顺序是否正确，也可以用来确定元素周期表是否完整。我们已经明确了这样做的可能性。例如，如果我们为连

① 亨利·莫塞莱（Henry Moseley，1887—1915），英国物理学家、化学家，提出了原子序数的概念。

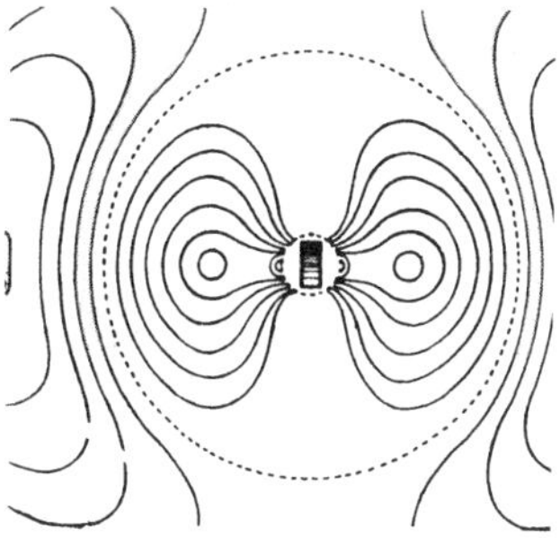

续的元素绘制K项，它们就呈现出一种增长的规律，如图90所示。图90中横坐标等于原子序数Z的点，纵坐标等于K线的频率的平方根。核电荷每增加1，项值总是会对应地同等增加。如果缺少一个元素，曲线就会变得不平滑。如果两个元素的顺序错了，也会发生同样的情况。因此，我们可以证明，元素周期表中用“⟵⟶”表示的元素，决定其正确位置的实际上是核电荷，而不是原子量。

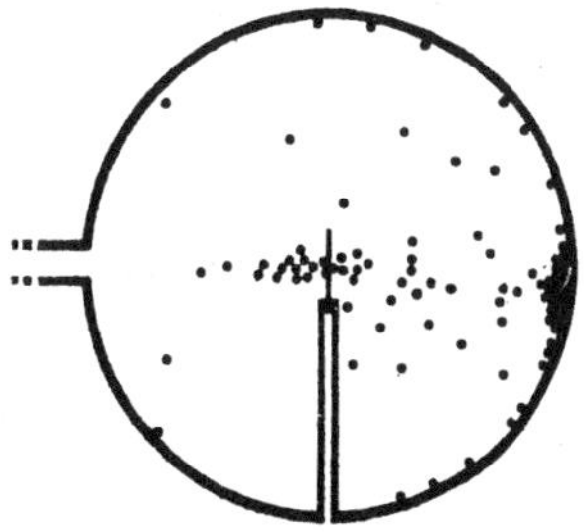

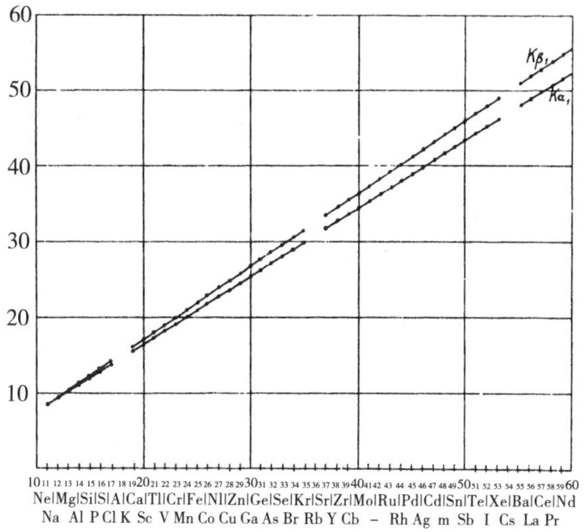

图90

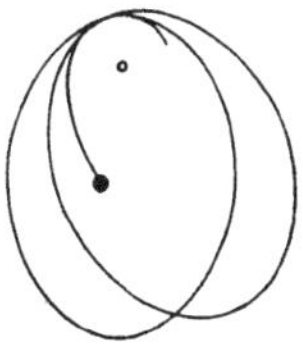

莫塞莱注意到，K项的曲线就是有一个电子但原子核有多个电荷的原子的基项，可以通过氢原子的公式计算。索末菲随后证明，对于较重的元素，该模型的较高项给出了L项、M项等的对应曲线。从物理学来讲，这意味着最内壳层的电子主要受到原子核的影响。用这种方法解释X射线光谱的细节

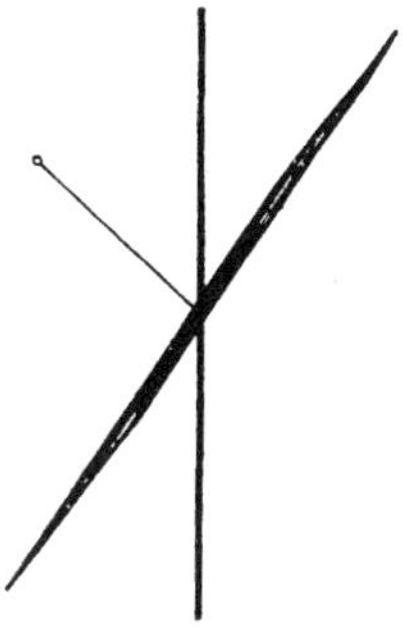

是很令人惊讶的。然而，最重要的事实是，索末菲的公式适用于所有原子，一直到92号元素铀。因此，量子力学能够正确地代表范围广泛的系统，哪怕数量级与结合强度有较大的不同。

5. 电子的自旋

看起来，我们现在已经有了综合理论的基础，并且通过系统地应用它，应该能够解释所有原子的电子壳层结构及性质。

然而，这种假设是不成熟的。我们已经反复指出，波动力学的结果只是近似的，不完全与事实相符。

一个重要的例子是碱金属光谱中的双重线。把少量食盐放进灼热的火焰中，比如放进煤气炉的火焰中，它就会把火焰染成黄色。食盐是氯和钠的化合物；在火焰的热量下，食盐被分解，钠原子被激发，发出黄色的光。钠光谱中有一条明亮的黄线，这是规则谱线系中的一条，其余的线不那么引人注目。哪怕使用小的分光镜，我们也可以看到这条黄线是双重线。顺便说一句，这条线在太阳光谱中是一条暗的吸收线，用字母D表示。它的出现表明了太阳大气的外层有钠蒸气。

不仅仅是钠，钾及其他碱金属的大部分谱线都有同样的双重线结构。

毫无疑问，所有这些谱线都源自外层电子的跃迁。我们

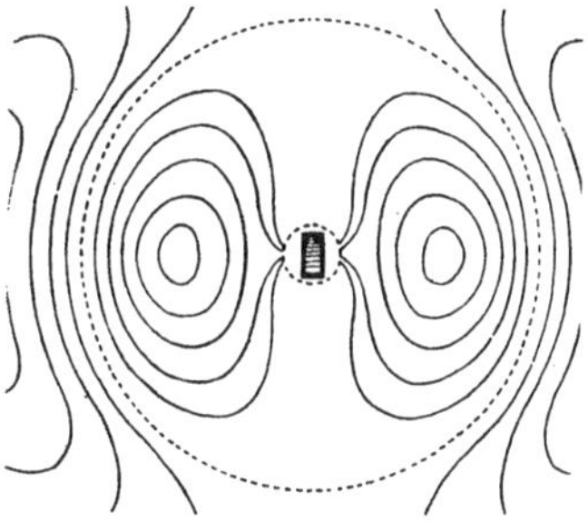

已经提到过为什么要做这种假设：碱金属原子容易电离，谱线系的排列具有类似于氢原子的规律，等等。

谱线的加倍涉及新的量子数。除了当前的量子数外，谱线系的谱项还需要进一步地区分双重线的第一和第二谱项。在钠的D线中，我们写成D_1和D_2。

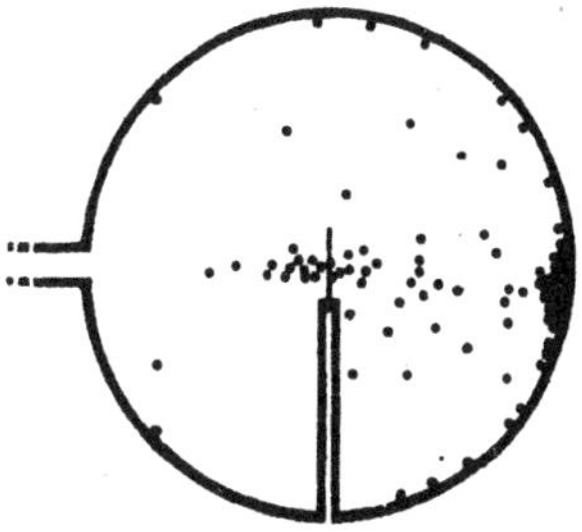

用玻尔理论来解释，这个量子数（值为1和2）意味着存在一个新的周期；用波动力学来解释，它意味着存在一类新的节面。

但我们已经看到，对于氢原子，不存在其他可能的周期（或者节面）。单电子运动的其他例子也是如此。

起初，人们认为新周期产生于与其他靠近原子核的电子的相互作用。然而，这个想法行不通。此外，在其他例子中，在更复杂的原子光谱和X射线光谱中，我们发现了类似于双重线和三重线之类的迹象，这些迹象无法纳入迄今为止发展出的理论。因此，一定是缺少了某些基本的东西。

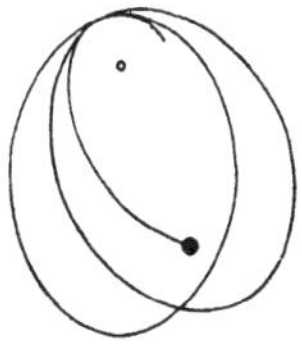

这个缺失的因素必定产生了一个新的周期，哪怕只有一个电子存在。只要用电子的中心位置来描述它的运动，该运动就只有三个周期（在波动力学中对应的是三种节面）。因此，这种描述是不恰当的。

为了解释光谱的多重线结构，乌伦贝克和古德斯米特[①]

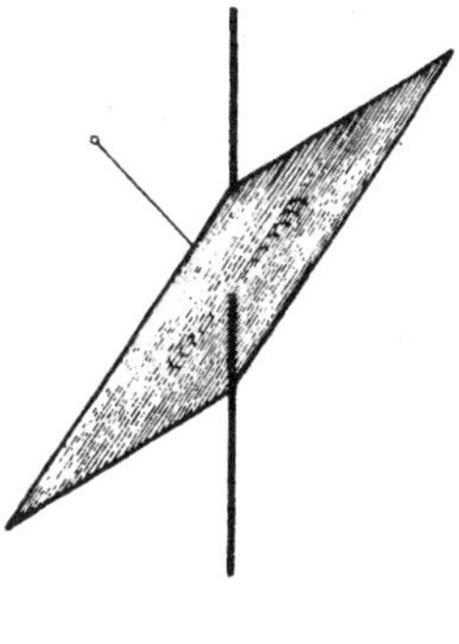

① 乔治·乌伦贝克（George Uhlenbeck，1900—1988），荷兰裔美国理论物理学家。塞缪尔·古德斯米特（Samuel Goudsmit，1902—1978），荷兰裔美国物理学家。两人共同提出了电子自旋的概念。

图91

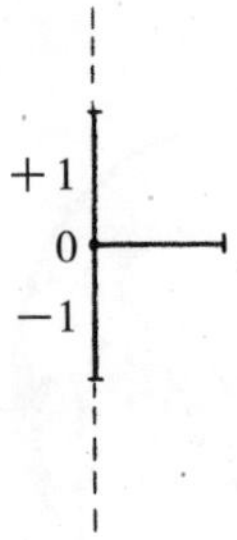

图92

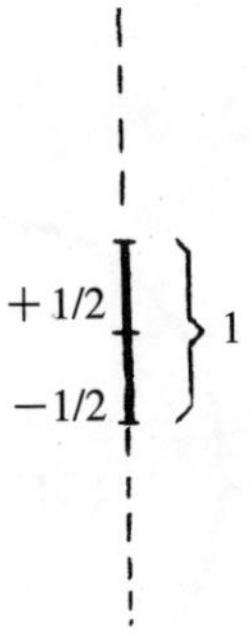

图93

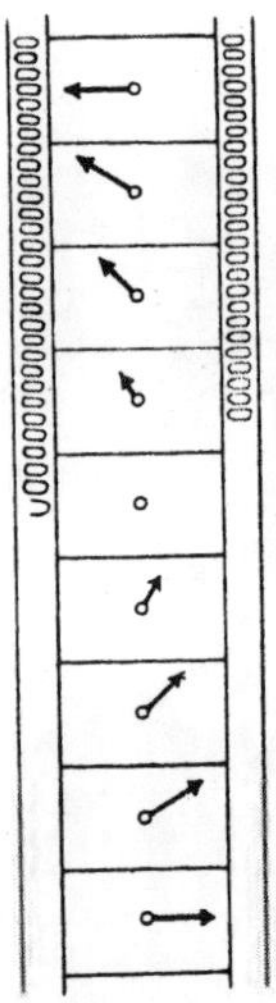

图94

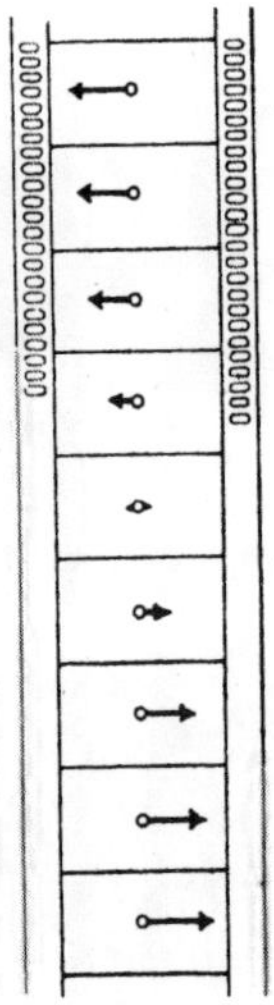

图95

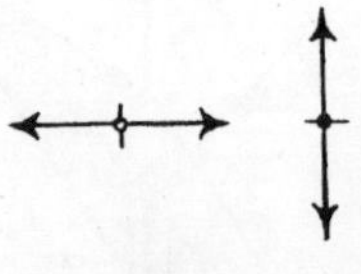

图96

提出了一个想法，即电子是一个实体，但并非整体向前移动，而是像陀螺一样绕轴旋转。这种内旋转就是新的周期运动，它被称为“电子自旋”。

按照一般的观点，能够旋转的物体必然能够在空间中延伸。就电子而言，物理学家已经尽量避免猜测电子的大小。这种猜测会导致困难，我们前面已经说过。因此，现在我们已经习惯把电子看成一个带箭头的点电荷（图91）。这个箭头表示角动量，当然，它是沿着旋转轴的矢量，我们已经在前面讲过了。为了便于想象，我们可以在旋转的赤道面加一个带箭头的圆。但是，我们不能想象有任何具体的物质在实际中旋转。没有旋转物体的旋转，这个概念似乎很深奥。但我们应该还记得，有同样抽象的例子。比如，相对论剥夺了以太（电磁波的载体）作为普通物质的所有属性，因此我们不得不在没有任何物质振动的情况下谈论振动。

每个角动量都表现出方向量子化的现象。如果我们采用玻尔理论解释的结构，那么角动量占据的位置数至少是3，这时它的最小值为1（以h为单位）。在给定直线上，长度为1的间隔要获得整数投影只有3种方式（图92）：任意一端向前，投影为0；向上，投影为+1；向下，投影为−1。那么如果电子表现得像角动量为1的陀螺，在原子核与其他电子的影响下，它可以把自己放置在3个位置。因此每个谱项都分裂成3个谱项。

然而，在碱金属的单电子光谱中，我们实际上得到的只

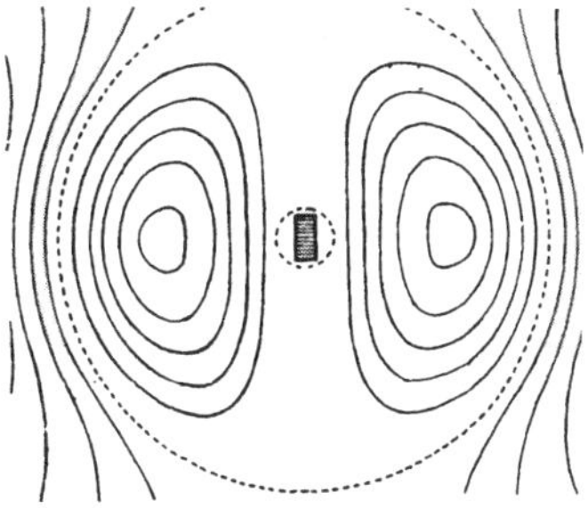

有2个谱项。因此，自旋并不是整数量子化的普通角动量。

正确的复制方式如下。对于自旋在外部场方向上的投影，它们之间的距离必须始终为1，但它们的位置数只有2。唯一的可能是用1/2（当然是$\hbar$的倍数）为度量来描述自旋，因为自旋1/2只能设置在与磁场相同或相反的方向上。位置0被排除，因为它距离端点的距离只有1/2（图93）。因此，我们得到自旋量子数的值为＋1/2和－1/2。

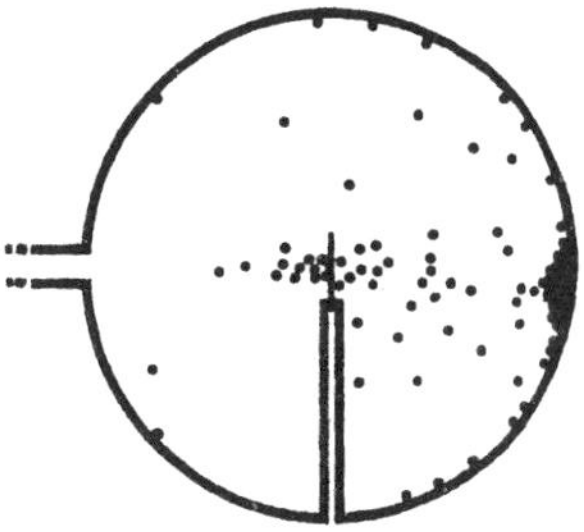

要把这一假设转化成波动力学的语言，必须借助下述概念，这是通过与光波的类比得出的。

光波是电磁振动。在波经过的空间的每一点上，电力和磁力都来回振荡。如果我们只关注电力，那么在任何时刻，该力都可以用一个方向和长度不断变化的箭头来表示。

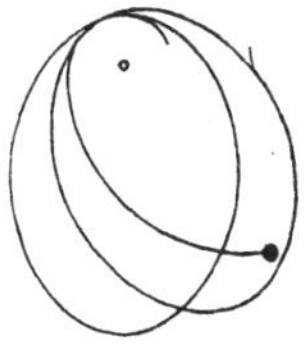

在图94中，箭头的“快照”是平行绘制的；如果在连续的纸页上挨个绘制，我们就能得到箭头运动的“动画”。箭头可能只朝一个方向，如图95所示，那么我们说该光波是“偏振”的。在实验中，我们通过使普通光穿过某些晶体而产生偏振光；但在这里我们不讨论。有两种偏振光，其振动方向彼此成直角；这两种振动在图96中用双箭头表示（观察者看的方向应该是光行进的反方向）。

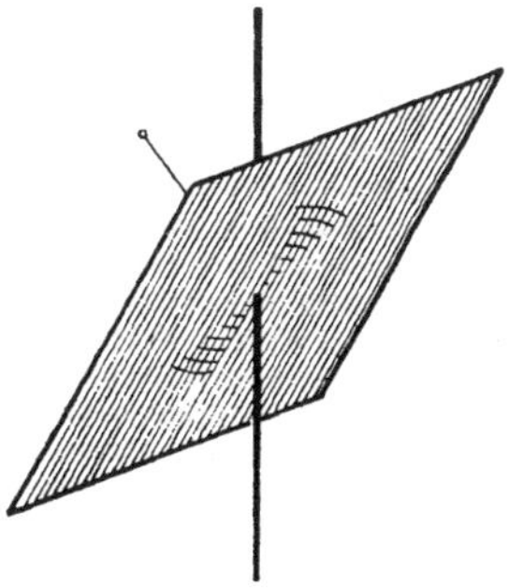

现在，我们可以把自旋看成德布罗意波的偏振。到目前为止，我们一直把后者看成类似声波的现象。在声波中，空气的致密和稀疏是周期性变化的，也就是说，是一种无方向

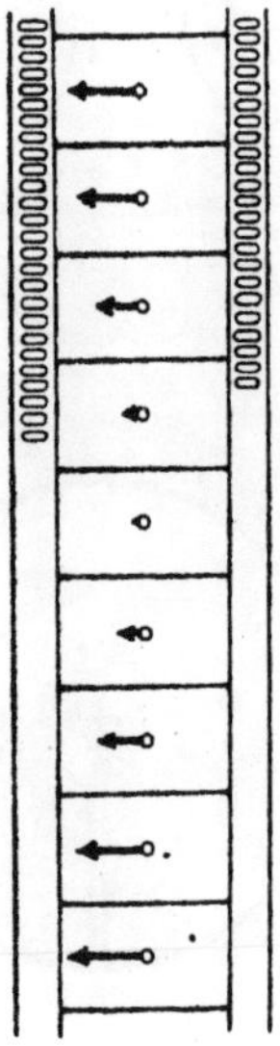

图97

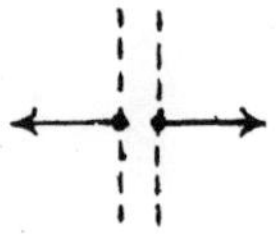

图98

的现象。然而，通过假设德布罗意波中的振动有方向，我们就可以把自旋考虑进来。区别仅仅在于，在光的电磁波中，力的箭头上下振动，其方向不断交替；而在德布罗意波中，自旋的箭头方向恒定，只是大小周期性变化，根据自旋方向的不同而从一端到另一端（图97）。因此，从前往后看，有两个方向相反的箭头（图98）。如果德布罗意波完全“向上”偏振，意味着自旋的角动量完全向下，这是用“粒子说”理论来表达的。“向下”偏振也是如此。

然而，就像有非偏振光和部分偏振光，我们也可以有非偏振德布罗意波和部分偏振德布罗意波。这意味着在一束电子中，部分电子朝一个方向自旋，其他电子朝另一个方向自旋。每一种波都是这两种波不同比例的组合。这个比例意味着在电子束中发现上旋或下旋的电子的相对概率。

通过用几个方程组替代单个的薛定谔波动方程，我们可以用数学方式表示这些关系。它首先由泡利[①]提出，后来由狄拉克根据相对论加以推广。这种差别类似于声波的单波方程和麦克斯韦的电磁场方程之间的差别。

这一理论使光谱的双重线、三重线等许多特征及塞曼效应的异常现象变得清晰明了。然而，这还不够。我们现在要注意的是，还缺少一个基本思想。

① 沃尔夫冈·泡利（Wolfgang Pauli，1900—1958），美籍奥地利理论物理学家，量子力学研究的先驱者之一，因“泡利不相容原理”而获得1945年诺贝尔物理学奖。

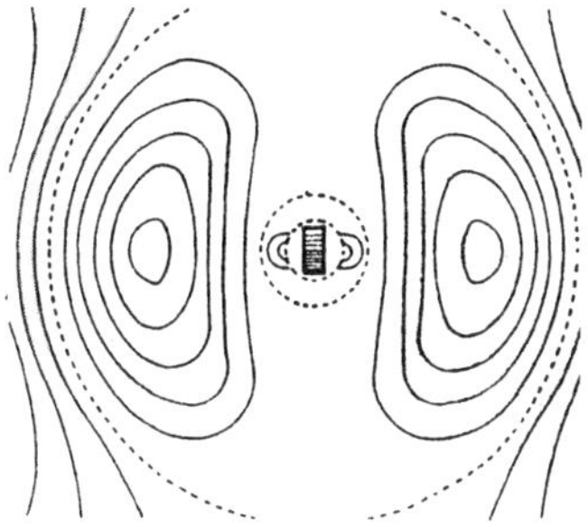

6. 泡利不相容原理

当一种理论只能定性而不能定量时，这种情况会令人不悦，但不至于令人绝望。也许我们忘记了考虑一些微小的影响。然而，如果一个理论连定性都做不到，例如理论预测的光谱线数量与实验发现的不符，那它必然涉及某种原则上的错误。数字（我指的是整数），是严格的法官，它们不可能受贿，不会有分毫妥协。3就是3，4就是4，两者相差为1，不多也不少。

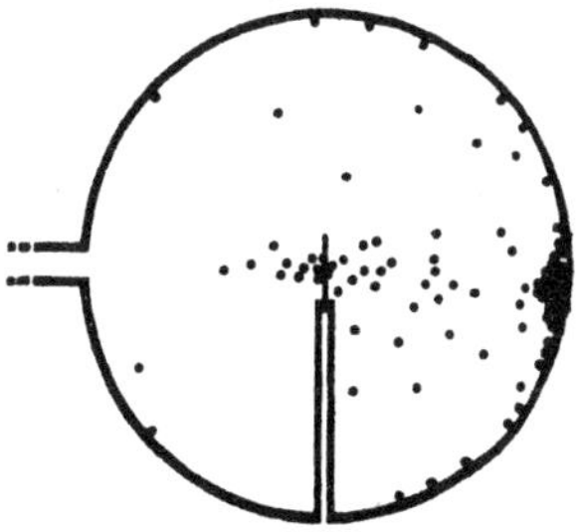

当我们试图构造出简单程度仅次于氢的氦原子时，这种理论失效的恶兆也会出现。氦原子有带两个电荷的原子核及两个电子，我们设想分两次把这两个电子加上去。最开始，原子核外只有一个电子，我们会得到和氢原子一样的定态。这就是我们已经讨论过的氦离子。我们用第一个电子的量子数（n_1，l_1，m_1）的值来表示最低态，除此之外，还有自旋量子数s_1：

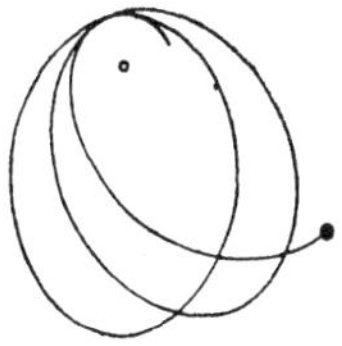

（a）$n_1=1$，$l_1=0$，$m_1=0$，$s_1=-1/2$；

（b）$n_1=1$，$l_1=0$，$m_1=0$，$s_1=+1/2$；

（c）$n_1=2$，$l_1=0$，$m_1=0$，$s_1=-1/2$；

……

现在，如果氦离子增加一个电子而转变成一个中性原子，那么有两个电子的轨道或振动的确会因电子的相互作用而极大扭曲。我们首先忽略相互作用，然后假定第二个电子只受原子核的影响，这样就可以定性地得出正确结论，即正确的

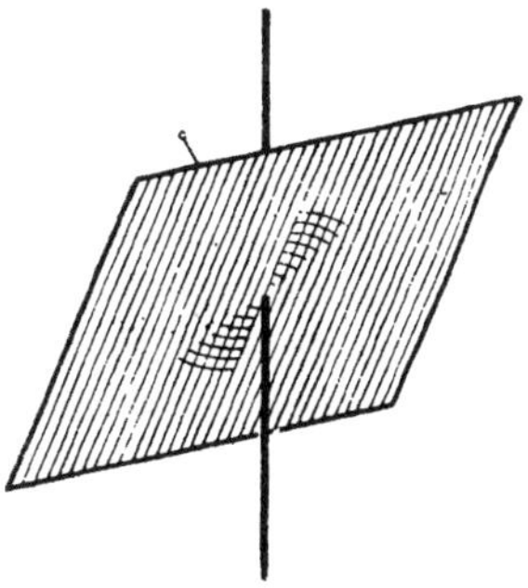

谱项数。即便随后把电子之间的扰动考虑进来，也只会替换这些谱项，而不会改变谱项的数目。

因此，我们可以这样分配第二个电子的量子态：

（α）$n_2=1$，$l_2=0$，$m_2=0$，$s_2=-1/2$；

（β）$n_2=1$，$l_2=0$，$m_2=0$，$s_2=+1/2$；

（γ）$n_2=2$，$l_2=0$，$m_2=0$，$s_2=-1/2$；

……

那么，整个系统的量子态是1号电子的每个量子态与2号电子的每个量子态的组合，它们可以这样表示：

（a，α），（a，β），（b，α），（b，β）

以此类推。我们只考虑这四种组合。现在很清楚，在没有磁场的情况下，量子态（a，α）和（b，β）是完全相同的，量子态（a，β）和（b，α）也是完全相同的。显然，它们的差别只是平行自旋（都是+1/2或都是−1/2）和反平行自旋（一个是+1/2，另一个是−1/2）的问题。

因此，我们应该期望得到两个最低态，即主量子数$n_1=1$，$n_2=1$。所有其他的量子态，如果至少有一个主量子数大于或等于2，就会处于更高态；事实上，对于氢原子，$n=1$和$n=2$的巴耳末项的比例为4∶1，其中较低的谱项对应着紫外线的频率，较高的谱项对应着可见光的频率。因此，不可能把这两个最低谱项与其他谱项混淆。

然而，实验却给出了明确的结果，两个谱项中只出现了一个，即：

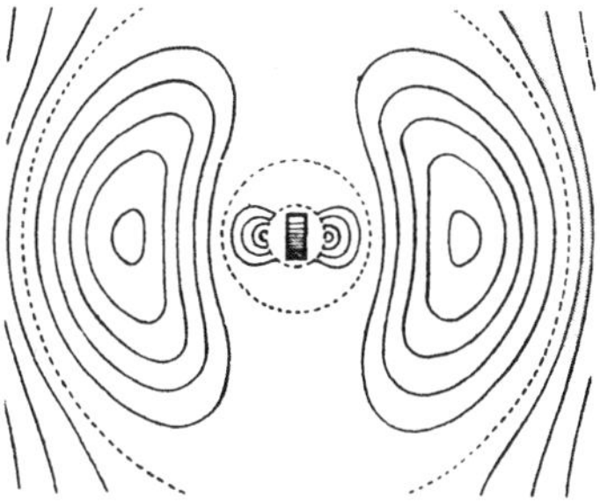

（a，β）=（b，α）

而另一个（a，α）=（b，β）却不见了！谱项的数量不对，这意味着我们忽略了一些基本规律。

泡利于是系统地研究光谱，发现了大量类似的情况。他也找到了问题的根源。

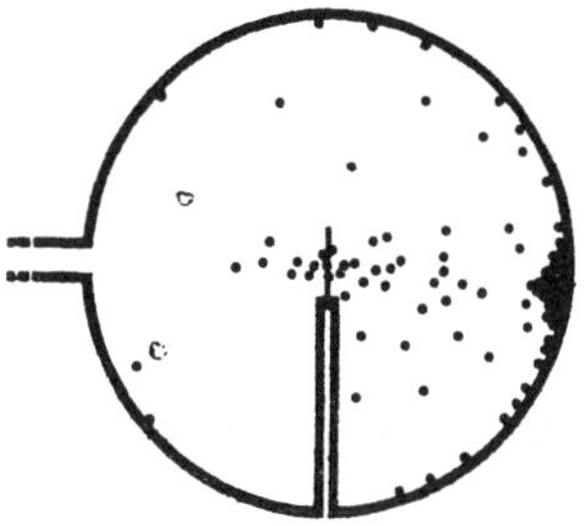

消失的谱项总是这种情况：两个电子的四个量子数完全相同。通过交换两个电子的四个量子数的值，我们在形式上能得到两个谱项，实际上却只有一个。

事实上，对于氦原子的（a，α）=（b，β）谱项，两个电子同时有量子数$n=1$、$l=0$、$m=0$，以及$s=+1/2$或$s=-1/2$。这个谱项的确不见了。然而，在（a，β）=（b，α）两个谱项中，n、l、m的确是相等的，但s_1和s_2不同。

作为泡利不相容原理第二部分的一个例子，我们可以举出这些谱项：

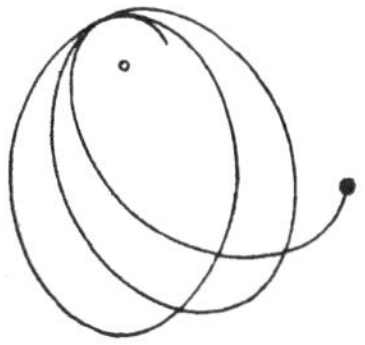

$$n_1=2,\ l_1=0,\ m_1=0,\ s_1=1/2$$

$$n_2=2,\ l_1=1,\ m_1=0,\ s_1=1/2$$

和

$$n_1=2,\ l_1=1,\ m_1=0,\ s_1=1/2$$

$$n_2=2,\ l_2=0,\ m_1=0,\ s_1=1/2$$

实际上只有一个谱项。

这意味着什么？

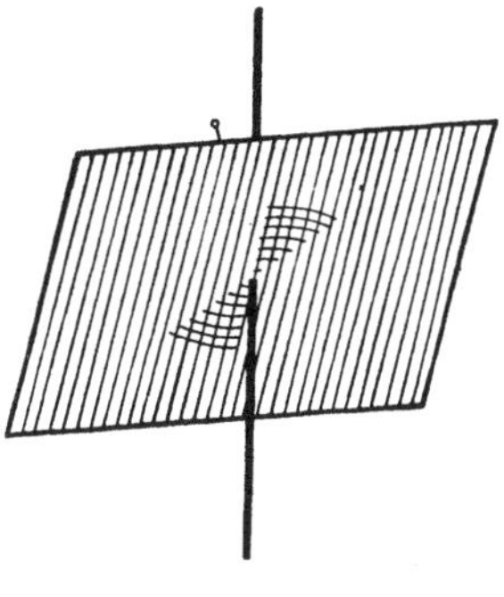

这意味着，在把量子数和单个电子联系起来的时候，我们把“粒子说”的思想推得太远了。在这个过程中，我们假

定两个电子是可以区分的，就像两个独立的个体有不同的名字。事实显然不是这样。根据“波动说”的思想，我们对这种情况有了更深的了解。波显然没有个性，它们的职责仅仅是告诉我们：“这里找到一个粒子的概率为多少，但不知道这个粒子是哪一个。”

泡利的这一原理有深远的影响。首先，它使塞曼效应的光谱理论和许多类似现象的光谱理论与实际观测结果完美吻合。

其次，这是一个残酷的打击。它对本书开头提到的内容（气体分子运动论中使用的统计基础）造成了或多或少的混乱。

为了保险，现在我们不讨论普通气体，而是讨论一种“电子气体”，它被认为存在于金属内部，并使金属具有良好的导电性。根据前面的原理，我们应该给每个电子取个名字，比如爱德华、约翰、乔治等，并确定出现特定的分组可以有多少种方法，例如分布在空间的左半部和右半部。就像在动画Ⅰ中用不同的图案表示各个分子一样，这样我们就能更容易地用肉眼追踪每个电子的路径。通过计算频率，我们得到了最频繁出现的平衡态分布，从而推导出整个气体分子运动论。

那么，所有这些都错了吗？毫无疑问：如果电子没有个性，如果它们完全不可区分，那么用旧方法计数它们的“排列”就是错的。

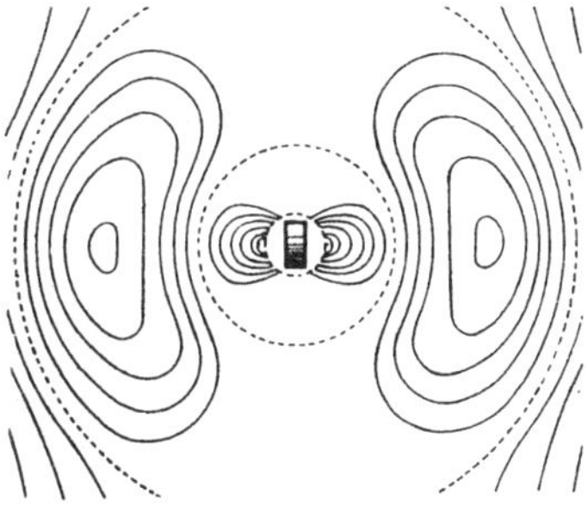

然而，费米[1]和狄拉克没有因此气馁，他们使用了新的计数方法。对于空间分布而言，这并没有特别的意义，但如果我们问，对于电子气体所有可能的能量分布，我们应该期待某种特定的分布以何种频率出现，那么新的情况就发生了。

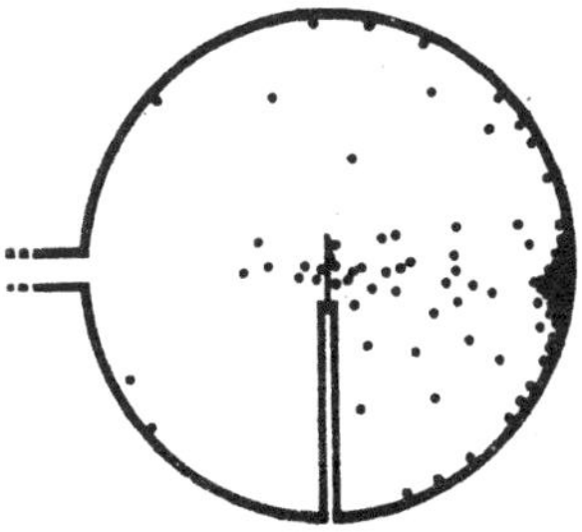

把新的费米-狄拉克统计理论应用到金属中的电子，得到了比旧理论更好的结果，消除了许多之前的障碍。这是一个令人非常满意的发现。事实上，只有在这之后，关于金属中电磁现象的实用理论才成为可能。这就是泡利原理的新证据。

然而，这种新的统计方法不能应用于原子或分子，因为它们中大部分包含不止一个电子，每个电子都有自旋。因此，它们的行为与单个电子截然不同。爱因斯坦做出了必要的修正，他使用了一种方法，这种方法是玻色[2]最开始为一种由光子（光量子）组成的气体而设计的。但是，由于原子的质量比电子大得多，因此，只有在几乎不可能的低温条件下，电子才可能发生偏离正常行为的情况。

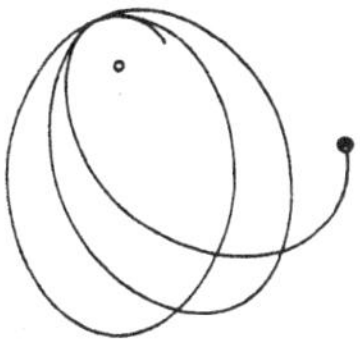

泡利原理最重要的应用是解释元素的周期性。

7. 元素周期系统的意义

我们想理解物质为什么是现在这个样子。我们知道，物质的多样性取决于92种原子组合形成了各种各样的结构。这

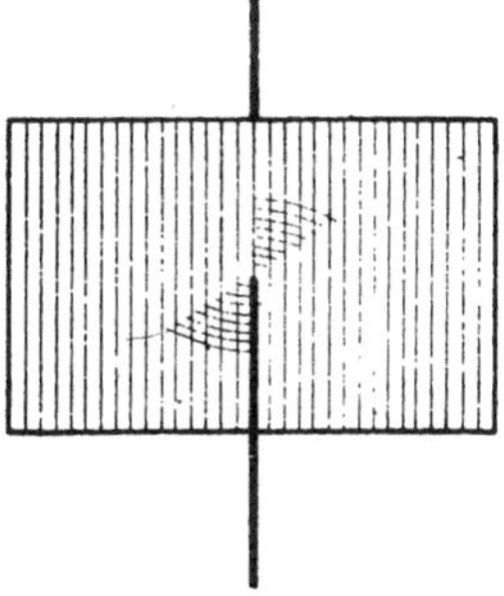

① 恩里科·费米（Enrico Fermi，1901—1954），意大利裔美国物理学家，1938年诺贝尔物理学奖得主。

② 萨特延德拉·玻色（Satyendra Bose，1894—1974），印度物理学家，玻色子就是以其名字命名的。

92种原子由92种不同的原子核与相应的电子群构成。如果对比这些我们被迫接受的结果，我们面临的主要问题的性质就清楚了。

原子核构成了一个简单数列，它的电荷以相同的量递增，这个量就是单个电子的电荷量。（质量也同样增加，但不那么有规律。）

然而，电子的壳层却表现出完全不同的规律。的确，从一种元素到另一种元素，电子的数目也有规律地增加。然而，这些原子无论是物理性质还是化学性质，都没有随同样的规律变化，而是表现出周期性，首先以8为周期，然后以18为周期，最后以32为周期。

核电荷与相应的电子数有规律地增加，怎么可能导致原子的多样性和周期性呢？

宇宙物质千变万化，归根结底是元素的周期性导致的。所以解决这个问题是一件非常重要的事情。

我们很容易从下面的类比中抓住问题的本质：

非洲的一些野蛮部落以贝壳为货币。例如，其中某人买1枚鸡蛋，他要支付10个贝壳；如果买1只母鸡，他可能要支付一把贝壳。如果要娶个妻子，他的岳父可能会要求他支付一袋贝壳。

文明世界的人用一种货币制度取代了这种复杂的安排。我们付1便士买1枚鸡蛋，付0.5克朗买1只母鸡，诸如此类。

这是一种理想的简单货币制度：

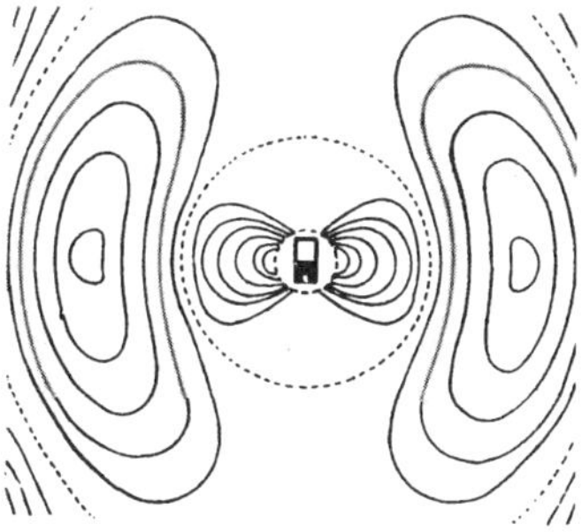

铜币的面值为1便士、2便士、5便士；

10便士＝1先令。

镍币的面值为1先令、2先令、5先令；

10先令＝1克朗。

银币的面值为1克朗、2克朗、5克朗；

10克朗＝1金磅。

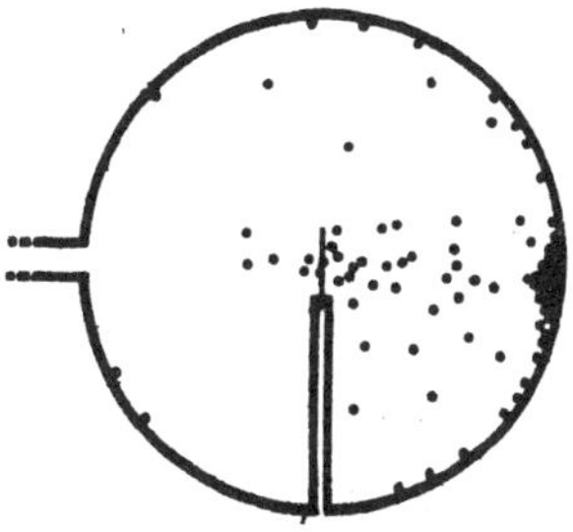

金币的面值为1金磅、2金磅、5金磅；

10金磅＝1（？）。

现实中的货币系统没有这么简单，但基本原理是一样的。货币形成了一个周期系统。尽管它们的购买力稳步上升，但数值总是按照上述四个步骤重复出现。

这种周期性从何而来？显然，它是为了不让我们的口袋和钱包被过重的金属压垮。这是一种“不相容原理”，泡利提出的关于原子中电子的原理与此类似。然而，类比不能太过头。我们现在先放下这个类比，考虑泡利不相容原理如何引起电子系统的周期性。

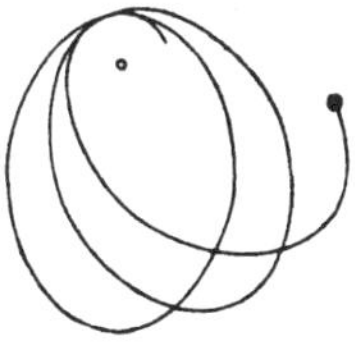

和上一节一样，我们从氢原子开始，用有2个电荷的原子核取代只有1个电荷的原子核，也就是用氦原子核取代氢原子核。我们看到，新加的电子一定处于完全确定的最低态；因为两个电子的量子数n、l、m都是相同的（$n=1$，$l=0$，$m=0$），自旋量子数一定是对称相等的（$s_1=1/2$，$s_2=-1/2$）。

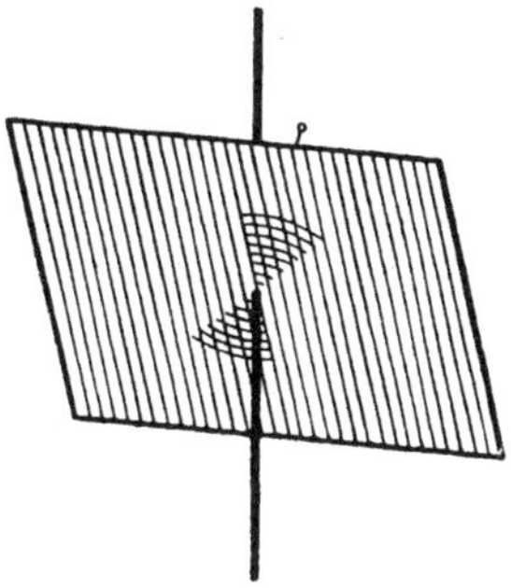

现在，我们用有3个电荷的锂原子核取代氦原子核，并增加第3个电子。那么第3个电子的量子数肯定不会是$n=1$，

$l=0$，$m=0$，$s=+1/2$或$-1/2$，或者只存在这两个量子态。这两个量子态构成了锂原子的最内层及之后所有原子的最内层。X射线光谱学家称之为“K壳层”。

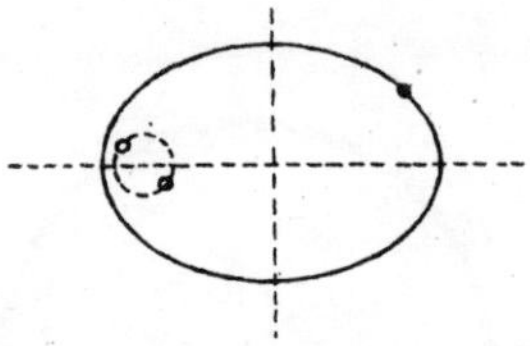

图99

由于l一定小于n，m至多等于l，所以下一个电子的量子态一定是$n=2$。图99以玻尔轨道的形式展示了3个电子的构型。两个K电子屏蔽了原子核，使其电荷数相对于外部而言等效为1。因此，第3个电子一定比K电子松散得多。第3种元素锂的确表现出我们所期望的性质；它属于碱金属，有一个容易分离的电子。这是下一壳层的开始，该壳层在X射线光谱中被称为“L壳层”。

如果我们继续用这种方法，逐个增加电子和电荷，那么L壳层会首先填满。它总共能容纳多少个电子呢？

有多少种$n=2$的量子态，就有多少个电子。我们已经讲过，在不考虑电子自旋的情况下，氢原子有4种量子态，即$l=0$，$m=0$的1种量子态和$l=1$，$m=-1$或0或$+1$的3种量子态。自旋还是存在的，它可以取两个值中的任意一个；每个电子的自旋值都可以是$+1/2$或$-1/2$。因此，L壳层最多有$2\times4=8$个电子。

这就是第一个周期的元素实际情况：

Li（锂） Be（铍） B（硼） C（碳） N（氮）

O（氧） F（氟） Ne（氖）

到氖的时候，L壳层被“填满”了，没有空间容纳更多的电子。氖的结构形成了一个完备的整体，这个事实解释了为

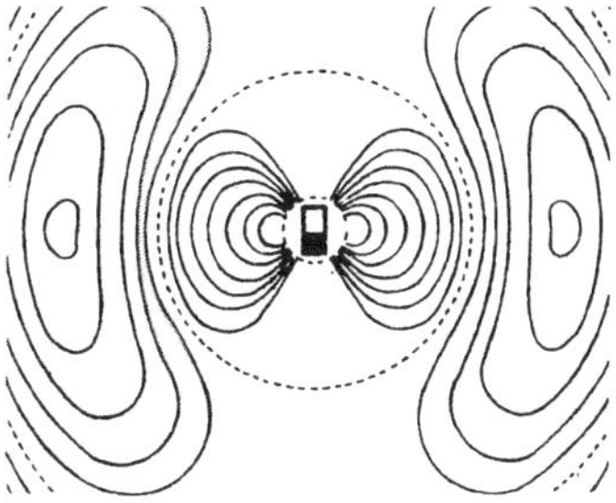

什么它是一种惰性气体，不倾向于与其他原子相互作用。也就是说，它在化学上是惰性的。然而，前一个原子氟，需要一个电子来填满L壳层；这解释了为什么氟很容易以阴离子的形式出现，它的间隙很容易被一个电子填满。

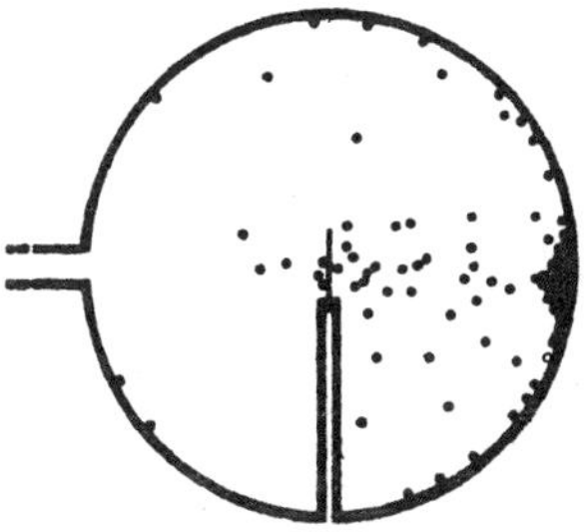

同样，铍倾向于作为二价阳离子（失去两个外层电子）出现，氧倾向于作为二价阴离子（填补两个间隙并填满L壳层）出现。中间的碳具有两面性，它可以被分解成类似于氦的结构，也可以被填补成类似于氖的结构。这种中间位置是它能形成这么多化合物的原因之一。整个有机化学就是有关碳化合物的化学。

只有当$n=3$的时候才可以再增加电子。我们得到了M壳层。它能容纳多少个电子呢？

首先，我们有$l=0$或1；以及$s=+1/2$或$-1/2$，这赋予了与L壳层相同的8种可能性。事实上，周期系统的下一行仍然是8种元素：

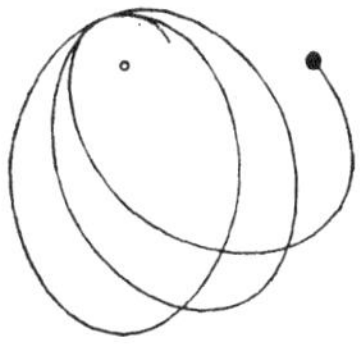

Na（钠）　Mg（镁）　Al（铝）　Si（硅）　P（磷）

S（硫）　Cl（氯）　Ar（氩）

在物理和化学方面，它们与前一行相似。但这并没有填满M壳层。因为如果$n=3$，我们还可以有$l=2$。这提供了5种可能性：

$$m=-2,\ -1,\ 0,\ +1,\ +2$$

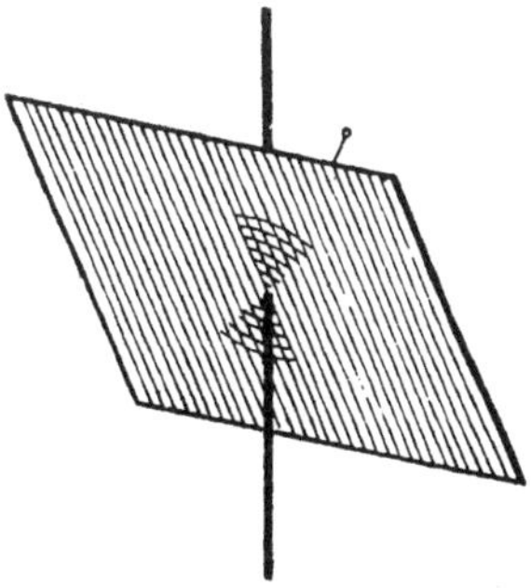

每一种情况的自旋都可以是$+1/2$或$-1/2$，因此M壳层还有10个位置。总位置数是$8+10=18$个。或者这样说更好：

M壳层至多有$2 \times 9 = 18$个电子；因为当$n = 3$时氢原子的量子态的个数为$3 \times 3 = 9$，而上式的“2”来自自旋。

显而易见，N壳层至多可以有$2 \times 16 = 32$个电子，这与事实相符。

我们没有必要再了解太多的细节，除了下面这几点。添加新电子的顺序并不总是与周期表的顺序相同，即一个壳层完全填满后，才开始填充下一个壳层。这个过程有规律地进行到第19号元素钾（K）；之后，最外面两个壳层M和N会争夺电子。在M壳层填满之前，N壳层的电子永远不会超过两个。因此，氩之后的所有元素，如钾（K）、钙（Ca）、钪（Sc）、钛（Ti）、钒（V）等，总是有一个或两个松散的电子（参阅表Ⅱ）。之后类似的情况会反复出现。因此，产生了一种表面上的假象："稀土元素"并不符合元素周期表。然而，事实上，理论解释了这些奇特的元素为何会出现。原因在于最外面的两个壳层，O壳层（$n = 5$）和P壳层（$n = 6$）保持不变，总是包含相同数量的电子，而其中一个内壳层N壳层（$n = 4$）随后被填满。结果，这些元素彼此太相似了，以至于分离它们是一项伟大的化学成就。

这种对周期系统的解释，本质上源于玻尔的理论，它给化学带来了强大的推动力。事实上，我们可以说，就理论而言，物理和化学之间的差别已经消失了。不同之处仅仅在于使用方法和教学模式。甚至化学物质中结合力的本质也被量子理论揭示了。

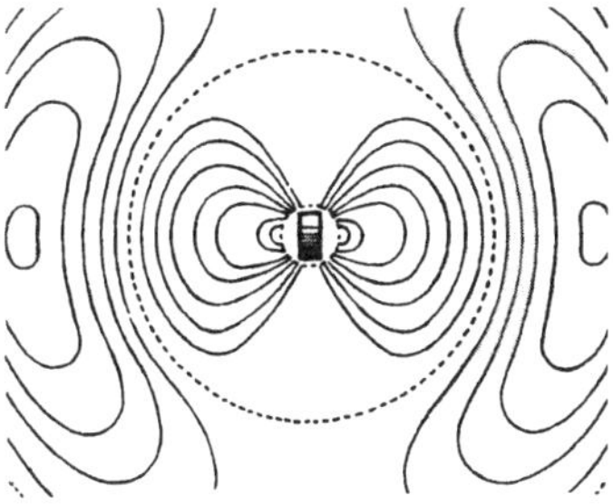

表Ⅱ：较轻原子的电子分布

元素	K壳层（$n=1$）	L壳层（$n=2$）	M壳层（$n=3$）	N壳层（$n=4$）
H 1	1	—	—	—
He 2	2	—	—	—
Li 3	2	1	—	—
Be 4	2	2	—	—
B 5	2	3	—	—
C 6	2	4	—	—
N 7	2	5	—	—
O 8	2	6	—	—
F 9	2	7	—	—
Ne 10	2	8	—	—
Na 11	2	8	1	—
Mg 12	2	8	2	—
Al 13	2	8	3	—
Si 14	2	8	4	—
P 15	2	8	5	—
S 16	2	8	6	—
Cl 17	2	8	7	—
Ar 18	2	8	8	—
K 19	2	8	8	1
Ca 20	2	8	8	2
Sc 21	2	8	9	2
Ti 22	2	8	10	2
V 23	2	8	11	2
Cr 24	2	8	13	1
Mn 25	2	8	13	2
Fe 26	2	8	14	2
Co 27	2	8	15	2
Ni 28	2	8	16	2
Cu 29	2	8	18	1
Zn 30	2	8	18	2
Ga 31	2	8	18	3
……	……	……	……	……

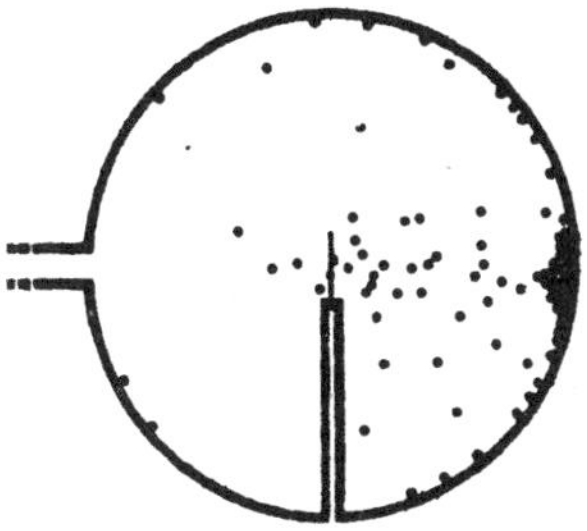

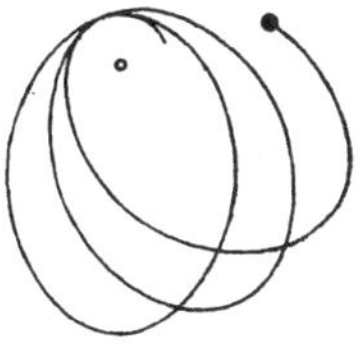

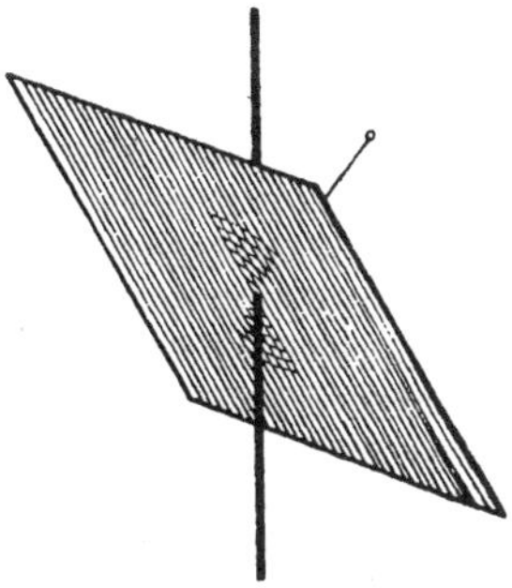

我们已经看到，碱金属锂、钠、钾、铷、铯倾向于形成阳离子，这就像卤素氟、氯、溴、碘倾向于形成阴离子一样容易理解。相反的电荷相互吸引，所以难怪钠离子和氯离子会结合形成氯化钠（NaCl）分子，也就是我们所说的食盐。这种电子结合定量地解释了盐类化合物的大部分性质。

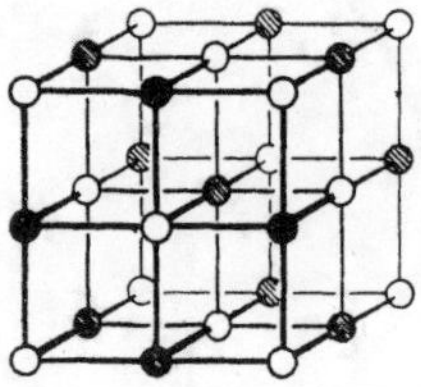
图100

这些盐由晶格组成，晶格中的两种离子交替排列，就像由国际象棋棋盘组成的方格（图100）。每个离子都被其他类型的6个离子包围着，但我们不能说任意2个离子以某种特殊的方式相互关联。因此，这里不存在真正的分子；或者更确切地说，整个晶体是一个巨大的分子。当我们用电力来解释时，这种结合似乎很自然。因为一个离子的力朝各个方向延伸，尽管它抓住了另一种离子，但力并不会被削弱，仍然可以吸引更多的离子。

然而，还有其他类型的化合物，它们的行为完全不同。化学家会谈论这种结合力或“化学价”的“饱和”。最简单的例子是由两个完全相同的原子组成的化合物，比如氢气、氧气、氮气，通常化学家用符号H_2、O_2、N_2来表示。如果想要更精确，可以表示为H—H，O═O，N≡N，连接号表示把原子聚集在一起的力。我们认为每个原子有一个或多个“小钩子”，用连接号表示：H—，O═，N≡。化学结合就是将这些“钩子”扣在一起：H—和—H形成H—H。别的氢原子遇到这个分子都会因为找不到自由“钩子”而忽略它，因此不存在“H_3”这样的东西。O═和═O形成O═O，有一个双键。

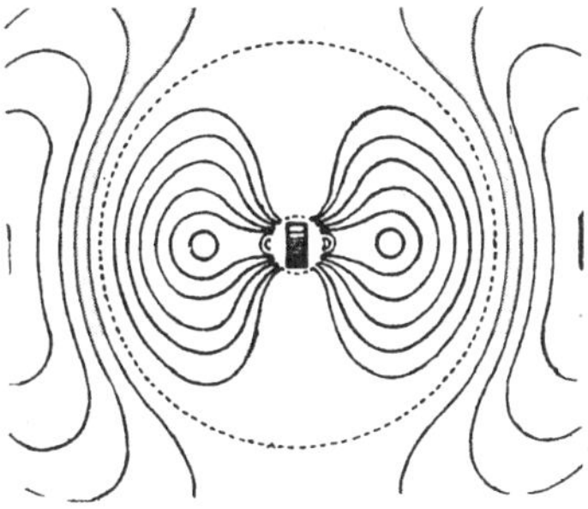

然而，当另一个O═进来，它可以打开双键，形成三角形的连接。这就是臭氧，O_3。

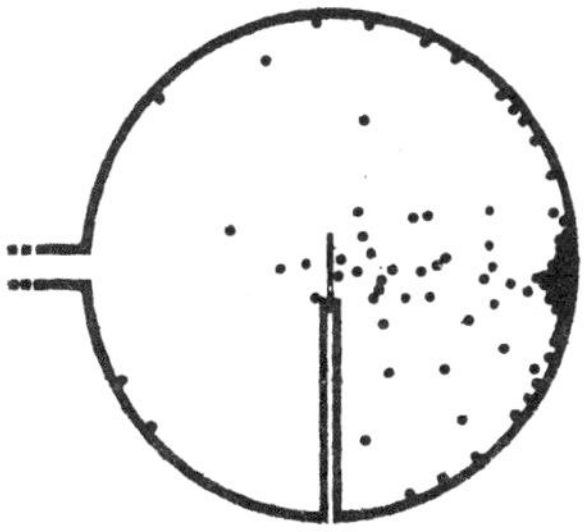

我们能够解释这种化合价饱和的现象，这一点非常重要。最简单的例子是两个氢原子，它们显示了所有的基本特征。氢气分子有两个原子核，每个原子核都有一个电子。当原子非常靠近时，电子就不会一直待在它的原子核旁边，而是会拜访另一个原子，并交换位置。很容易看出，两个独立的氢原子因而成为一个稳定的系统H—H。如果我们想象两个氢原子核彼此非常靠近，以至于几乎形成了一个双电荷的核，那么我们就得到了几乎与氦原子完全一样的结构。我们知道，氦原子有稳定的基态。在现实中，原子核相互排斥，因此不会太靠近，但两个电子的轨道（或者说对应的振动）与氦原子的轨道不会有太大的区别。然而，根据泡利原理，氦原子处于最低态时，两个电子的自旋是对称的，因此得到了封闭的壳层。这个原理也适用于H—H分子。如果出现另一个氢原子，后者的电子无法穿透分子的封闭壳层；所以就没有明显的相互作用，H_2分子不会与第三个氢原子发生反应。

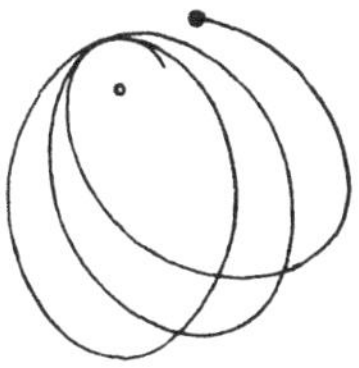

从这里我们可以看到，自旋取代了化学家的“小钩子”或键。如果两个电子的自旋是对称的，那么就有一个化合价是饱和的。因此，原子的化合价等于没有对称自旋对的电子的数目。这大致符合周期系统的事实。然而，也有一些明显的例外情况需要特别考虑。为了阐明这些情况，物理学家和化学家必须共同对细节进行烦琐的研究，而这些研究远远没

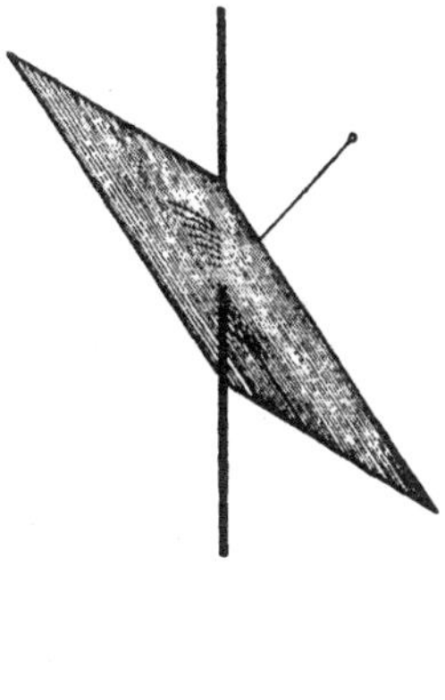

有完成。但毫无疑问的是，量子理论能够准确地解释所有原子和分子的特性，尽管细节方面的工作仍然有许多不足。物质之谜并没有真正得到解答，而是被归结为一个更深层的问题。这个问题在许多方面却更简单，即什么是原子核？

然而，在讨论这个问题之前，我们将更详细地考虑量子理论最著名的成果之一。

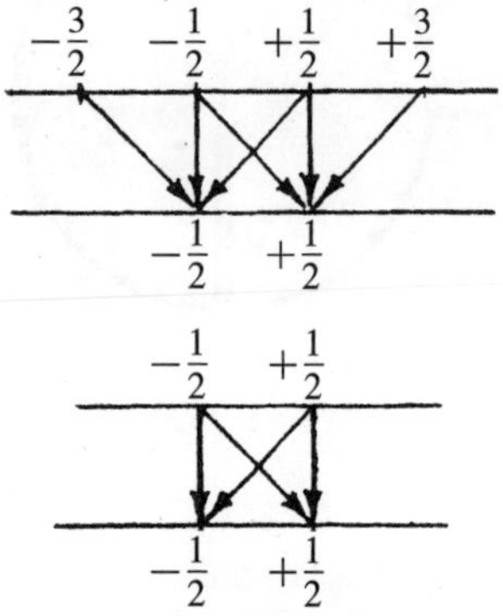

图101

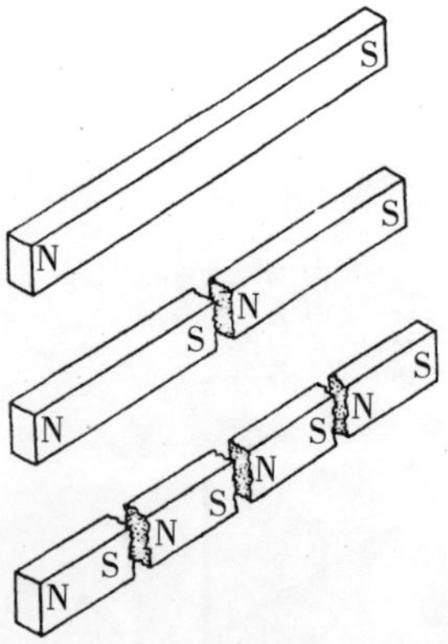

图102

8. *磁子*

我们不能忘记，尽管量子理论已经取得了很大的成功，但它需要我们做出智力上的牺牲：对于动量和能量已知的粒子，我们要放弃完全确定它的位置和时间，也要放弃完全准确地预测未来事件。理性和理解力是有极限的，因为大自然似乎表现出非理性和不可理解的特征。即使是那些我们能够掌握的概念，也有许多是矛盾的，其中最奇特的一个是方向量子化。

方向量子化是指，一个具有角动量的原子不能处于磁场的每个方向，而只能在几个特定的、可计算的方向。这样的原子就像一根磁化的小针。如果船上的指南针在方向上是量子化的，会发生什么呢？它不会自由地来回摆动，而是坚定地指向一个方向；如果用力摇晃，它就会突然跳起来，指向一个完全不同的方向！事实上，指南针的指针确实是这样的。幸运的是，普朗克常数非常小，以至于我们的观察能力看不清突然的方向改变。可是，对于原子，人们发现，可以直接

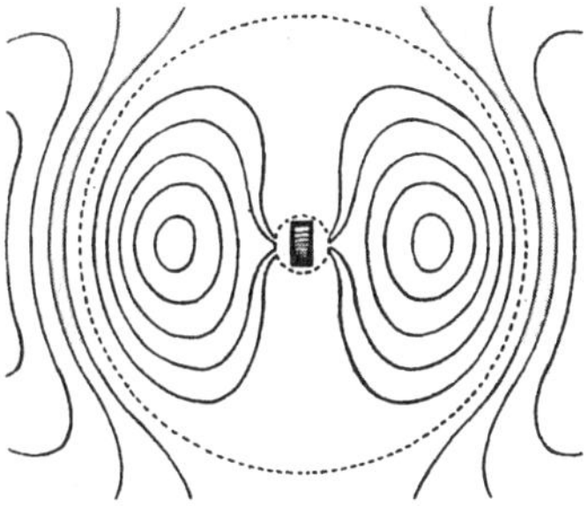

证明其方向的不连续性。

塞曼效应提供了间接证据。插图Ⅲ（f）显示了磁场中钠元素两条D线的分裂。其中一条谱线分裂成4条，另一条谱线分裂成6条。这很容易理解。

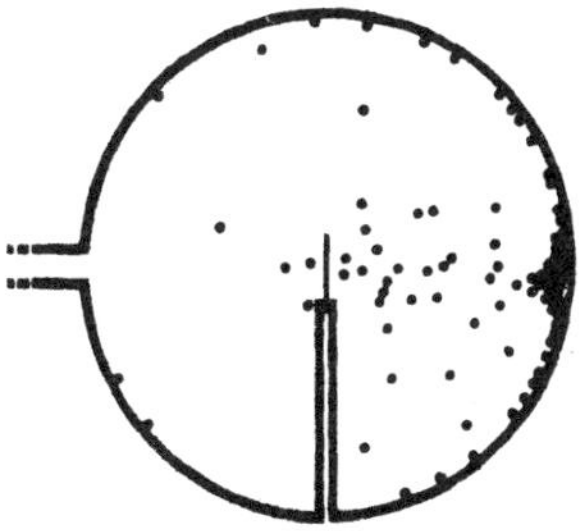

如果没有磁场，那么这两条谱线的量子态都是双重线。对于较低的量子态，$l=0$，$s=+1/2$或$-1/2$；而对于较高的量子态，$l=1$，$s=+1/2$或$-1/2$。因此，后者的角动量是$1+1/2=3/2$或$1-1/2=1/2$。而在有磁场的时候，高态的3/2分裂成4个谱项，即$m=+3/2$，$+1/2$，$-1/2$，$-3/2$；剩余的高态和两个低态分裂成2个谱项，即$m=+1/2$，$-1/2$。在图101中，从4个较高的谱项开始，经过6种跃迁变成2个低项；从2个较高的谱项开始，经过4种跃迁变成2个低项。因此，一条D线分裂成6个组分，另一条D线分裂成4个组分。

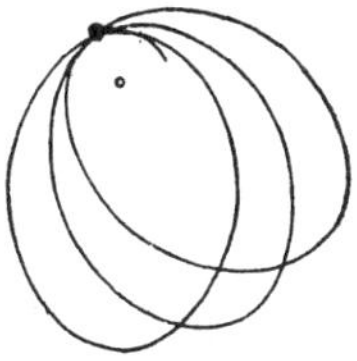

所有的塞曼效应都可以应用类似的简单论证来解释。然而，现在我们只观察到了谱项之间的跃迁，而没有观察到这些谱项本身，即确定的量子态。

这一点也已经做到了。我们把原子比作磁化的针，这个类比比量子理论更加古老。100多年前，安培[①]断言根本就没有磁，有的只是电。因为如果磁铁被打碎，每一小块就马上会显现出一个北极和一个南极（图102）。不同于正电和负电，磁的南极和北极无法分开。同样，从奥斯特的实验（图35）

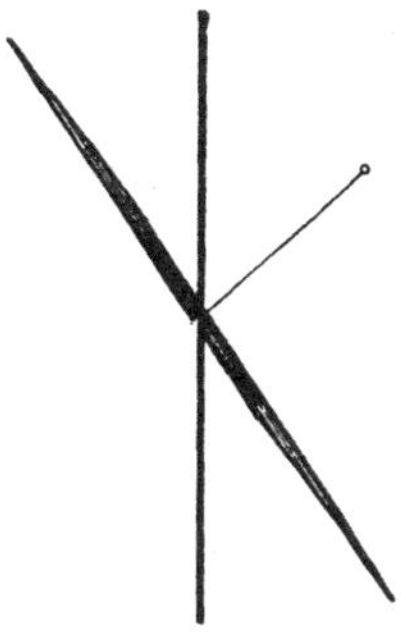

① 安德烈-马里·安培（André-Marie Ampère，1775—1836），法国物理学家、数学家，经典电磁学的创始人之一。

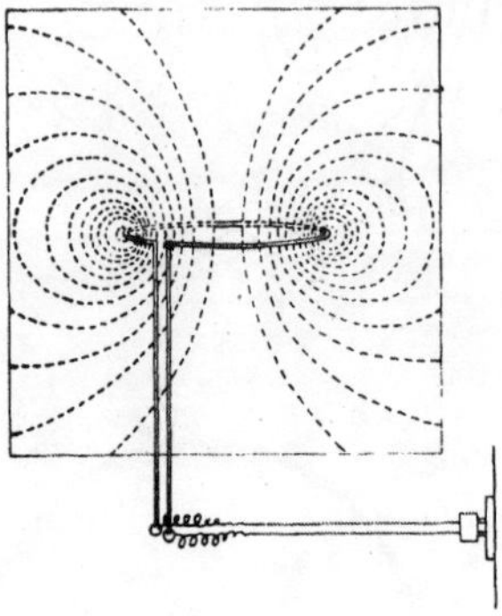
图103

我们知道，电流被磁场环绕着。如果电流通过一个几乎完全闭合的线圈，那么它的磁力线就非常像小磁体的磁力线，小磁体的轴与线圈平面成直角（图103）。如果把导线绕成线圈，它们就更像了（图104）。这样的线圈作为电磁铁有各种用途。

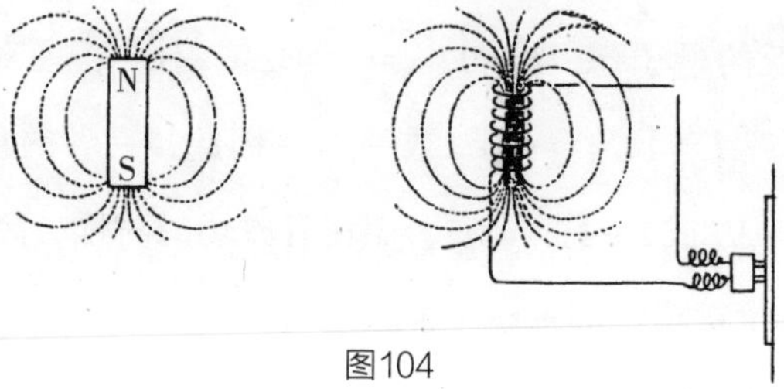

图104

安培证明，这不仅仅是相似，而是完全一致。据此，他提出了一个假说：在磁体和可磁化物质（如熟铁或镍）的原子中有少量电流在流动，也就是说，这些原子是电磁体。这就解释了磁极无法分离的特性，而且与实验事实相符。

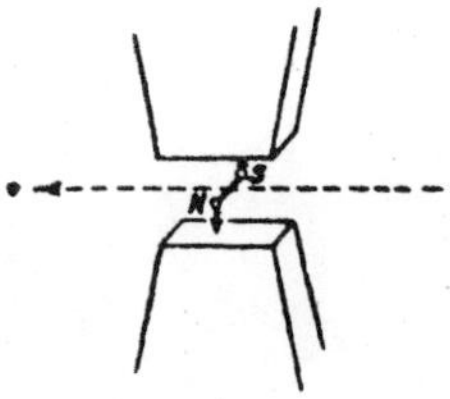
图105

今天的原子论使安培的假说成为现实。围绕原子核旋转的电子就是这种环形电流。因此，每个原子实际上都是小型的指南针。但这种指南针很独特，它不能构成所有大小的指南针，而只能组成一个最小的指南针或几个最小的指南针。这是因为角动量是一个整数，而且我们可以直观地看出，环形电流的磁场强度与角动量成正比。

然而，电子本身有一个角动量，叫“自旋角动量”。因此，存在单个的磁体，或者单位磁体，叫“磁子”。

电子的角动量是$1/2 \times h$，但根据实验和理论，磁场强度不

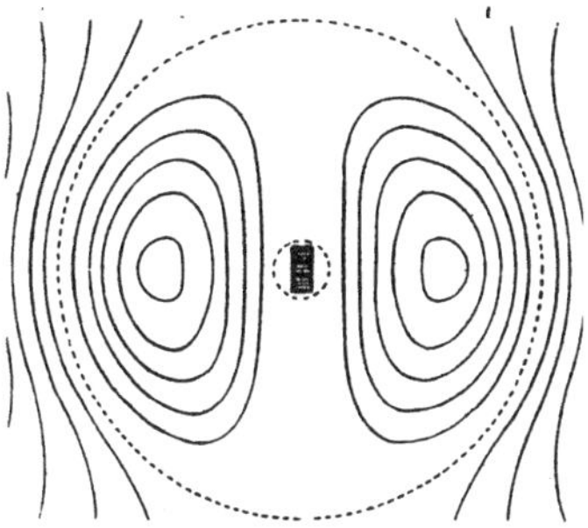

考虑这个1/2。正是这个差异引起了塞曼效应的异常。否则，很多D线的4个或6个塞曼组分会重合，从而得到正常分裂出的3个组分。

除了自旋磁子，还有轨道运动的磁效应，它总是磁子的整数倍。在氢原子和钠原子中，基态没有轨道角动量（$l=0$）；因此只有自旋磁子。然而，对于有多个电子的原子，它的基态有轨道角动量。

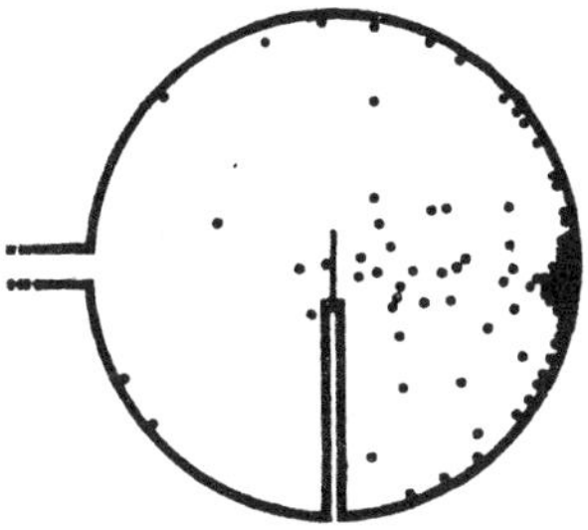

如何证明磁子呢？磁子的总效应表现为物体的大规模磁化。如果把一根熟铁针放在强磁体旁边，它就会具有磁性。通过用感应磁化强度除以原子的数目，我们可以确定单个原子的磁场强度，它不是由分子运动（温度）导致的复杂因素。这种方法只能非常粗略地测定磁子的大小。

然而，利用分子束法，斯特恩和格拉赫[①]已经成功地实现了精确测量。

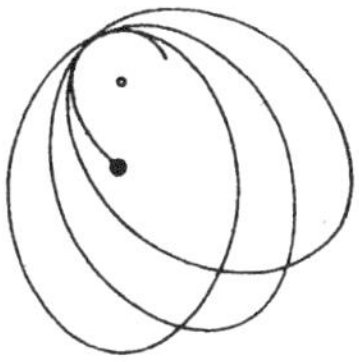

如果制造一束磁性原子，让它通过一个均匀磁场，我们几乎看不到原子束受到影响（图105）。没错，所有小磁体都倾向于朝着磁场的方向运动，但没有受到偏转力的作用。因为把磁子北极向下拉的磁场，与把磁子南极向上拉的磁场一样强。斯恩特想出了一个大胆的办法：让磁场不均匀，这样两极受到的力就会稍有不同，然后两个力就失去平衡，原子就会整体发生偏移。

① 瓦尔特·格拉赫（Walther Gerlach，1889—1979），德国物理学家。

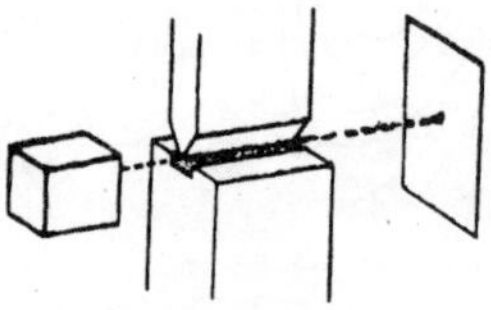

图106

尝试是成功的。磁体的一极是锋利的刀刃，另一极是凹槽（图106）。在接近刀刃的地方，磁场的明显变化实际上发生在一个原子直径的间隔内，即1 mm的千万分之一。这时原子束就会偏转。

如果经典力学适用，磁子就会沿着所有可能的方向进入磁场。与磁场变化方向成直角的磁子完全不偏转，沿着磁场变化方向的磁子偏转程度最大，两者之间的磁子会有中等程度的偏转。因此，原子束只是变宽了，接收器上会有一个模糊的点。实际上，我们得到了许多清晰分离的线。银对应的有两条［插图Ⅲ（d）］，钠和氢也是一样。

这是方向量子化的直接演示。磁子只能占据磁场的两个位置：沿着磁场的方向，或者反方向。

根据两条线之间的距离，我们可以计算磁子的大小。计算结果与理论结果非常吻合。

最近，斯恩特甚至成功地证明了原子核的磁性。原子核的磁性比磁子小数千倍。拉比[①]发明了一种精巧的仪器，可以非常精确地测定原子核的角动量和磁矩。这将带我们进入穿越永不停息的宇宙的最后阶段，进入原子核的内部。

① 伊西多·艾萨克·拉比（Isidor Isaac Rabi，1898—1988），美国物理学家，因发现核磁共振（NMR）而获得1944年的诺贝尔物理学奖。

第五章

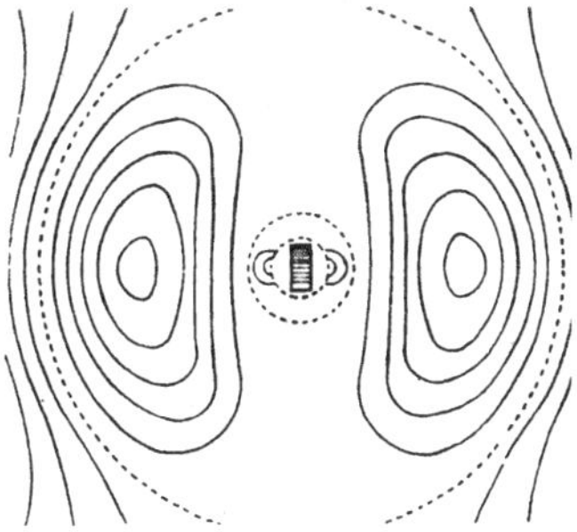

核物理

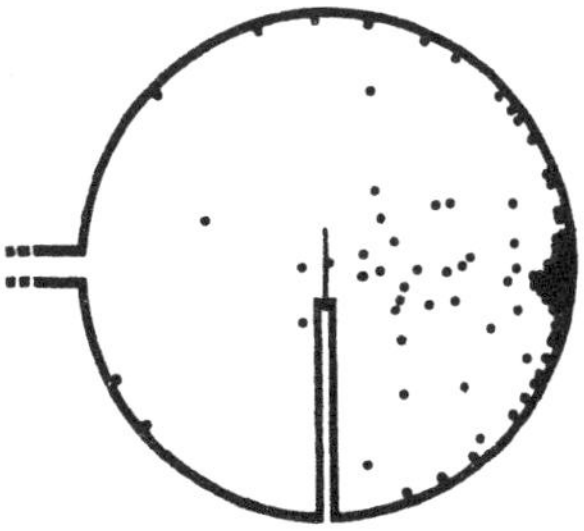

1. 放射性

我们进入物质内部的旅程，就像是下一个很深的矿井。一个岩层接着另一个岩层，首先是地球年代较近的沉积物，有丰富的动植物化石；其次是更古老的地层，可以追溯到尚无生命的时代；最后，如果矿井足够深，我们就到了最终的磁性岩层，它构成了地球的核心，或者说地球的“原子核”。

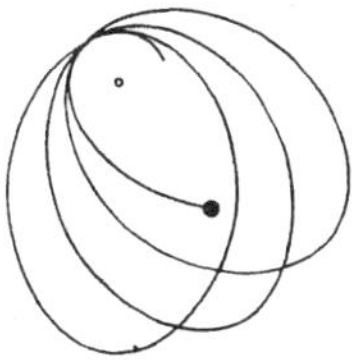

在我们的旅程中，我们也到达了原子的核心，即原子核。为了说明我们经历的各层的相对尺寸，我们用到了图107中所谓的“数量级标尺”。正中心的线对应着1 cm，相邻的两条线距离相等，但长度为10倍或1/10。的确，这并没有展示出直观的相对数量级，因为这种相对数量级超过了我们的表现能力；但是只需要稍微麻烦一点儿，我们就可以从这张图中得到数量级的概念。

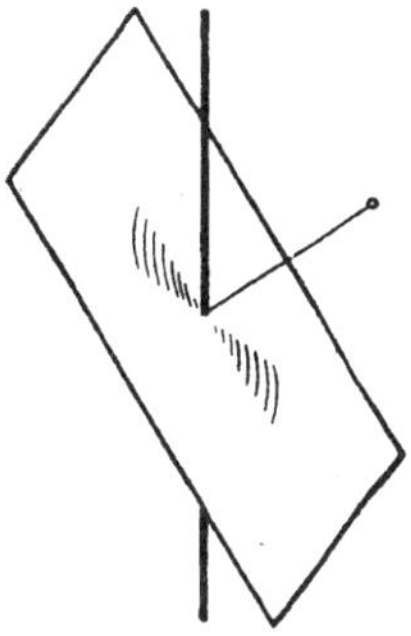

我们的旅程开始于遥远的恒星。离太阳系最近的恒星的距离为几光年，这意味着光需要几年时间才能从那里到达地球。因此，宇宙中我们更亲近的家——太阳系，是相当孤独

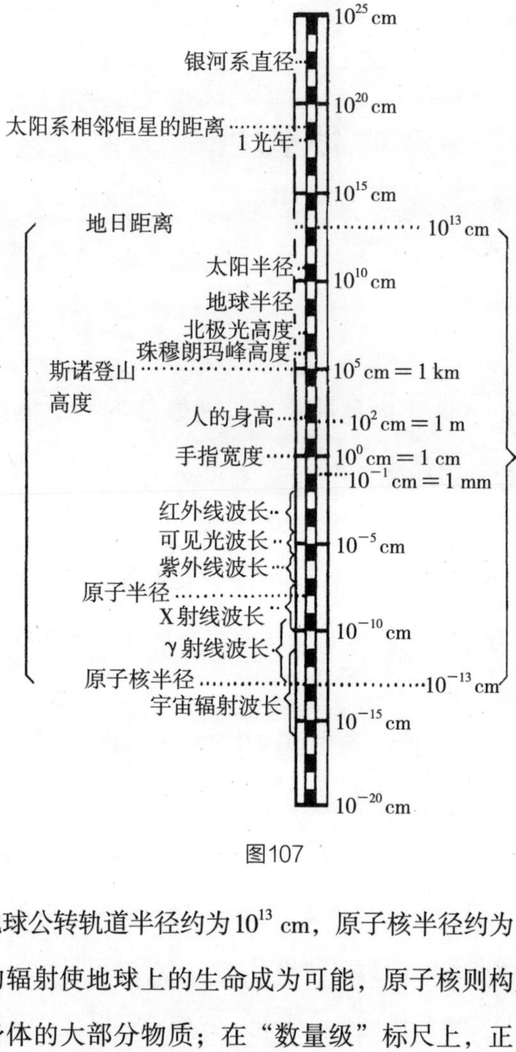

图107

的。地球公转轨道半径约为10^{13} cm，原子核半径约为10^{-13} cm。太阳的辐射使地球上的生命成为可能，原子核则构成了组成我们身体的大部分物质；在“数量级”标尺上，正中心与太阳和原子核的距离是相等的。

在本书中，我们关心的是标尺较低的部分。在10^{-8} cm的旅程之后，我们接触到了热舞的原子。我们深入其中，非但没有找到更宏大的静止状态，反而发现了一种更狂野的

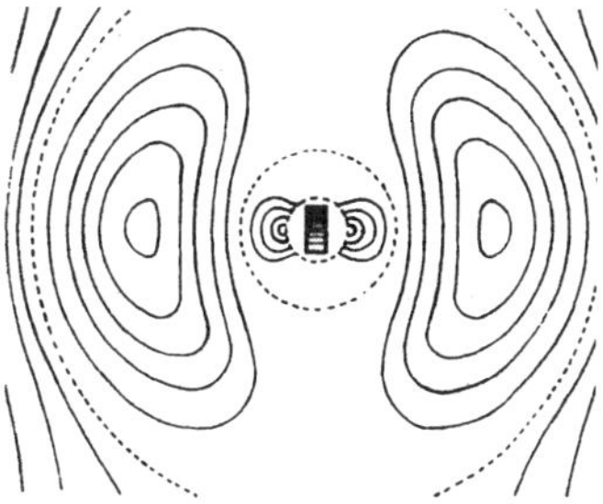

运动。像锂这样的轻原子，其内壳层的电子每秒振动约10^{17}次，多么巨大的一个数字！然后我们把它与较长的时间段对比，问自己一个问题：10^{17} s之前发生了什么？一年有$60\times60\times24\times365\approx3\times10^{7}$(s)，所以$10^{17}$ s大约相当于3×10^{9}年或30亿年。30亿年前，地球上还没有形成固体的地壳。对于较重的原子，内壳层的电子每秒振动的次数比“创世”以来世界经历的秒数更多。

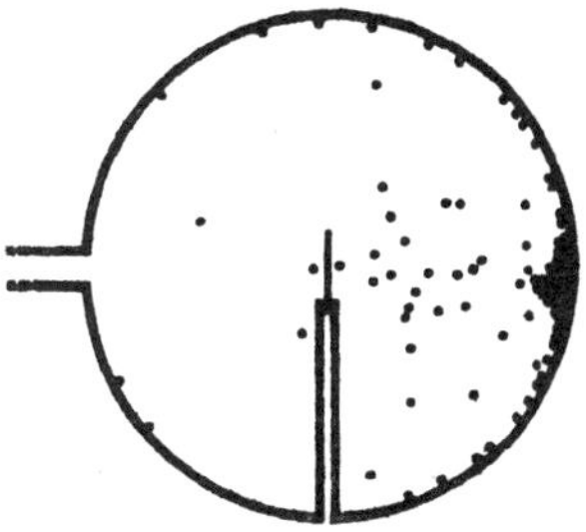

现在我们已经到达原子核，希望找到更平静、更坚定、更稳固的东西，但我们一无所获。的确，原子核比电子重得多，因此，总体而言，它们的移动速度更慢。然而，它们的内在不可能平静。如果我们想坐在一个原子核上休息，最好先好好地看看它，否则它可能会像炮弹一样在我们屁股底下爆炸。

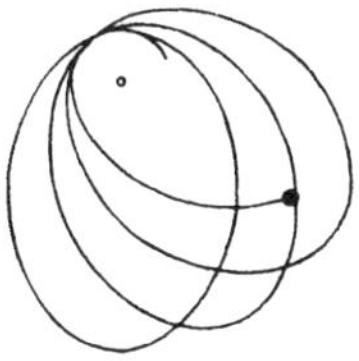

当然，并不是所有的原子核都容易爆炸，否则物质就不可能存在。具有爆炸倾向的原子核非常罕见，因为在宇宙的历史进程中，它们都已经消亡了。因此，探测并确定它们的特性并不容易。事实上，这只是有可能做到，因为爆炸伴随着巨大的力，而射出的碎片暴露了爆炸性原子核的存在，哪怕后者只有很少。1896年，贝克勒尔①发现，含铀元素的矿物会发出一种辐射，能够使气体电离，使感光板变黑。几年后，在费力地萃取了很多吨沥青铀矿（一种铀矿石）之后，居里

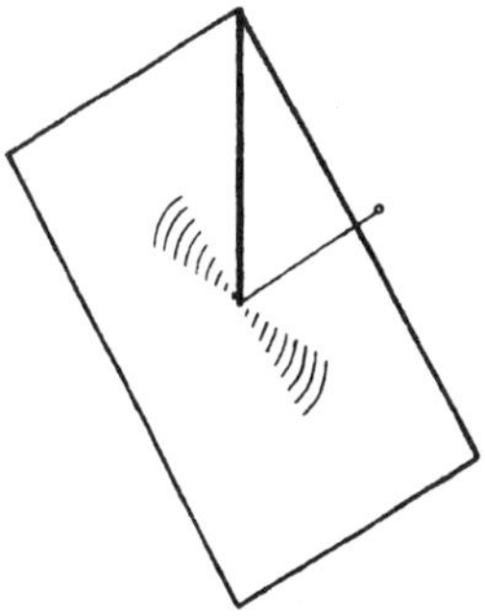

① 亨利·贝克勒尔（Henri Becquerel，1852—1908），法国物理学家。因发现天然放射性现象，与居里夫妇一同获得1903年诺贝尔物理学奖。

夫妇成功地分离出放射性成分。这是一种与钡相关的金属，并且有了一个合适的名字——镭。1903年，卢瑟福和索迪[①]提出了一个想法：这种辐射现象是由原子爆炸引起的。他们发现镭会产生一种气体，并称之为“镭射气”（现在通常叫氡）。镭射气再一次爆炸，留下一种固体沉积物；后者再一次分解，依此类推，得到一系列衰变产物，我们将在下面讨论。我们还发现了另外两个衰变系，其中一个与镭系有关。然而我们必须先解释如何辨别与分离这些物质，它们通常以极微小的量出现，既看不见也不可称量，而且存在时间很短。

我们的方法是研究它们的“射线”，这些射线就是爆炸中射出的碎片。我们并不是通过碎片的种类（这些碎片总是相同的几种粒子）来辨别，而是通过数它们的数目。

2. 衰变规律

在研究原子时，我们已经使用过放射性物质的射线。我们已经知道如何确定它们的荷质比，如何在电离室中测量它们的强度，如何计数，如何在威尔逊云室中拍摄它们的轨迹，等等。我们发现有三种放射性射线，分别表示为 α 射线、β 射线和 γ 射线，取自希腊字母表的前三个字母。

α 射线粒子是带正电的阳离子。它的荷质比等于带两个电荷的氦原子的荷质比。由于氦只有两个电子，所以 α 粒子

① 弗雷德里克·索迪（Frederick Soddy，1877—1956），英国化学家，1921年诺贝尔化学奖得主。

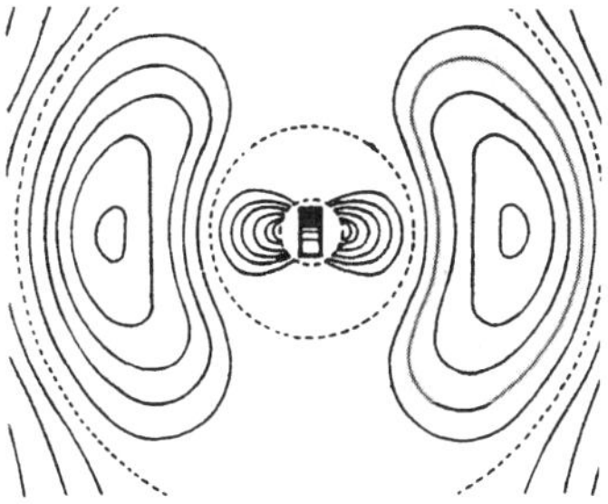

一定是氦核。实际上，这是可以证明的：当一个装有 α 粒子的小玻璃容器被用作盖斯勒管时，我们会得到氦的谱线。

快速运动的电子即形成了 β 射线。最后，还有电中性的辐射，即 γ 射线，它在许多方面类似于穿透力很强的X射线。

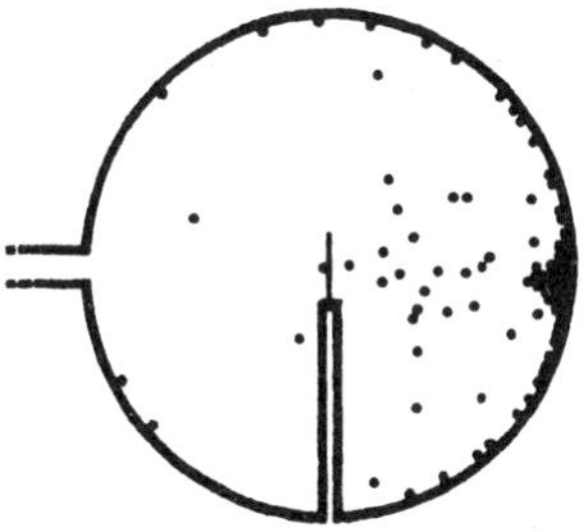

分析放射性物质最重要的方法是观察其中一种辐射的衰变。得到的衰变曲线通常非常复杂；因为即使我们从纯元素开始，它也会产生新的元素，这些元素继续衰变，发出其他射线。事实上，当衰变产物的辐射性强于原始物质时，还可能出现这种情况：辐射稳步上升，而不是稳步下降。

然后，我们尝试用化学方法分离这些物质。在含有放射性混合物的溶液中添加已知的物质，我们就可以观察辐射的来源或部分来源是仍然留在溶液中，还是已经随着沉淀物沉降。通过这种方法，居里夫妇证明，沥青铀矿的活性与钡元素很接近，很难与钡元素分离。因此，辐射的载体镭一定是类似钡的元素；事实上，它在元素周期表中位于碱土元素镁、锶和钡之下。人们还发现，镭射气的衰变产物可以与碲一起沉降，该衰变产物的衰变产物可以与铅一起沉降。它们被称为镭A和镭B。

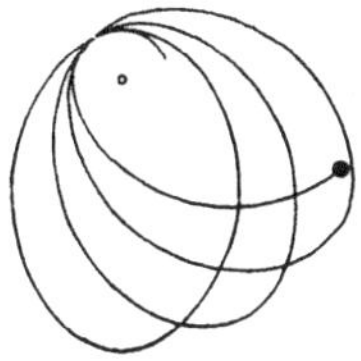

一旦分离完成，衰变曲线就会变得更简单、更平滑。这表明我们正在接近一种单质。只要获得了单质，衰变规律就不会改变。这条规律在科学中和在日常生活中都有相当重要的作用。假设某人借了一笔钱，他必须每年支付5%的利息。

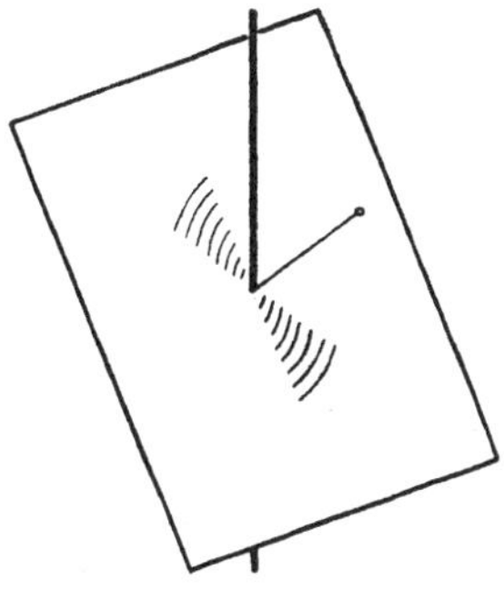

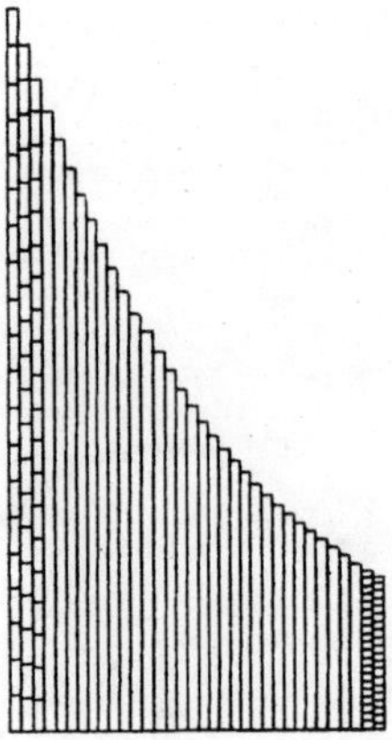

图108

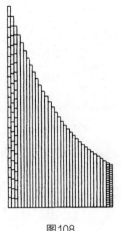

除了利息，他还希望每年偿还借入资金的5%。然后，每年减少的债务将会是每年剩余债务的1/20（图108）。放射性衰变的规律就是这样。在每一个小的时间间隔里，剩下的原子中有同样的比例会衰变。无论刚开始有多少物质，到一个完全确定的时间，正好有一半会衰变，这个时间叫作物质的“半衰期”。镭的半衰期是1590年。有些放射性物质的半衰期要长得多，例如钍的半衰期是2×10^{10}年①。还有些放射性物质的半衰期非常短，比如钍的衰变产物的半衰期只有10^{-9}秒。当然，这么大或这么小的半衰期只能间接测量。

这种衰变规律的本质表明，我们正在面对的是一种统计规律。这一点已经在很多方面得到证实。最重要的是，人们发现，任何方法都无法影响衰变，无论是高温还是低温，无论是施加电场还是施加磁场，等等。这同时表明，放射性不是外层电子的性质，而一定是核过程。而且，我们可以用有关分布的实验来精确地证明这些现象具有统计性质，例如我们熟悉的气体分子运动论。我们记录在相当长的一段时间内发射的 α 粒子数目（比如用盖革计数器），当然，这段时间要比半衰期短。我们可以把这段时间分成十个部分，每部分获得的粒子数肯定不会完全相同，而是不规律地波动（图109）。我们发现，这些波动符合概率定律，这意味着爆炸是完全随机发生的。没有哪个原子核知道自己能“活”多久，它也许

① 原文如此。目前常用数据：同位素钍232的半衰期约为1.4×10^{10}年。

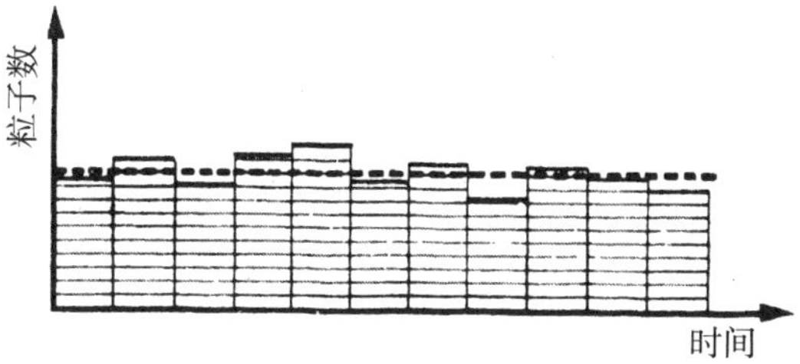

图109

在下一刻就爆炸，也许能维持很多年。只有一件事是肯定的：如果有大量的原子核，那么我们敢说，平均而言它们的衰变遵循上面宣称的衰变规律。放射性是第一种基本过程表现出纯粹统计规律的现象。有的原子只能“活”几秒，而表面上与它相似的相邻原子却能“活”许多年。我们相信，这个事实一定有某种内在的终极原因。但至今没有人能成功地解答。而新的量子力学宣称，寻找其中的原因是没有意义的。

这不全然是一种放弃，也是一种收获。因为量子力学让我们能够解释另一种衰变定律，决定论的量子力学很难理解的衰变定律。

根据盖革[①]和纳托尔[②]的理论，原子核的寿命长度与从原子核中射出 α 粒子的速度有关。原子核的半衰期越短，射出的 α 粒子速度越快，它们的关系如图110所示。用经典力学

① 汉斯·盖革（Hans Geiger，1882—1945），德国物理学家，盖革计数器的发明者。
② 约翰·纳托尔（John Nuttall，1890—1958），英国物理学家。

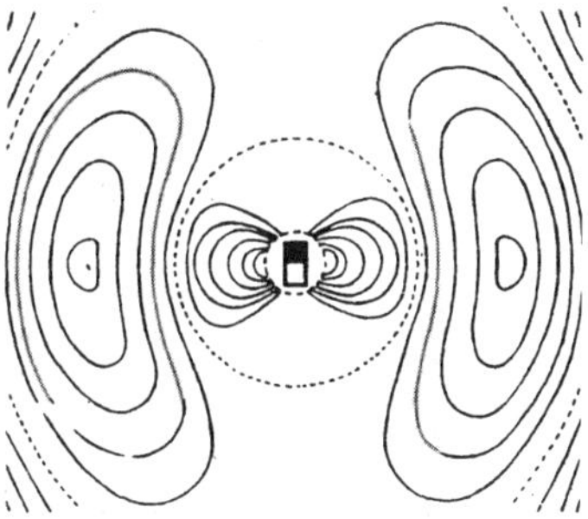
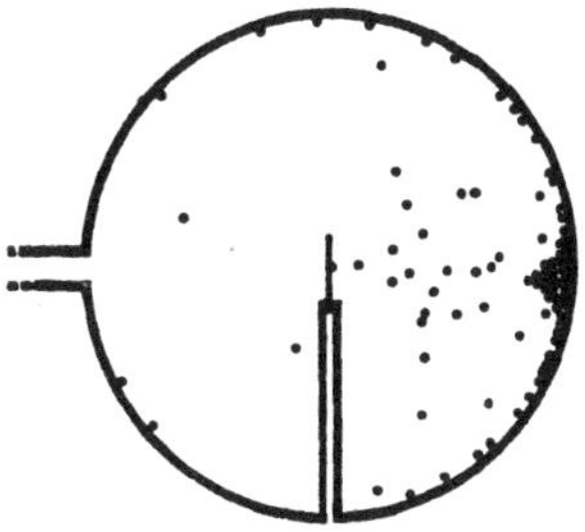
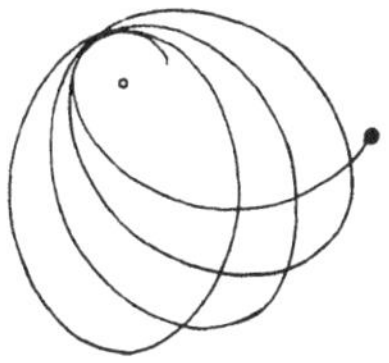
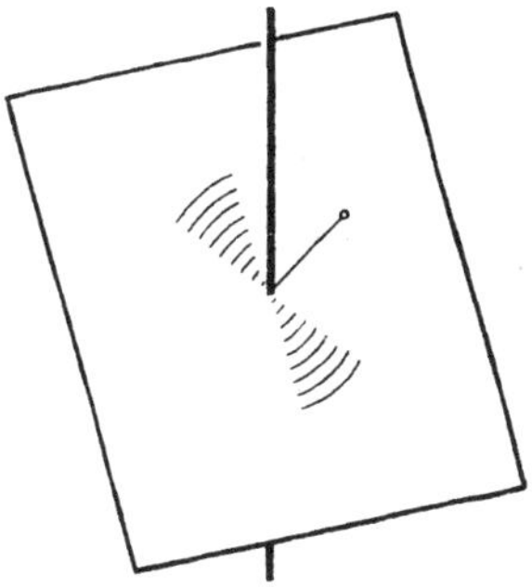

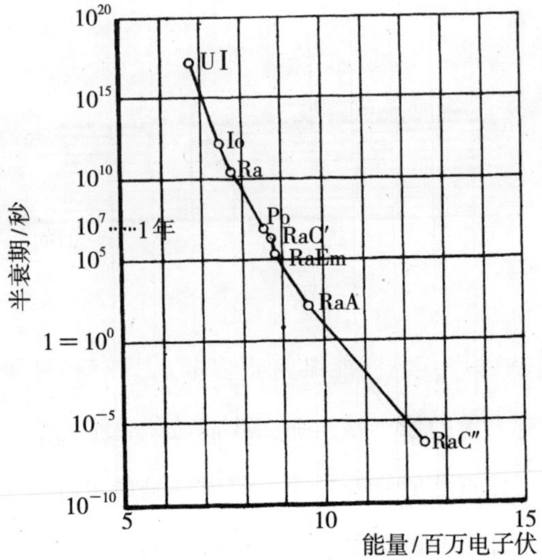

图110①

解释原子核的爆炸是不可能的。在经典力学中，粒子系统要么是稳定的，要么是不稳定的。如果粒子是稳定的，它就会无限期地存在；如果粒子是不稳定的，它就会立即分解。很难设计一种机制来解释爆炸的统计规律性。

然而，从波动力学的角度看，这个问题就变得容易理解，且以一种特别迷人的方式展示了这一理论的特征。在这里，我们可以适当地讲一个童话故事。

从前，两个男孩在森林里救下了一个被巨蛇抓住的小矮人。为了表示感谢，小矮人给他们每人一个特殊的存钱罐。这些存钱罐具有球形陶器的外观，摇晃时就会听到金币发出

① 图中 Io 即为同位素钍 230，曾被认为是新元素。图中符号均表示放射性同位素。

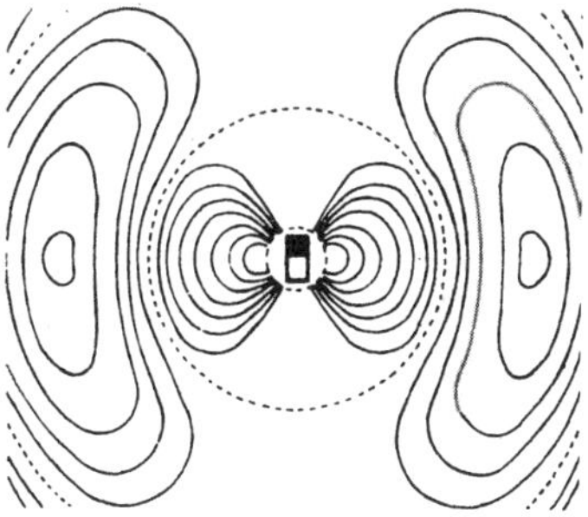

悦耳的叮当声，但看不到存钱或取钱的孔。“不需要孔，”小矮人说，“只要用力地摇晃这个球，金币就会掉出来。我保证存钱罐永远不会空。”于是，男孩们开始摇晃存钱罐。其中一个男孩很快就不耐烦了，他暴跳如雷，打碎了存钱罐，却发现里面只有一枚金币，仅此而已。另一个男孩是“乖孩子”，他继续摇晃存钱罐，享受着悦耳的叮当声。突然，一枚金币掉出来了，尽管陶球上还是没有任何孔。这个男孩继续摇晃，隔一段时间就有一枚金币掉出来，最后他成了富翁。他不仅善良、有耐心，而且非常聪明。他仔细地思考，很快就明白这个存钱罐是怎么回事：金币碰撞的声波如同德布罗意波，而一枚又一枚金币如同微观粒子。他发表了这一发现，并成为著名的物理学家，就像伽莫夫[1]那样。伽莫夫发现了原子核中同样的魔法。

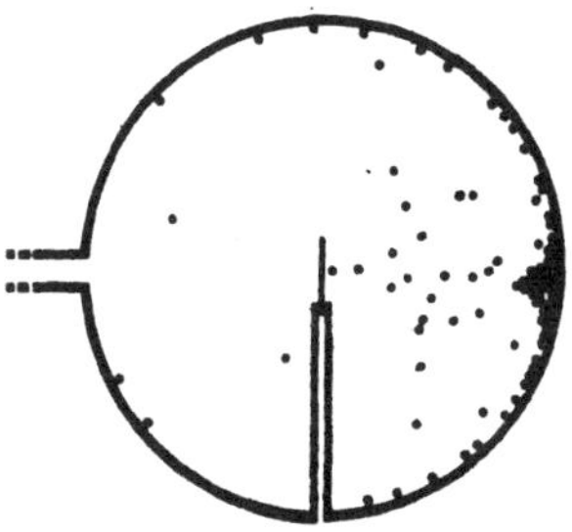

我们刚刚描述的发生在童话故事里的事情，即固体物质穿过固体墙壁，的确有可能发生，也就是原子核发射 α 粒子。把 α 粒子困在原子核中的力可认为是一个坑洞，粒子在里面乱窜。粒子拥有确定的能量，在图111中用一条直线表示；粒子只能到达这个高度，而无法跨越它。因此，根据经典力学，粒子会被永远困在坑洞里，就像童话故事里存钱罐中的金币。然而，根据波动力学，粒子对应的是弹坑中的一种振动：振动绝不局限于弹坑内部，而是会稍稍渗透到弹坑壁和外部空

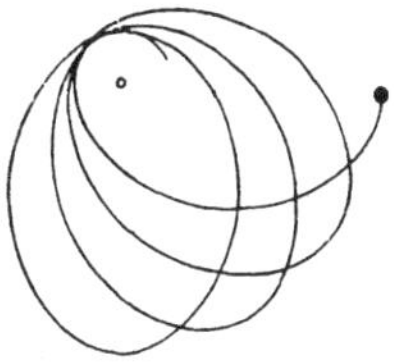

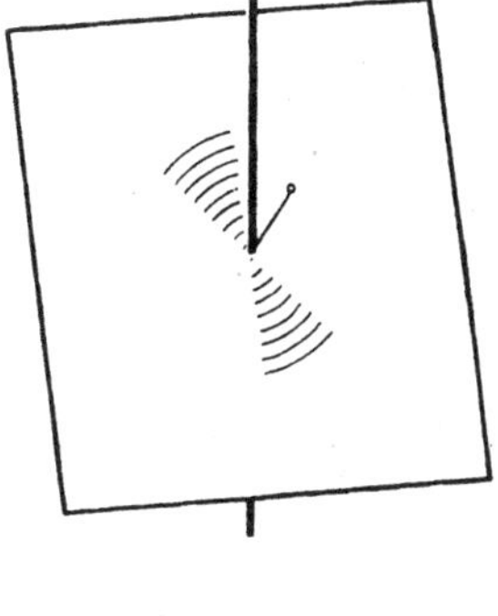

① 乔治·伽莫夫（George Gamow，1904—1968），美国物理学家、宇宙学家、科普作家。

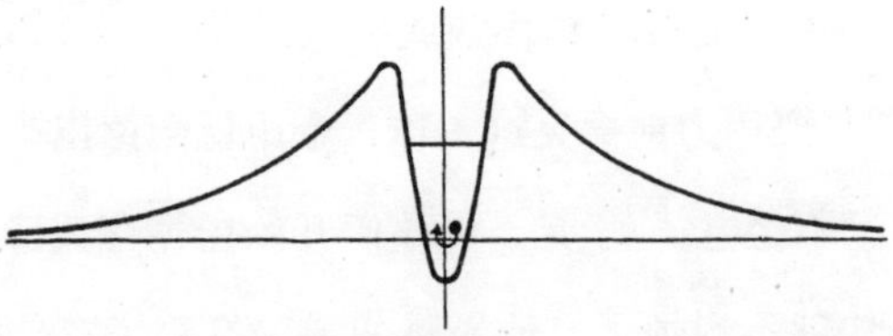

图111

间（图112）。就像在存钱罐外面可以听到金币的叮当声，也会有非常微弱的德布罗意波持续不断地离开原子核。这表明，存在一个确定的小概率能在原子核外面找到 α 粒子，它向前冲的速度与在原子核内部时相同。从某种意义上来说，它穿过了坑壁，因此我们称之为“隧道效应”。我们也可以想象它攀上了坑洞的顶部；只不过在攀爬过程中会违背能量原理。这两种方法都不能通过实验验证，它们只是用不同的方法描述了一个无法具体实现的过程。

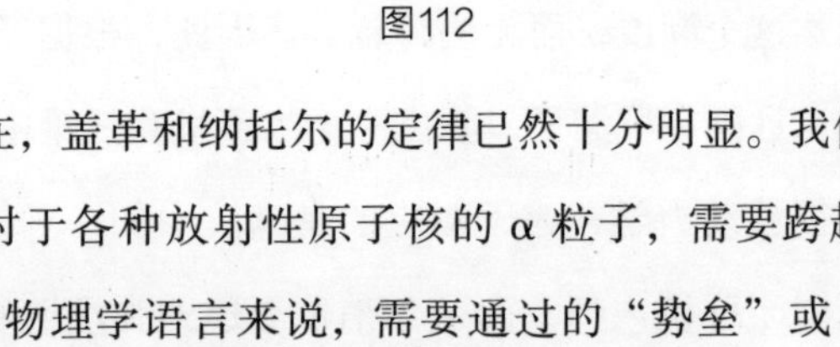

图112

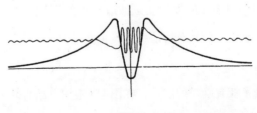

现在，盖革和纳托尔的定律已然十分明显。我们只需要假定，对于各种放射性原子核的 α 粒子，需要跨越的坑壁（或者用物理学语言来说，需要通过的“势垒”或“能量阈值”）具有几乎相同的高度和厚度。那么很明显，能量较高的 α 粒子能突破坑壁较薄的上部，所以比能量较低的 α 粒子更

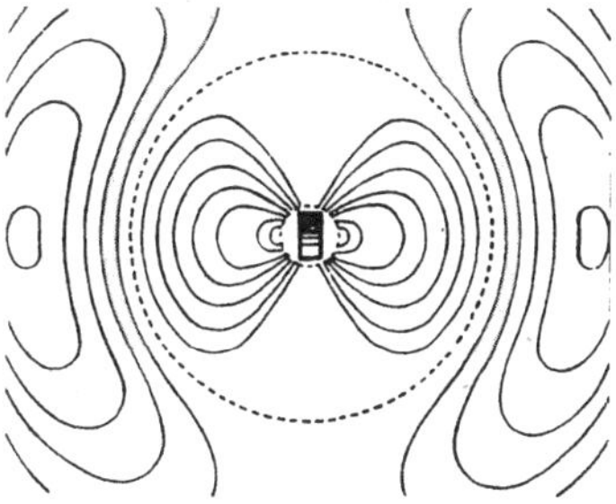

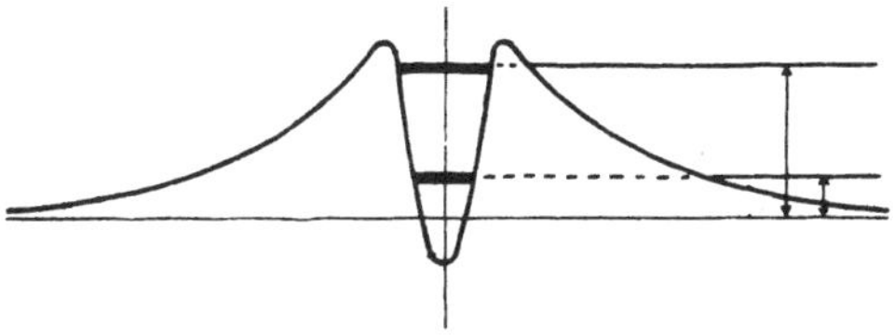

图113

有可能逃脱，后者必须穿透较厚的底部（图113）。

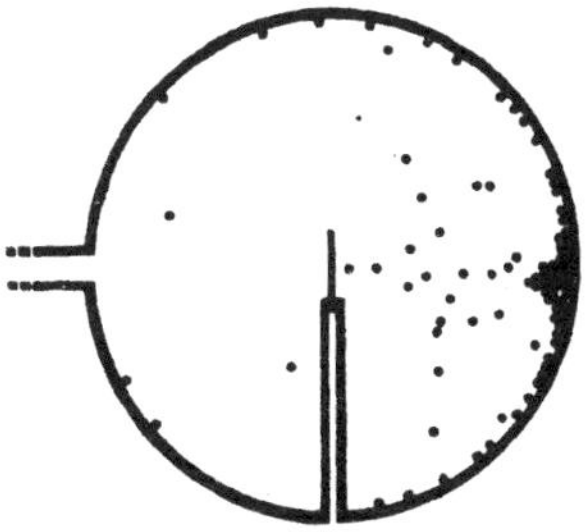

从散射实验中我们得知一个事实，对于距离最重的铀核3×10^{-12} cm的地方，库仑定律仍然适用。这样就很容易计算出，该位置的电斥力的能量（坑壁的高度）比出现的α粒子的能量高1倍多。

这是波动力学在核现象上的完美应用，尽管我们认为坑洞的类比相当简陋和粗略。在试图改进波动力学之前，我们必须了解更多关于原子核结构的事实。

3. 同位素

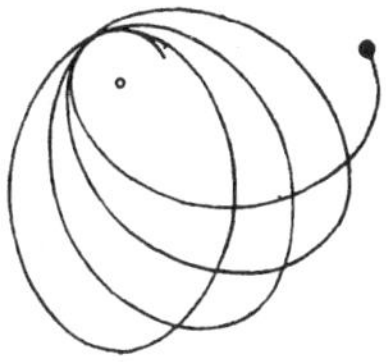

如果衰变理论是正确的，也就是说，如果放射性的原因是分裂碎片（氦核或电子）而形成新核，那么元素的周期系统就会立刻被一大群新元素充实起来。现在问题的关键是，它们是否符合周期系统？我们从小就相信，人类已经知道了几乎所有的元素。现在又冒出了几十种，它们必须被安置在某个地方。前辈化学家认为原子量很重要，是化学元素的基本特征，如果这种观点是正确的，那么安置这些新元素就是不可能的。然而，与此同时，物理发现已经表明，这种观点

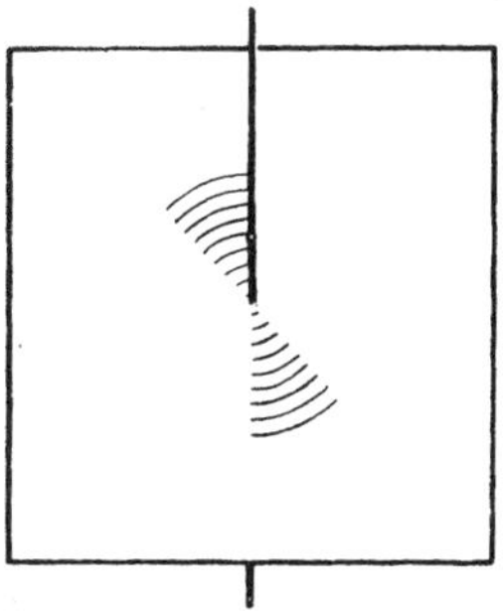

是错误的：原子序数，也就是核电荷的数目，决定了核外电子的数目，因此也决定了电子群的结构，从而决定了原子的物理行为和化学行为。原子核的质量显然是次要问题。为什么不会有两个电荷相同但质量不同的原子核呢？

在放射性衰变系中，人们首次发现了这种情况。图114显示了三种这样的系列。镭并不是某个系列的起点，它本身也是衰变产物。有两个系列是从92号元素铀开始的，第三个系列是从90号元素钍开始的。系列的“之”字形路线源于这样一个事实：向下跳跃表示发射α粒子，向右跳跃表示发射β粒子。同时，我们用有阴影的圆表示发射α粒子的核，用无阴影的圆表示发射β粒子的核。圆的大小大致对应半衰期的长度，最大的圆当然对应半衰期最长的最终产物。

由于α粒子是氦核，电荷数为2，原子量约为4，发出α

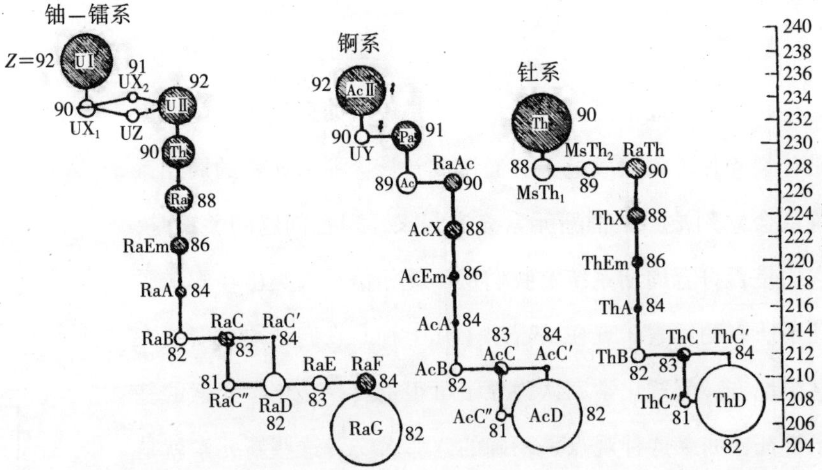

图114

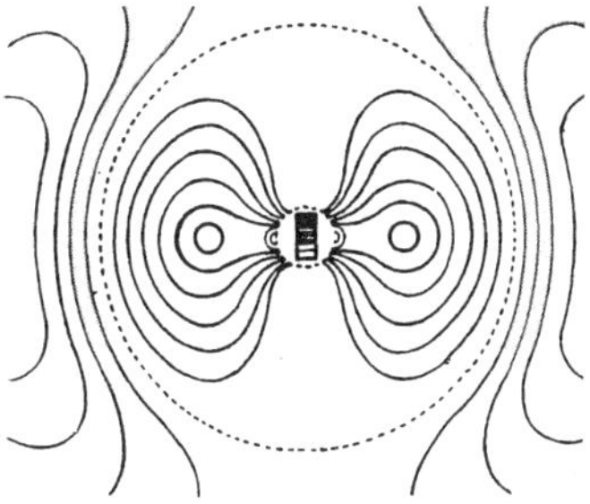

射线的元素一定会转变成原子序数减2的元素，也就是说，该元素位于元素周期表中前面两格的位置。同样，发射β射线会增加1个核电荷数：由于电子带负电，损失电子意味着增加（正）电荷。因此，发射β射线的元素在元素周期表中向后移动1格。这就是“放射性转变定律”。

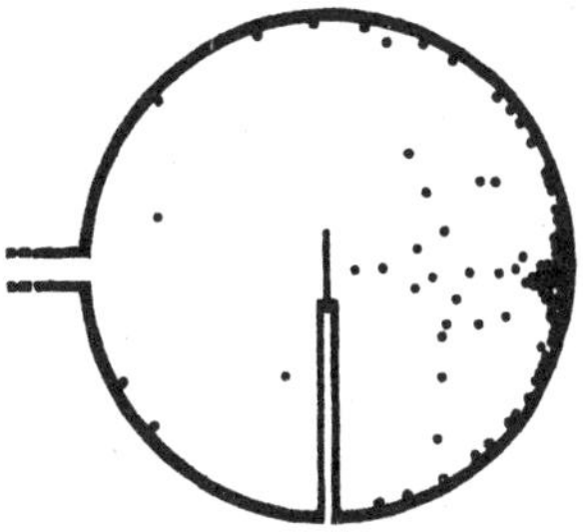

衰变系中的许多成员的化学性质可以用前面提到的沉淀法来确定，我们可以用实验来验证这一定律，并且发现它适用于整个过程。现在我们立刻会看到，某个特定的原子序数出现不止一次，而是反复出现，甚至在同一个系列中反复出现。因此，在铀系和钍系中，起点的原子序数又作为第四级衰变产物出现。RaA、AcA和ThA都有相同的原子序数84。更重要的是，三种最终产物RaG、AcD和ThD也有相同的原子序数；然而，它们在元素周期表中的位置，82，已经被铅占据。这四种物质，还有另外几种物质（例如RaD、AcB、ThB）都具有相同的化学性质。但由于原子量不同，它们绝不可能是同种物质。这可以用右侧的原子量标尺来表示。只要每个衰变系中只获得一种物质，且它的量足够充分，能够用化学方法和天平直接测量原子量，那么原子量实际上就是已知的。因为我们只需要浏览整个衰变系：每发射一个α粒子原子量减4；每发射一个β粒子原子量减1/1840，也就是几乎没有影响。现在我们发现，通过直接方法可以证明这三种类似铅的最终产物实际上有不同的原子量。显然，如果这个理论是正确的，那么由于最终产物的积累，所有放射性矿物中一定

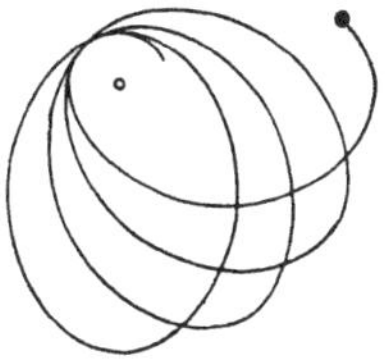

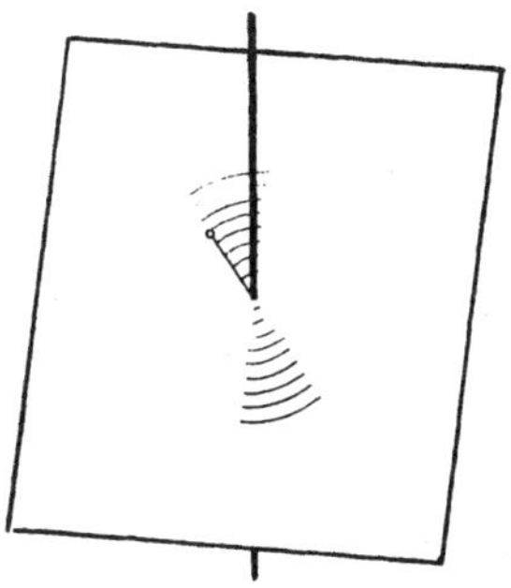

都有铅。事实的确如此。我们可以测量从铀矿石中提取的铅和从钍矿石中提取的铅，得到了不同的原子量。理论已经指出了差异的方向。

因此，毫无疑问，不同的原子核可以存在电荷相同但质量不同的情况。它们被称为“同位素”（isotopes，希腊语中“isos”意思是“相同”，“topos”意思是“位置”，即在元素周期表占据相同位置的元素）。

现在看来，其他非放射性元素可能也有同位素。因为我们知道，尽管原子量表现出一定的趋于整数的倾向（例如Li 6.94、Be 9.02、C 12.00、N 14.008），但还有一些原子量与整数有明显的偏差（例如Mg 24.32、Cl 35.457、Zn 65.38）。第二章中我们提到了普洛特的假设，如果用在原子核身上，而不是用在整个原子身上，该假设会不会也成立呢？有没有可能纯粹的同位素只是一团团质子，也许有几个电子把它们粘在一起？有没有可能化学上的、非整数的原子量是由同位素的混合造成的？事实的确如此。汤姆孙成功地证明了这一点，他的方法是原子物理学中常用的：制造由被研究粒子组成的射线，观察这些射线的电磁偏转。

我们可以用各种方式在真空管中产生阳离子束。例如，戈尔德斯坦[1]发现，如果在阴极上打孔或“隧道”，普通盖斯勒管中就会出现阳离子（图115）。阴极发射的电子使与之碰

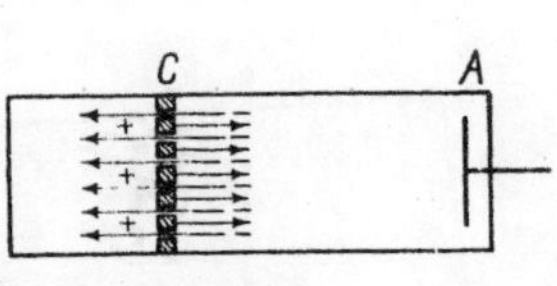

图115

[1] 欧根·戈尔德斯坦（Eugen Goldstein，1850—1930），德国物理学家，阴极射线的命名者。

撞的气体原子电离，由此产生的阳离子落在阴（负）极上，通常它们会被阴极捕捉。然而，如果离子碰巧落在孔眼中，它就会穿过孔，到达另一边。这种阳离子射线（阳极射线）有时也被称为“极隧射线”。

如果阴极与电子管紧密贴合，就不会有气体进入它后面的区域，阳极射线出现的那一侧就会产生高真空，因为很少有气体能通过细孔。阳离子射线的范围很广。对于许多物质，也可以通过在阳极上铺薄薄一层物质来产生阳离子射线，这样原子就会被撕扯出来，损失电子，也就变成了阳离子，我们就得到了阳极射线。

和阴极射线一样，我们也可以使阳极射线偏移，并通过摄影探测到它。通常我们会得到许多不同的离子，如插图Ⅴ（a）所示；每条抛物线都对应一种特定的离子，对于同一条抛物线上的不同的点，荷质比是相同的，只是离子的速度不同。

通过这种方法，汤姆孙成功地证明了气体氖不仅有一条主抛物线，还有一条较弱的抛物线，对应的粒子质量比主抛物线的大两个单位。

阿斯顿[①]把这种方法做到了极致。他使用的仪器被称为“质谱仪”（图116）。通过调整质谱仪，可以使不同速度的同

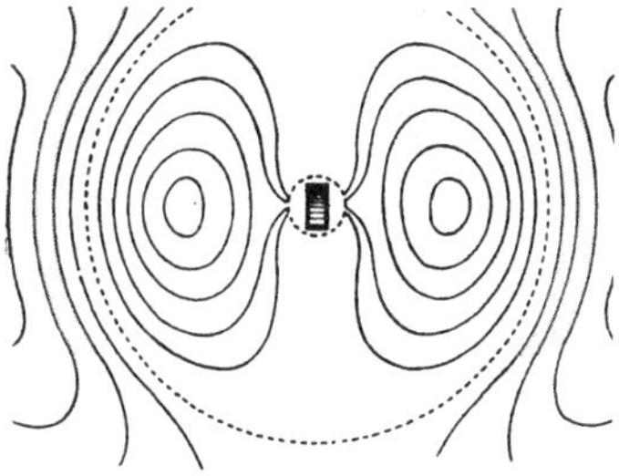

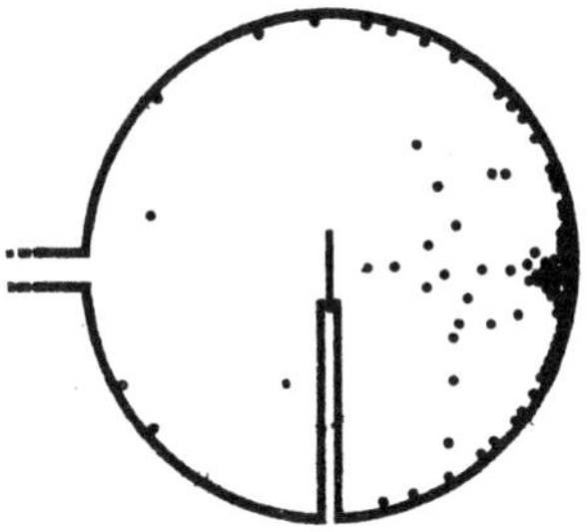

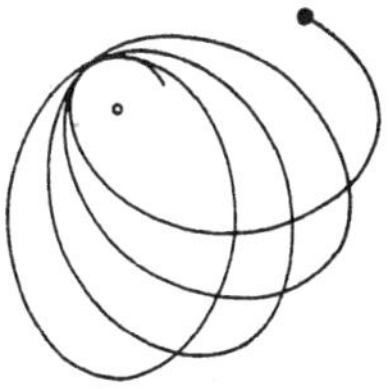

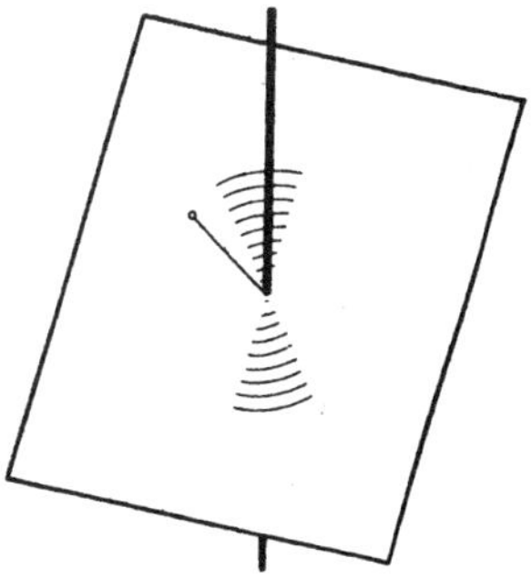

① 弗朗西斯·阿斯顿（Francis Aston，1877—1945），英国化学家、物理学家，由于“借助自己发明的质谱仪发现了大量非放射性元素的同位素，以及阐明了整数法则”获得1922年诺贝尔化学奖。

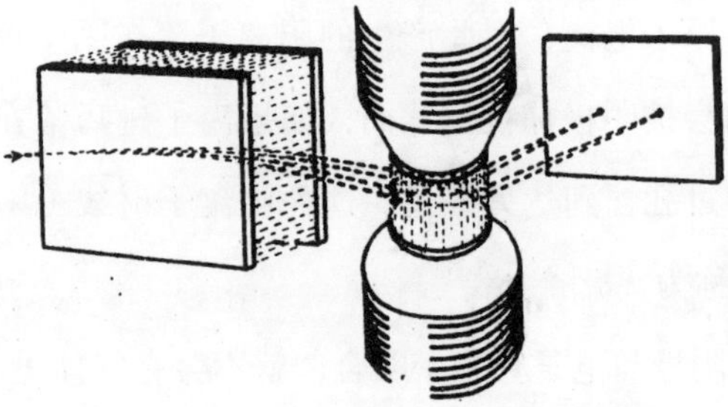

图116

种离子避免沿着抛物线在感光板上相遇，而是会分别在某一点汇合，就好像光聚焦在透镜的焦点上。仪器的灵敏度因此大大提高，测量质量的精度比化学方法高很多。

插图Ⅴ（c）显示了所谓的“质谱”，即感光板上对应不同种类的离子的点。任何人只要看一眼都会相信原子量的整体性质，因为这些点的距离是有规律的，它们都是某一最小距离的整数倍。细致的测量当然已经验证了这一点，然而，测量中的偏差再次变得明显，需要新的论据来解释。

无论如何，普洛特假说以下面这种方式成立：

所有原子核的质量都近似等于质子质量的整数倍。这个整数叫质量数。

如表Ⅲ所示，几乎所有化学元素都是同位素的混合物。这就是为什么原子量与整数有较大的偏差。

当然，人们尝试过分离纯净的同位素，而且在许多案例中实际已经做到了。例如，原子量分别为6和7的两种锂同位素可以通过阳离子的电磁偏转来分离，至少在一定程度上，得到的极薄的沉积物可以用于其他各种实验（例如用其他粒

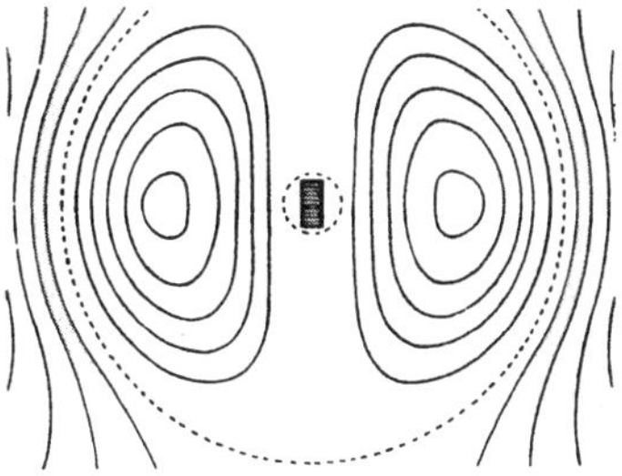

表Ⅲ同位素表

元素	原子序数	同位素
H	1	1，2，3
He	2	4，3
Li	3	7，6
Be	4	9
B	5	11，10
C	6	12，13
N	7	14，15
O	8	16，18，17
F	9	19
Ne	10	20，22，21
Na	11	23
Mg	12	24，25，26
Al	13	27
Si	14	28，29，30
P	15	31
S	16	32，34，33
Cl	17	35，37
Ar	18	40，36，38
K	19	39，41*
Ca	20	40，44，42，43
Sc	21	45
Ti	22	48，50，46，47，49
V	23	51
Cr	24	52，53，50，54
Mn	25	55
Fe	26	56，54，57
Co	27	59
Ni	28	58，60，62，61，56？，64？
Cu	29	63，65
Zn	30	64，66，68，67，70
Ga	31	69，71
Ge	32	74，72，70，73，76
As	33	75
Se	34	80，78，76，82，77，74
Br	35	79，81
Kr	36	84，86，82，83，80，78
Rb	37	85，87*
Sr	38	88，86，87
Y	39	89
Zr	40	90，94，92，96，91
Nb	41	93
Mo	42	98，96，95，92，94，100，97
Ru	44	102，101，104，100，99，96，98？
Rh	45	103
Ag	47	107，109
Cd	48	114，112，110，113，111，116，106，108，115
In	49	115，113

元素	原子序数	同位素
Sn	50	120，118，116，119，117，124，122，121，112，114，115
Sb	51	121，123
Te	52	130，128，126，125，124，122，123，127？
I	53	127
Xe	54	129，132，131，134，136，130，128，124，126
Cs	55	133
Ba	56	138，135，136，137
La	57	139
Ce	58	140，142
Pr	59	141
Nd	60	146，144，142，145，143
Sm	62	144，147，148，149，150，152，154
Eu	63	151，153
Gd	64	155，156，157，158，160
Tb	65	159
Dy	66	161，162，163，164
Ho	67	165
Er	68	166，167，168，170
Tm	69	169
Yb	70	171，172，173，174，176
Lu	71	175
Hf	72	176，178，180，177，179
Ta	73	181
W	74	184，186，182，183
Re	75	187，185
Os	76	192，190，189，188，186，187
Hg	80	202，200，199，201，198，204，196
Tl	81	205，203，207*，208*，210*
Pb	82	208，206，207，204，203？，205？，209？，210*，211*，212*，214*
Bi	83	209，210*，211*，212*，214*
Po	84	210*，211*，212*，214*，215*，216*，218*
Rn	86	222*，219*，220*
Ra	88	226*，223*，224*，228*
Ac	89	227*，228*
Th	90	232*，227*，228*，230*，234*
Pa	91	231*，234*
U	92	238*，234*

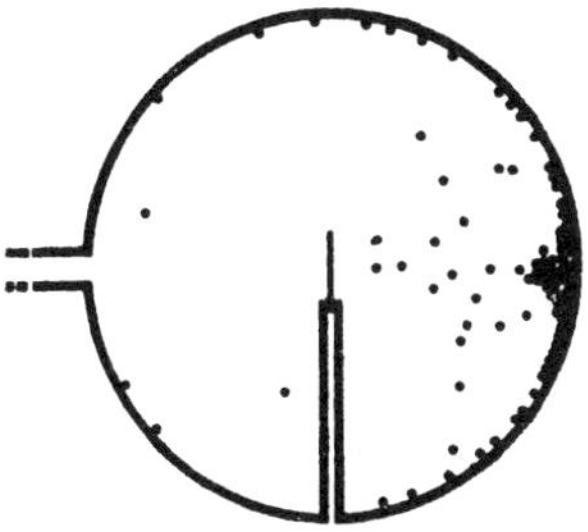

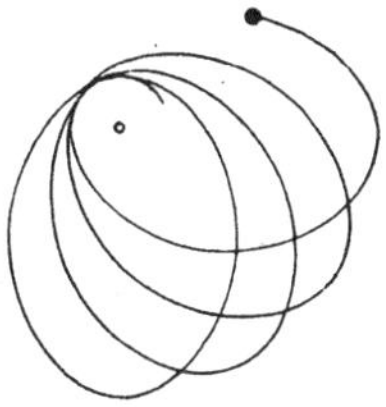

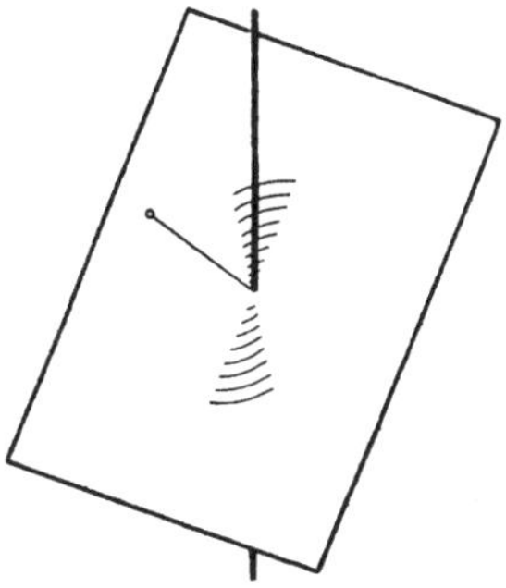

注：在每种情况下，同位素是按照出现频率的顺序排列的，数字即为同位素原子量；放射性同位素用星号表示，人工产生的放射性同位素不包含在内；问号表示尚不确定。

子轰击这些沉积物）。汞的分离利用了一个事实：较重的同位素比较轻的同位素蒸发得更慢。赫兹已经证明，许多气体可以通过陶制罐的气孔来分离：较轻的原子比较重的原子更快通过，如果重复这个过程足够多次，就可以最终完成同位素气体的分离。

当然，这一点非常重要。因为如果我们希望更细致地研究原子核，就必须确保研究对象是一种特定的原子核。但两个同位素核，比如上面提到的原子量为10和11的两个硼核，它们彼此之间存在差异，就像原子量为12和13的两个碳核一样。它们电荷相等，周围环绕着相同的电子群，因此在化学上无法区分，但就原子核而言，这个事实不那么重要。从核物理的观点来看，电子壳层是伪装原子核真实面貌的面具，用于模拟本不存在的身份。

反过来，也有过分强调差异性的面具。例如，氯元素的一个同位素原子量为39，与钾元素的主同位素原子量相同。我们说这样的核是“同量异位素”，意思是原子量相等。它们包含的质子数相同，电子数却不同[①]。表Ⅲ中有许多例子。

图117

现在我们有了能深入物质内部的必要材料——纯粹的原子核，它们显然都包含质子。要查明原子核的构成方式似乎没那么困难了。氦核的质量勉强大于质子，其质量为4，电荷为2，所以它可能由4个质子和2个电子组成。图117显示了一

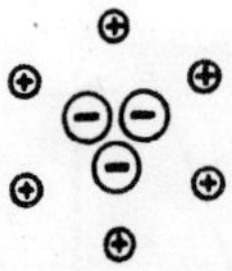

图118

① 原文如此。实际上同量异位素之间的质子数和电子数都不同。

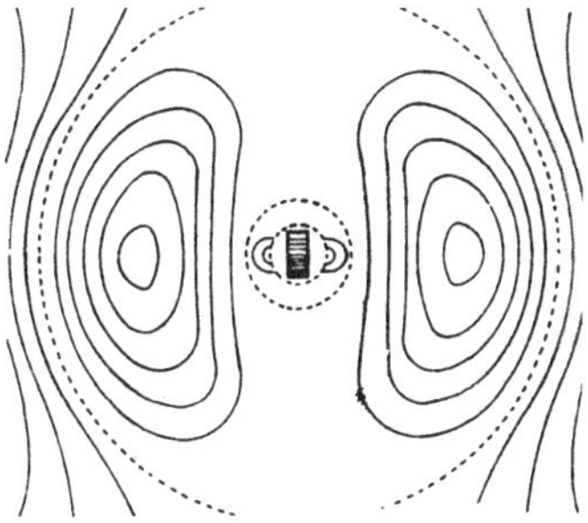

种相当奇特的排列方式。质量为6、电荷为3的较轻的锂同位素由6个质子和3个电子组成（图118），依此类推。

我们甚至可以知道这些核系统的结合能是多少。我们只需要回顾一下，原子核的原子量与整数值表现出的微小偏差。我们知道，质量的积累意味着能量的储存。因此，原子量相比于质子质量整数倍的偏差叫“质量亏损”，小的质量亏损表明原子核在形成过程中释放了多少能量。举个例子就能清楚地说明这一点。氦核不存在很多同位素，然而，其原子量4.002与质子相对质量的4倍，即$4 \times 1.0078 = 4.0312$有明显的差别。事实上，对大多数原子而言，0.029的差别是很大的值。这意味着需要特别大的能量来分裂氦核：它的结合能非常强。

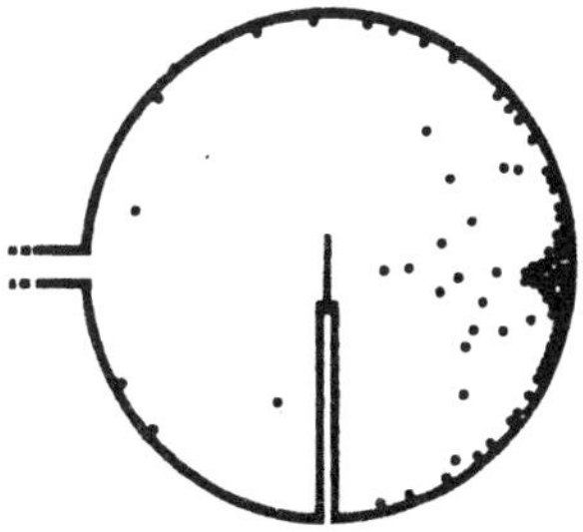

这个数值立刻就解释了，在放射性衰变中，为什么被整个射出的是 α 粒子，也就是氦核。

要想求出经典力学单位的结合能，我们必须将质量亏损（约0.030）乘以光速的二次方（$3 \times 10^{10} \times 3 \times 10^{10} = 9 \times 10^{20}$）。然后，我们获得的能量值相对于普通化学过程的能量值是巨大的。以相同的原子数计算，它比燃烧煤的热量大几百万倍。

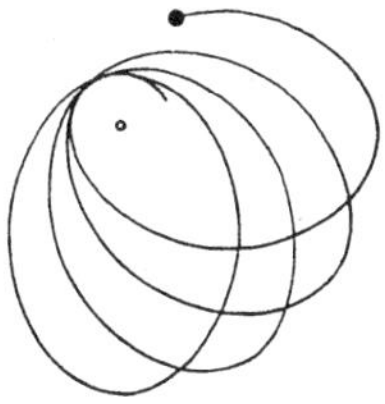

所有核的质量亏损都表现出确定的规律。随着元素的核电荷数升高，质量亏损会增加。从元素周期表的中间开始，质量亏损增加的速度减缓；在接近放射性核的时候，这种减缓会非常明显。这并不奇怪，它仅仅表明这些放射性核是不稳定的，并且有“爆炸”的倾向。

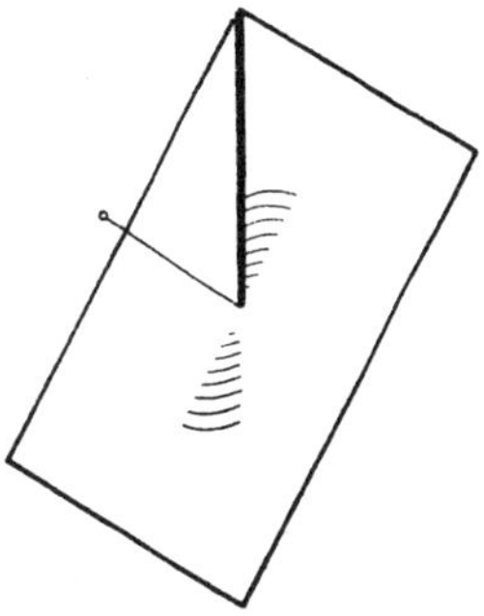

这些在原子核中产生的力是什么力？为什么在该力的作

用下，粒子会聚集在如此狭窄的空间？为什么质子总是过量，使得原子核总是带正电？可能存在负核吗？或者说是否存在类核粒子“中子”，使得质子数等于电子数？（当然，单凭中子不能形成原子核，因为它们不能把外部电子附着在自己身上。）

长期以来，我们思考的就是这些问题。我们不知道任何确切的东西，直到一系列新的发现带来了启示。

4. 氘核

氢和氧在实用物理学中有特殊的作用。它们的化合物，水，在许多测量中被用作标准物质。例如，在建立公制单位制的时候，质量单位“克”的最初定义是：特定温度下1立方厘米水的质量。同样，摄氏温标与水的沸点和冰点有关。这样的例子还有很多。氧是原子量的标准参数；氢核，即质子，是核结构的单位。所有这些都是基于一个假设：纯氢、纯氧和纯水是明确定义的物质。

破坏该假设的是一个我们必须要考虑的发现：氢和氧都是同位素的混合物，尽管其中一种同位素的量占比极其大。至少对于氢，我们面临着一个严峻的事实：更罕见的一种同位素的原子量正好是普通同位素原子量的2倍。对于其他所有元素，同位素之间原子量差别的与它本身的原子量相比微不足道。因此，它们很难分离，在物理学家或化学家的日常生活中也没有多大作用。然而，重氢相比于普通氢而言的确是

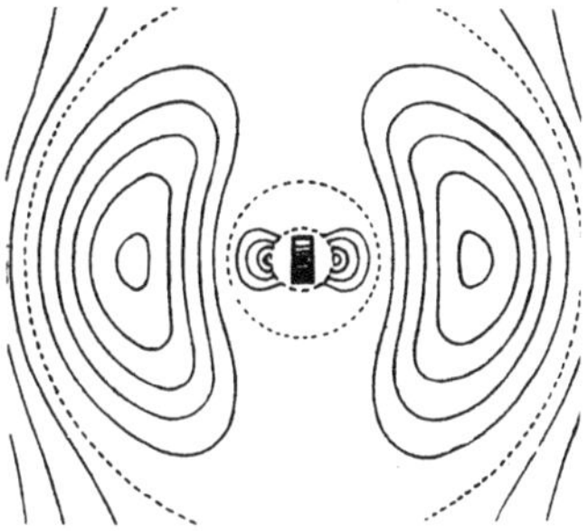

一种很不同的物质，因此它有一个特殊的名称。电荷为1、原子量为2的原子核被称为“氘核”，对应的元素（重氢）通常被称为“氘”，符号为D。

氘核的发现史表明，测量值与理论值的微小误差会使人们相信新物质的存在，从而最终发现它。令人惊讶的是，实验者对自己的判断有非常坚定的信念。然而，这种事情并不新鲜。海王星之所以被发现，是因为人们无法解释其他行星轨道的微小偏差，除非假定某个未知的天体扰乱了它们；海王星的轨道是根据偏差值来预测的，而它实际上正是在预测的位置被发现的。大气中稀有气体的发现是另一个例子。在这里，“大气氮”（从空气中得到的氮气）的密度与从氮化合物中得到的氮气的密度之间存在微小差异，使人们怀疑存在一种未知的成分（氩），并证明了它的存在。

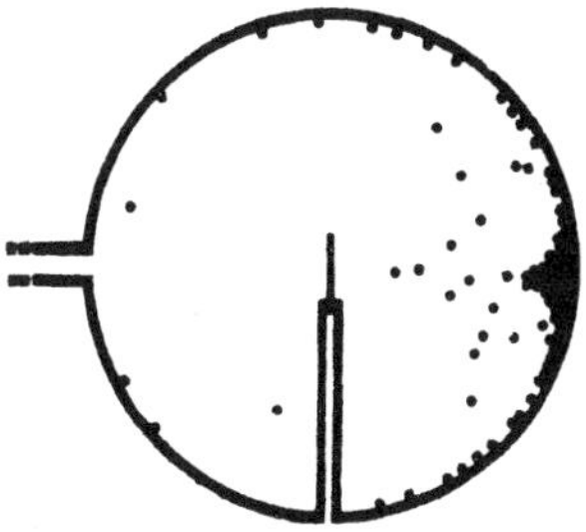

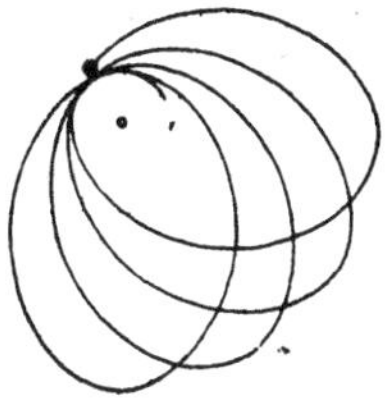

有一种发现同位素的方法叫光谱法。我们回到从玻尔理论推导出的结果：原子谱线的位置在一定程度上取决于原子核的质量。我们已经看到，单电荷的氦离子的光谱可以与氢原子的光谱区分开。相同的方法一定也适用于两种同位素；它们的谱线将以同样的方式排列，但由于核质量不同，它们的相对位置有轻微的偏移。通过这种方式，人们第一次发现普通氧（氧16）有两个同位素，氧17和氧18，尽管它们的数量非常之少。这一发现间接导致了氢的同位素的发现。新的方法测定了相对于主同位素氧16的原子质量，并把氧17和氧18两个同位素考虑在内。阿斯顿也用质谱仪测定了氢核的质

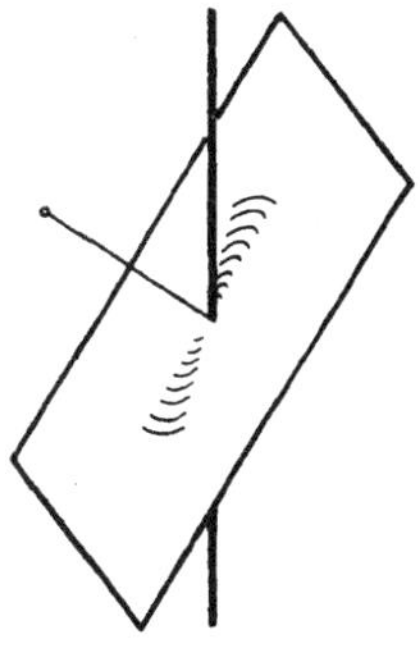

量，同样发现了与已知数据的差值，虽然仅仅相差1/5000，但差值的存在足以让我们去寻找原子量为2的氢同位素。尤里[①]成功地用光谱法探测到了这种同位素。通过电解水，人们就有可能获得几乎纯净的氘。氢气分子实际上是由三种气体组成，即普通的H_2、HD和D_2；当然，后两者存在的量非常微小。水也由三种不同的分子组成：H_2O、HDO和D_2O。在电解过程中，较轻的H_2的释放速度比其他种类氢气的释放速度快5到6倍。因此，水中留下的是重氢。通过反复电解残余的液体，我们几乎可以得到纯净的重水（D_2O）。今天，重水实际上是可以买到的，但由于制备过程十分昂贵，买它需要花很多的钱。

重水的分子量为$2\times2+16=20$，而普通水的分子量为$2\times1+16=18$。也就是说，差值高达10%！氘核的准确原子量是2.0136，用两个质子的相对质量（$2\times1.0078=2.0156$）减去它，我们就得到了质量亏损，或者氘核的形成能，即0.0020。这比氦核的形成能0.030小得多。重水（D_2O）的性质与普通水（H_2O）的性质差别很大，它的冰点高3.8℃，沸点高1.4℃，密度大11%。

在所有氢化合物中，H原子都可以用D原子替代。因此，出现了一个很新的化学分支，甚至在生物学中也很重要。

幸运的是，就标准物理单位的确定性而言，氘的发现并

① 哈罗德·尤里（Harold Urey，1893—1981），美国著名化学家、物理学家，因发现氢的同位素氘获得1934年诺贝尔化学奖。

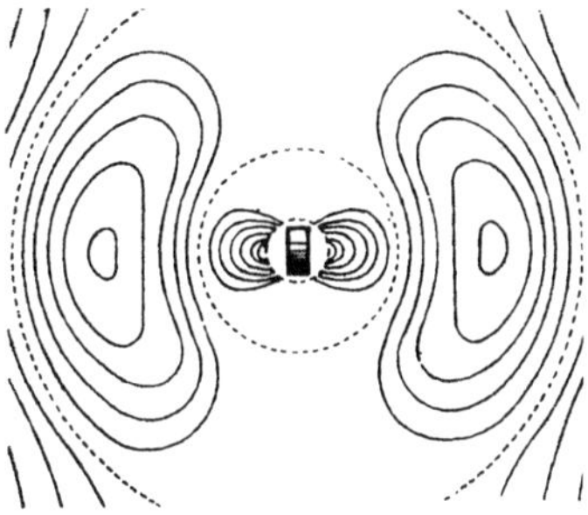

不是完全的灾难。无论如何，我们早就过了用水来确定克或者质量单位的阶段。作为替代，我们使用的是一块保存在巴黎的铂铱金属，根据国际协定，它代表1千克（1000克）的单位。至于其他的例子，比如温标，微量重水的影响可以忽略不计。然而，从哲学的角度来看，那些曾经被认为是物理学坚实基础的测定，后来由于观察更细致而站不住脚，这是非常有趣的。

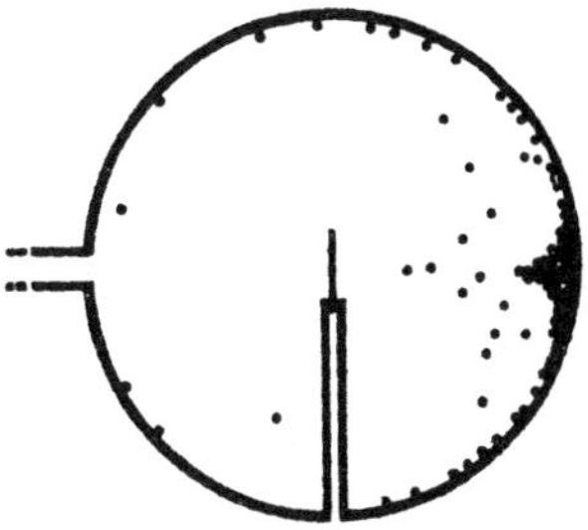

对物理学家来说，发现氘核的重要性，主要在于它肯定是最简单的复合核。当氘核受到轰击或者作为射弹时，它的行为会很有启发意义。

5. 中子

电子和质子是构成物质的基本单位，这个观点既简洁又迷人。但是，唉，它是错的。还有一些其他的粒子，它们同样有权获得终极粒子的称号。

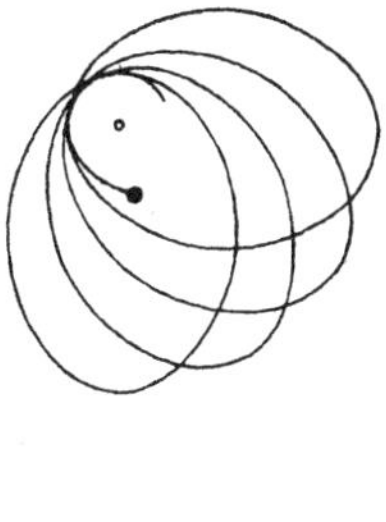

首先，人们发现中子的确存在。中子的发现与另一项发现密切相关，即原子核可以像原子一样受激并发光。人们很久之前就怀疑这一点。γ 射线与光具有同样的本质，是放射性物质发射出来的，可以通过以下方式来解释。当一个原子核爆炸时，核的残留物并不是保持在基态，而是处于激发态，随后跃迁回基态并释放出一个质子。因此，γ 射线表明，原子核爆炸最终产物中存在能级。普通原子核中不也存在能级吗？

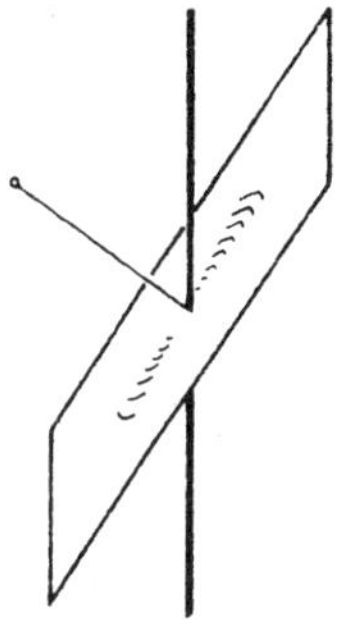

博特和贝克[①]用 α 射线轰击轻的锂原子核与铍原子核，使它们发出了 γ 射线。这非常类似于普通原子的激发，即通过电子轰击使它们发光。

当这些 γ 射线穿过物质时，它们会产生电离效应，从原子中击出电子。我们可以在威尔逊云室中追踪这个过程；沿着 γ 射线的轨迹，我们可以找到离子的踪迹。离子当然总是成对出现的，一个带正电，一个带负电。

通过研究这个现象，约里奥和他的妻子伊雷娜[②]做出了惊人的发现。后者是镭的发现者居里夫妇的女儿。他们发现，当铍受到 α 射线轰击时，它发出的二次辐射会把石蜡及其他含氢物质中的粒子撞出来（图119）。而根据这些粒子的电离特性及在威尔逊云室中的轨迹，这些粒子肯定不是电子。结果证明它们是质子，而且，铍的二次辐射甚至可以让氦和氮

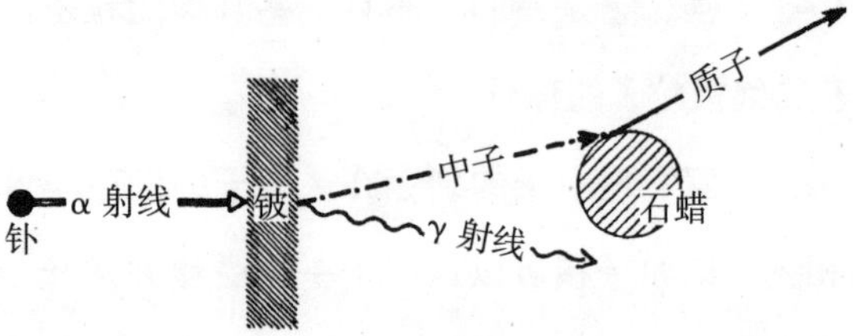

图119

① 瓦尔特·博特（Walther Bothe，1891—1957），德国物理学家、数学家和化学家，1954 年获诺贝尔物理学奖。赫伯特·贝克（Herbert Becker）是他的学生和助手。

② 让·弗雷德里克·约里奥－居里（Jean Frédéric Joliot-Curie，1900—1958），法国物理学家，曾是居里夫人的助手。伊雷娜·约里奥－居里（Irène Joliot-Curie，1897—1956），法国物理学家。两人于 1935 年共同获得诺贝尔化学奖。

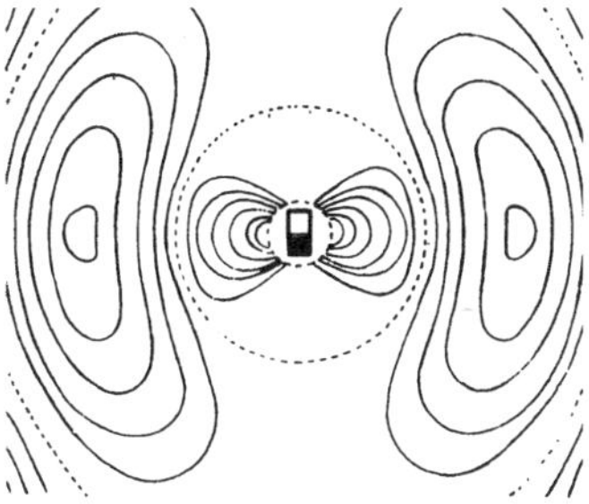

的重核运动［插图Ⅴ（d）］。我们很难想象 γ 射线有这样的效果，相比于质子，γ 射线的光子太轻了，以至于不可能给质子赋予很大的速度，就像网球不可能给碰巧撞上的汽车很大的速度变化一样。

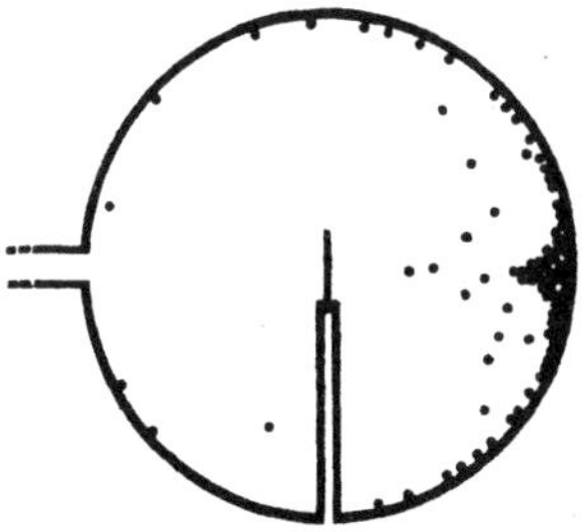

查德威克意识到，α 射线轰击铍时，从铍中释放出来的是中子。当质子以云迹的形式现身时，它并没有与铍的另一个云迹相连［插图Ⅴ（d）］。新的辐射对原子的外部电子没有影响，因此只能由不带电的粒子构成。它的质量与质子的质量大致相当，如果它与质子中心对撞，就会使质子改变运动状态。通过比较中子与各种核（比如氢核与氮核）碰撞的结果，我们甚至可以非常准确地测定中子的质量。结果是，人们发现中子的质量几乎等于质子的质量。

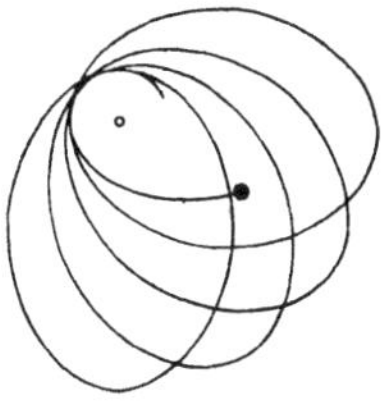

这些中子的行为与我们之前所知道的其他射线（无论是光线还是带电粒子射线）都大不相同。当后者穿过物质时，阻滞过程及最后的吸收过程主要是它们把能量转让给物质的外部电子。由于外部电子的数目与核的质量近似成正比，不同物质的吸收强度与它们的质量近似成正比，因此，对于这类射线，一层铅比一层同样厚的铝或石蜡具有更强的阻滞效应。中子的情况完全不同。中子完全忽略外部电子，只有在与原子核直接碰撞时才会受到阻滞。由于原子核的大小几乎相同，所以问题的关键就是每立方厘米有多少个原子核。在这方面，较轻的物质具有优势。1 g氢所含的原子核数是1 g氧的16倍，也就是说，对中子的阻滞效应是后者的16倍。厚

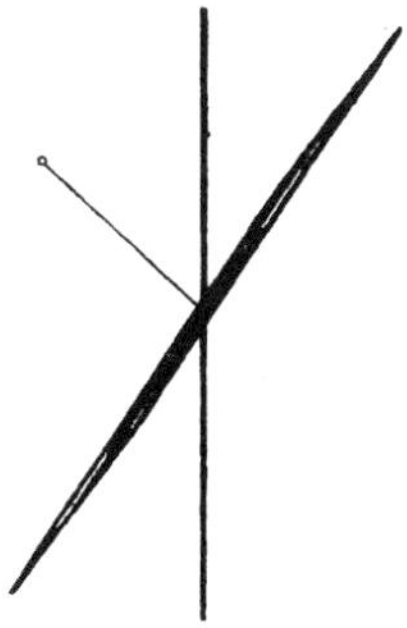

厚的铅层是抵御所有其他射线的可靠屏障，却不能阻挡中子；轻物质的薄片可以阻挡中子，但对 α 射线来说却根本不是障碍。氢有一种特殊的作用，它并不完全使中子停下来，而是阻滞中子的运动。在一层石蜡或一层水的帮助下，我们可以得到速度很慢的中子。这显然是由于一个事实：中子与氢原子核有大约相同的质量，因此在与后者碰撞时给出了大约一半的能量。

那么，中子是什么样的呢？我们可以想象它是一个电子与一个质子的紧密结合，它们的结合比氢原子中电子与质子的结合更紧密、更强力。为什么会存在稳固和松散的两种结合呢？我们不得而知。但随后又有了一个新的重要发现，为解释这个问题提供了新的可能。

6. 正电子

当前的电学理论完全无法解释这个事实：正电与负电并非以相同的方式产生，而是分别形成了质量迥异的质子和电子。长期以来，人们一直推测，一定也存在带正电的电子（小质量）和带负电的质子（大质量）。但直到狄拉克发展出了量子力学最精妙的形式，人们才得到了肯定的观点。实际上，带正电的电子是通过观测一种叫“宇宙射线”的奇妙现象发现的。这本身就很有趣，因此我将简要地说明一下。

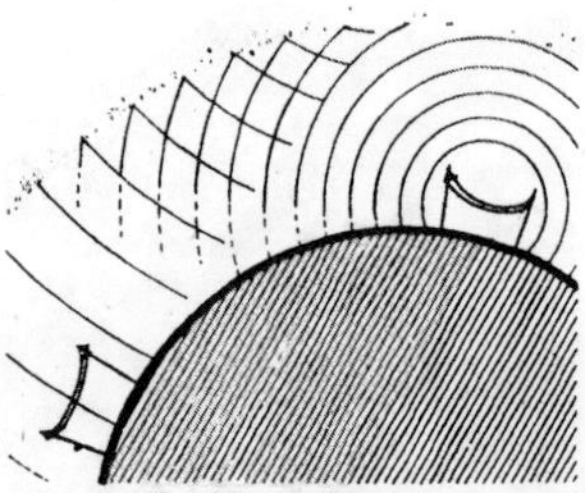

图120

即使是宇宙中的真空，也是永不停息的。恒星发出的光波在每个地方都不停地振荡，因此到处可以发现漫游的原子，

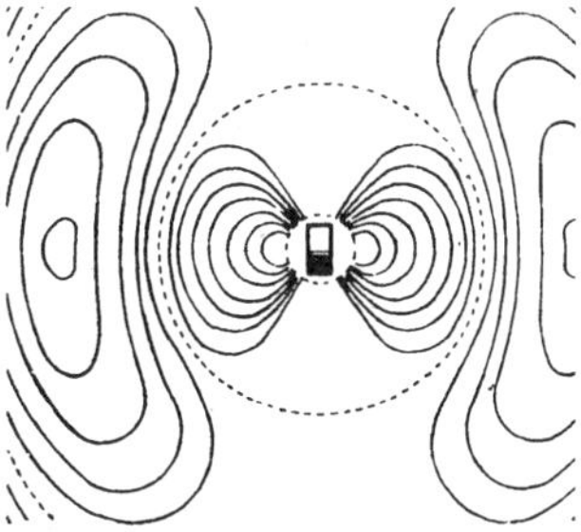

它们在星际空间中的密度估计为每立方厘米1个原子。此外，太阳不断地发射速度非常快的电子，这导致了极光现象。这是因为，在磁场的作用下，电子会螺旋式地偏转，磁场越强，螺旋越密，电子速度越慢。现在我们都知道地球是一个磁体，太阳发射的电子进入地球磁场，然后偏转并进入环绕地球磁极的螺旋轨道。斯特默[1]研究了这些路径，证明没有电子能到达赤道区域，它们只能聚集在南北高纬度地区。我们甚至可以用实验模拟该现象，方法是让阴极射线落在磁化的小铁球上，如插图Ⅵ（a）所示。

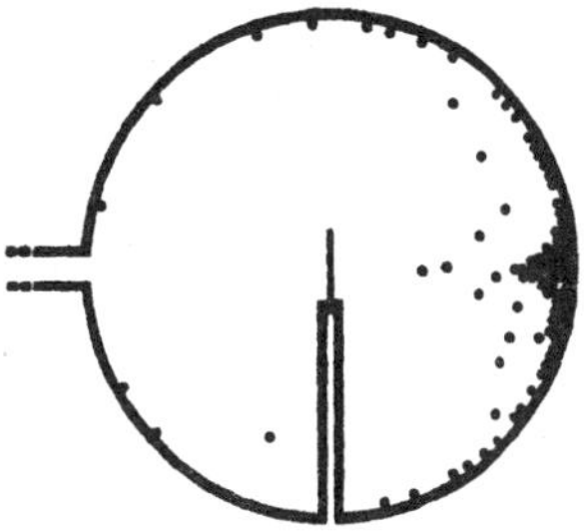

这些电子也导致了大气层很高的地方存在一层电离气体，也叫肯涅利–亥维赛层[2]。说来也奇怪,它对我们非常重要。因为它是导电的，对电磁波来说就像一面镜子，它的作用相当于金属镜对光的作用。这就是为什么尽管地球有曲率，我们的无线电发射机仍然有这么广的使用范围。无线电波不能进入太空，而是会一次、两次或多次地被反射回来，从而在很远的地方到达地球表面，因此我们能听到来自大洋彼岸的音乐（图120）。

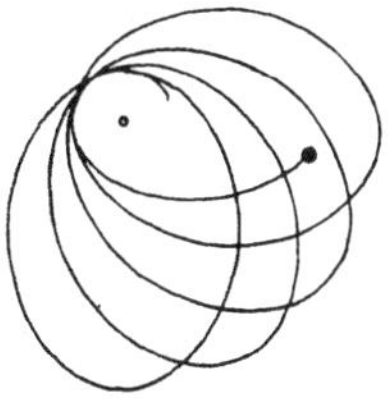

然而，来自太阳的电子实际上并没有到达地球表面，但仍然有其他的“炮弹”携带着巨大能量穿越太空，其中一些确实到达了我们这里。大约25年前，人类第一次注意到地球

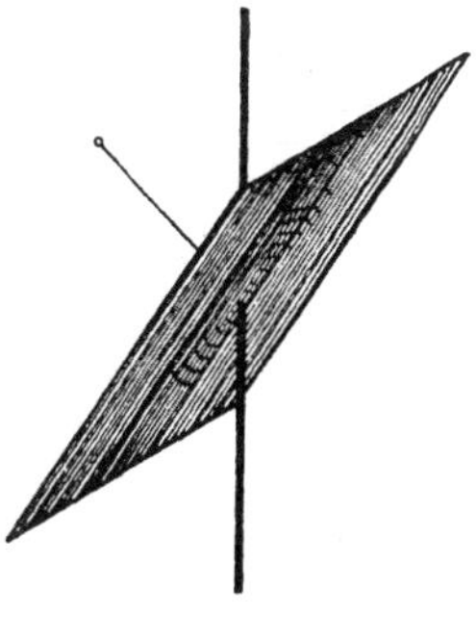

① 卡尔·斯特默（Carl Størmer，1874—1957），挪威数学家和物理学家，因在数论和研究磁层中带电粒子的运动和极光形成方面的成就而知名。

② 即现在所称的电离层。

受到的这种“连续炮击”。实验室里用于探测辐射的电离室永远不会显示电流为零；计数装置也总有一点儿偏差。部分原因是，地球上到处都有放射性的痕迹，它们发射的粒子偶尔会穿过仪器。但是，即使用厚厚的铅板尽可能保护仪器不受地面辐射的干扰，依然会检测到一些无法消除的辐射。

赫斯[①]是第一个带着电离室上气球的人。他发现随着气球升高，辐射增加了。后来通过使用飞机或气球，在有观察者或无观察者的情况下，这些实验被扩展到很高的高度，比如皮卡尔[②]著名的平流层飞行。携带着自动记录装置的气球所到达的最高高度约为30千米。这些观测清楚地表明，辐射来自地球以外。它不可能起源于地球大气的最高层，比如雷暴在大气层低层释放的电压，因为事实证明，辐射在靠近赤道的地方稍小。对这一观察结果的自然解释是，辐射由带电粒子构成，它们从外太空进入地球的磁场，并在磁场的作用下偏转，就像导致极光的电子一样。但由于它们速度更快，受磁场影响的程度小得多。辐射既不是来自太阳或银河系，也不是来自任何特殊的地方。它似乎充满整个空间。它的能量一定无限大，因为在水下500米深的湖底都可以探测到它。

最终，实验人员成功地在威尔逊云室中看到了构成辐射

---

① 维克托·赫斯（Victor Hess，1883—1964），奥地利裔美国物理学家，1936年诺贝尔物理学奖得主。

② 奥古斯特·皮卡尔（Auguste Piccard，1884—1962），瑞士物理学家、发明家和探险家。他曾多次搭乘氢气球到高空做研究，最高达到了23000米。

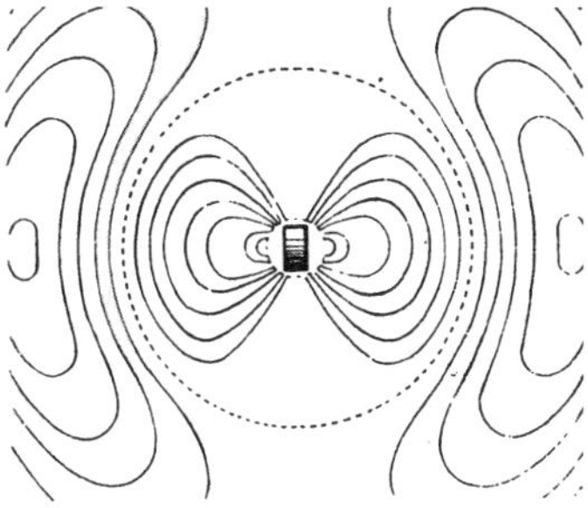

的粒子。云室被置于强磁体的两极之间，然后我们就可以看到弯曲的轨迹［插图Ⅵ（b）］。通过曲率可以计算能量，我们发现这些粒子的能量相当于一个电子在几亿甚至几十亿伏特电压下的能量。

但是，这些在地球表面观察到的射线，当然不只是原始的宇宙射线，而是二次射线与宇宙射线本身的混合射线。二次射线是宇宙射线在穿过大气层或仪器中的物质时产生的。

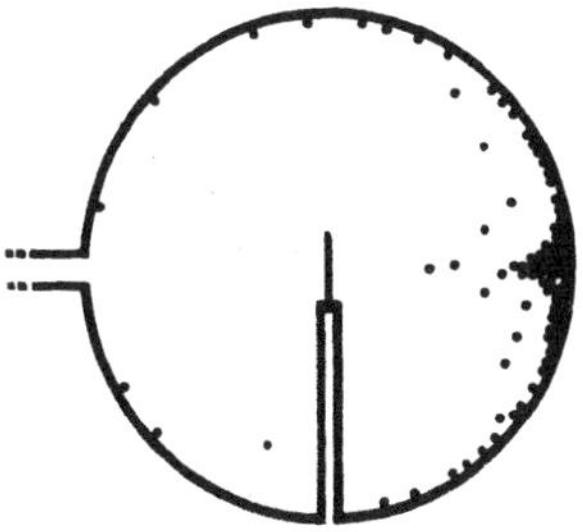

正是这些来自太空某处的神秘射线引起了人们对正电子存在的注意。安德森①首先注意到，同一块感光板经常会出现曲率相反的轨迹，这些轨迹似乎来自云室壁的同一点。他也最早提出这些轨迹是正电子造成的。它们不可能是质子的轨迹，因为它们看起来与普通电子的轨迹一模一样。由于轨迹的出发点是相同的，因此轨迹往错误的方向弯曲不太可能是因为普通电子向后移动。我们发现了完整的粒子雨［插图Ⅵ（b）］，这显然产生于仪器受到宇宙粒子撞击时金属原子核的一系列爆炸。最终，逆向描述路径的提议被证明是行不通的。在云室中放置一块铅板，我们偶尔可以观察到粒子穿过铅板［插图Ⅵ（c）］。路径越弯曲，粒子速度就越慢；当然，铅板只能阻滞粒子的运动，它们的运动方向是确定的。这些结果使我们不得不得出结论：宇宙辐射中存在正电子。

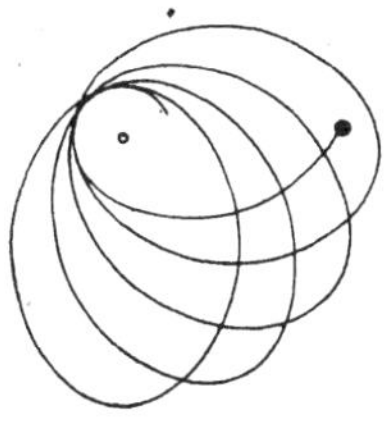

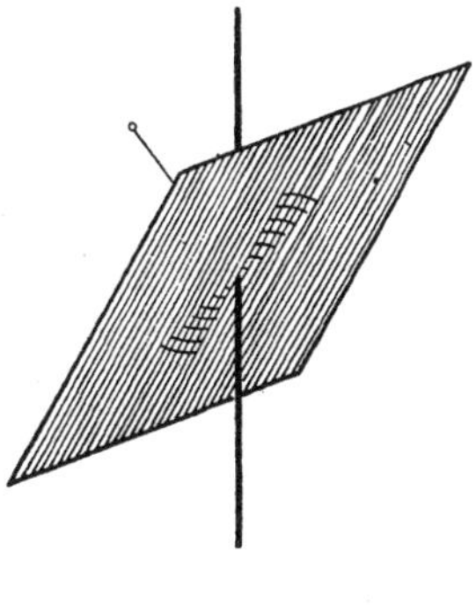

① 卡尔·安德森（Carl Anderson，1905—1991），美国物理学家，因发现了正电子而获得1936年诺贝尔物理学奖。

不久，人们还发现有可能通过其他方式产生正电子。当轻元素被 γ 射线轰击时，我们可以在威尔逊云室中观察到电子对：一个正电子和一个负电子从同一个地方发射。

这类实验引发了一系列问题：为什么正电子在宇宙中如此罕见？它们是否隐藏在原子核中？是光释放了正电子吗？为什么一个正电子总是伴随着一个负电子？

在实验提出这些问题之前，前面提到的狄拉克理论已经给出了最后两个问题的答案。现在，新的直接实验已经证实了这些结果。这是一个大胆的论断，但它并不违背物理学一以贯之的路线：物质不是永恒存在，而是会经历创造和毁灭。一个正电子和一个负电子会相互湮灭，它们的能量以光的形式飞走；但随着光能的湮灭，它们也可以从中诞生。

只要了解了质能等价，人们就会经常想到，物质粒子，特别是电子，可能被创造或毁灭。但现在，我们的眼睛可以看到这种现象，因为在威尔逊云室中我们实际看到了电子对的诞生［插图Ⅶ（a）］。相反的过程，即一个正电子与一个负电子相撞并消失，已经被同样确定地证明了。

所以，情况是这样的：每个电子都在寻找相反类型的伴侣，并急于与之结合。在这种疯狂的“婚姻”后，父母消失，诞生了一对双胞胎光子。但并不是所有电子都能找到伴侣。在我们的宇宙中，负电子过剩。为什么？我们不知道。也许，在宇宙的其他地方，情况正好相反。

也许负质子也存在，只不过至今还没有人成功地发现它。

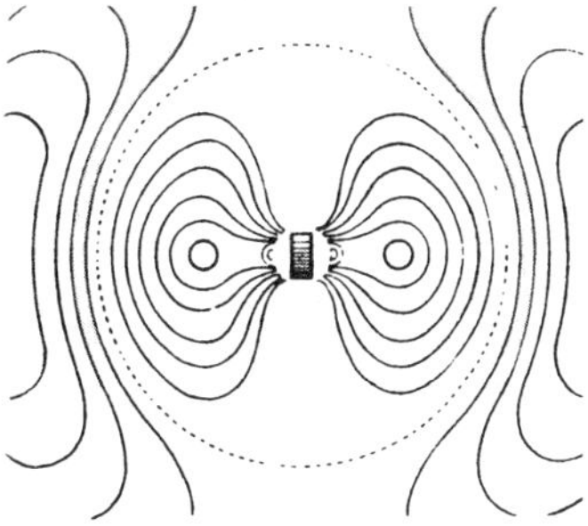

也许宇宙中有一些区域负质子过剩，正电子会围绕着负核旋转。然而，这种物质与我们宇宙的物质不会有太大不同：这些地方的居民将遵守完全相同的物理定律。光也许会给我们带来一道信息，即那里的一切在电学上都是相反的。但信息可能太模糊，我们无法破译。

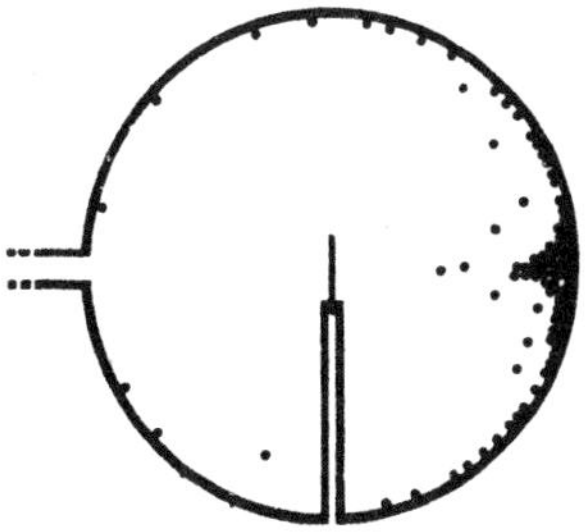

7. 核嬗变

我们已经确证了四种基本粒子的存在：两种轻粒子，电子和正电子；两种重粒子，质子和中子。可能还有很多。因为它们有可能这样组合：

一个质子和一个电子得到一个中子

一个中子和一个正电子得到一个质子

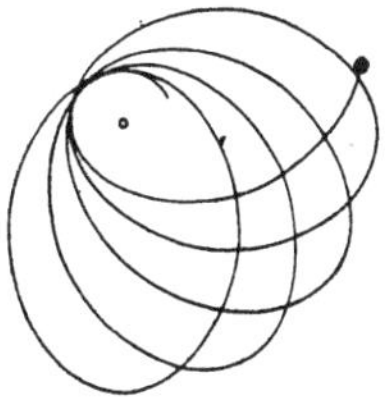

中子和质子至少有一个是复合物质。这就引出了关于复合核的一般性问题：怎样锋利的解剖刀才能切断比最强化学键还要强数百万倍的键？

这不过是新瓶装旧酒，仍然是炼金术士的老问题：元素嬗变。然而，现在的动机已经不是以神秘魔术为幌子的对黄金的贪欲，而是科学家的纯粹好奇心。很明显，我们一开始就不期望获得财富。这是射击和撞击原子核的问题，我们已经知道靶子有多么小：原子核的半径是原子半径的十万分之一（10^{-5}），因此靶子的面积只有原子横截面的百亿分之一

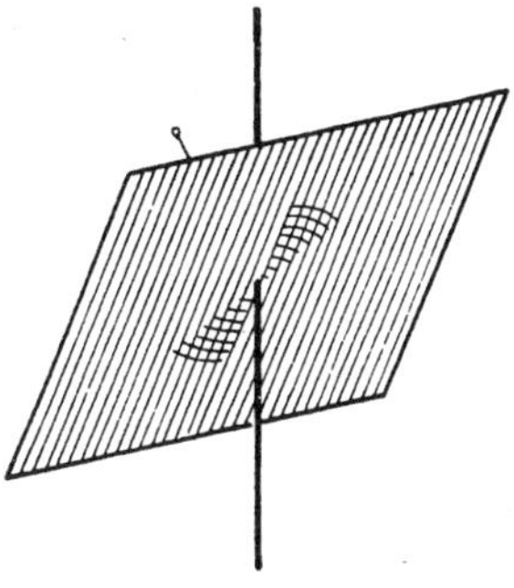

（$10^{-5} \times 10^{-5} = 10^{-10}$）。只有通过最完善的实验技术，我们才能偶尔成功地射中靶心，并观测到实验结果。通过用 α 射线轰击氮原子，卢瑟福成为第一个使原子核发生变化的人。在含氮的威尔逊云室中，我们偶尔会看到 α 粒子的轨迹突然中止，原处出现了一条新的更宽的轨迹 [插图Ⅶ（b）]。不久，许多其他元素也得到了相同的结果。偏转实验表明，产生的新粒子是质子。最开始科学家用了“核衰变”一词，但这个表述有误导性。很明显它是“核嬗变”的一个例子，因为实际上原子量在增加，留下的是 α 粒子（重），出来的是质子（轻）。

现在我们习惯于用与化学反应相同的符号来表示核嬗变。在原子核的符号上，我们加上质量作为左下标，加上电荷（原子序数）作为右指数；例如，我们用 $_7N^{14}$ 表示氮核。那么，卢瑟福实验最开始的核反应显然是这样的：

$$_7N^{14} + {}_2He^4 \rightarrow {}_8O^{17} + {}_1H^1$$

也就是说，α 粒子，即氦核 $_2He^4$，与氮核结合，形成氧的同位素核 $_8O^{17}$，并分裂出一个质子 $_1H^1$。其他的核反应也可以用同样的方式表述。

这些实验证实了原子核是由质子构成的，因为质子总是被射出。

当然，接下来不仅要用到自然的 α 射线，还会用到人造的 α 射线。这提出了一个技术问题：如何建造能产生更大能量的阳极射线的电子管。此外，必须制造巨大的机器来产生

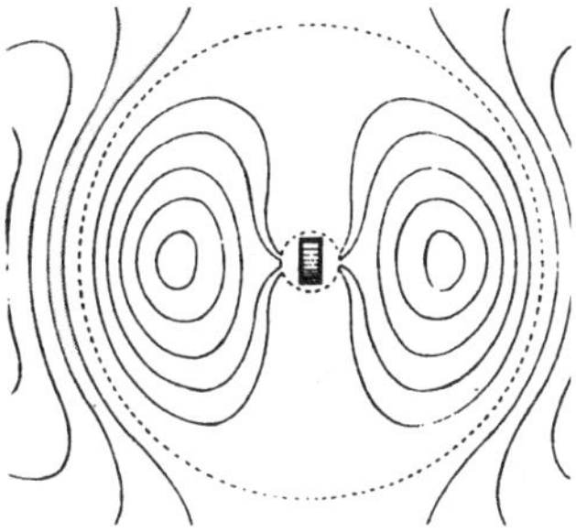

必需的电压，而且必须找到能承受这种电压的绝缘体。世界各地的许多实验室都在研究这个问题，目标是百万伏以上的电压。有些人甚至大胆地利用闪电，为了利用雷暴期间的巨大电压，在杰内罗索山建立了一个电站。

然而，考克饶夫和沃尔顿[①]最先取得了成功，相对而言，他们使用的仪器有点儿微不足道。他们得到的质子束“只有”120000 V的电压，并成功地用它实现了锂原子核的嬗变，方程为：

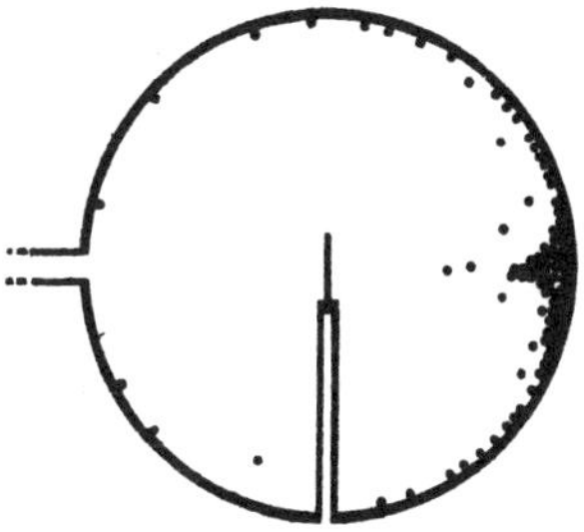

$${}_{3}Li^{7} + {}_{1}H^{1} \rightarrow {}_{2}He^{4} + {}_{2}He^{4}$$

通过捕获一个质子，锂原子变成了4电荷数与8原子量；然后它分解成两个氦核。这是非常稳定的结构。在威尔逊云室中，我们实际上可以看到两个氦核以人造 α 射线的形式朝相反的方向飞去［插图Ⅶ（c）］。

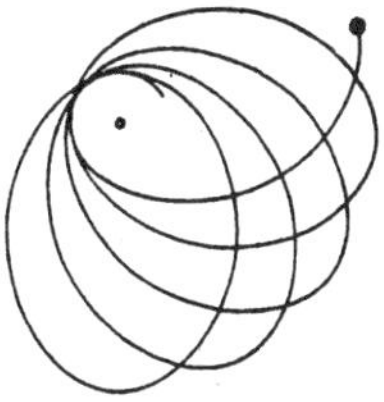

其他许多原子核也能发生类似的反应。通常我们可以猜测碎片的性质是什么，然后测试这个过程中的能量转变是否符合猜测。由于原子核的质量亏损是已知的，因此它们的结合能、射弹的动能及产生碎片的动能都可以测量。

除了质子，还可以使用其他射弹。我们发现氘核 ${}_{1}D^{2}$ 特别有效。如果用它射击重水或者其他含 ${}_{1}D^{2}$ 原子的物质，观察到的反应很可能可以这样解释：

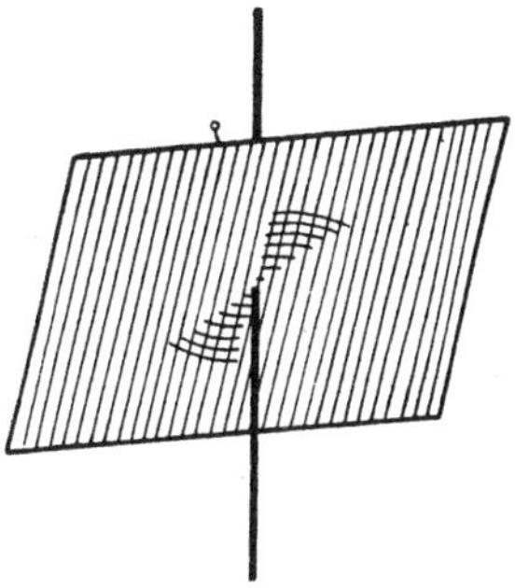

① 约翰·考克饶夫（John Cockcroft，1897—1967），英国物理学家。欧内斯特·沃尔顿（Ernest Walton，1903—1995），英国物理学家。两人共同获得1951年诺贝尔物理学奖。

$$_1D^2 + {}_1D^2 \rightarrow {}_1H^3 + {}_1H^1$$

和

$$_1D^2 + {}_1D^2 \rightarrow {}_2He^3 + {}_0n^1$$

其中，$_0n^1$表示中子。这样就产生了新的氢同位素和氦同位素，它们是原子量为3的同量异位素。氢的同位素$_1H^3$，很自然地被命名为氚核。不久质谱仪证实了它的存在。

伊雷娜·居里和约里奥获得了一项重要发现。他们用α射线轰击铝，发现停止轰击以后，铝本身发出了射线：它变得具有放射性，释放出正电子。这个过程涉及两个反应。第一个：

$$_{13}Al^{27} + {}_2He^4 \rightarrow {}_{15}P^{30} + {}_0n^1$$

通过捕捉一个α粒子并释放一个中子，将铝核转变成磷核。但这个磷核应该不是普通的稳定磷核，因为尽管电荷数也是15，但它的原子量是30而不是31。这样就产生了一种新的、不稳定的磷同位素，它会进行第二个反应并爆炸：

$$_{15}P^{30} \rightarrow {}_{14}Si^{30} + \text{正电子}$$

由于发射了正电子，磷转变成稳定的硅同位素。根据费米的理论，用中子撞击可以获得非常大的正电子产量，特别是当这些中子通过一层石蜡而减速的时候。

放射性磷的半衰期仅为3分钟。在其他情况下，我们发现了较长的或较短的半衰期，最多大约是半小时。这段时间足够对该物质进行化学反应，从而找出沉淀的物质是什么元素。这样就可以证实许多对核反应的解释。

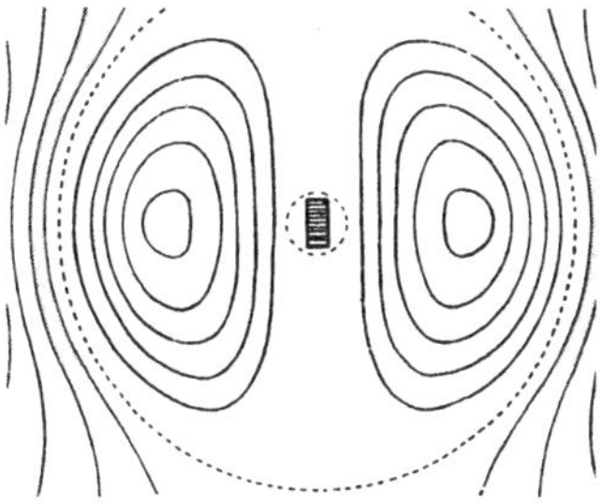

周期系统中所有元素的放射性同位素都已经被发现了，而且由于找到了几个“超铀”元素，周期系统本身已经扩展到了92号元素铀之后。其中有著名的镎Np^{93}、钚Pu^{94}，它们可以通过“裂变”来进行衰变（参见表Ⅰ的注释和后记）。

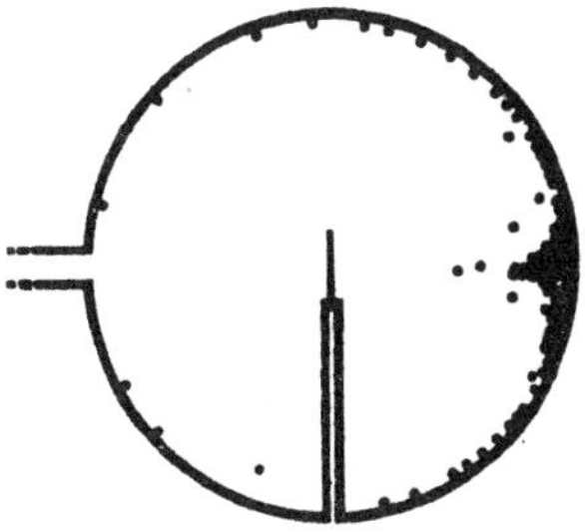

查德威克与戈德哈伯[①]发现了一种特别有趣的核反应类型。他们使用γ射线辐射，证明氘核可以分解成一个质子和一个中子，公式如下：

$$_1D^2 + \gamma \rightarrow {}_1H^1 + {}_0n^1$$

这个反应的重要性在于，最简单的复合核可以直接分解成它的各个组成部分。此外，这个反应得出了中子质量的一个非常精确的值，人们发现它实际上与质子的质量相同[②]。

8. 核结构

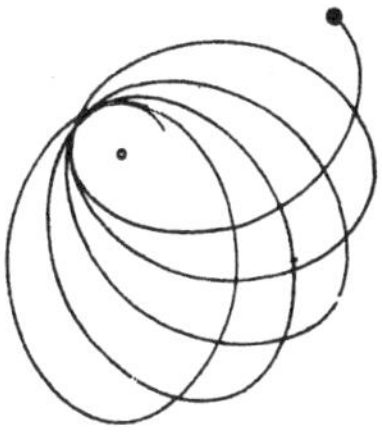

有了这些任我们处置的原材料，我们现在就可以描绘原子核是如何形成的。

困难在于，我们对这些作用于微观领域的力几乎一无所知。我们只能反过来，从观察到的事实推断力和力的规律。

当原子核飞散成碎片时，无论是自发分解还是被射弹撞击而分解，碎片有时候是复合核，比如氦核或锂核；有时候是基本粒子。电子、正电子、质子、中子这四种形式的基本

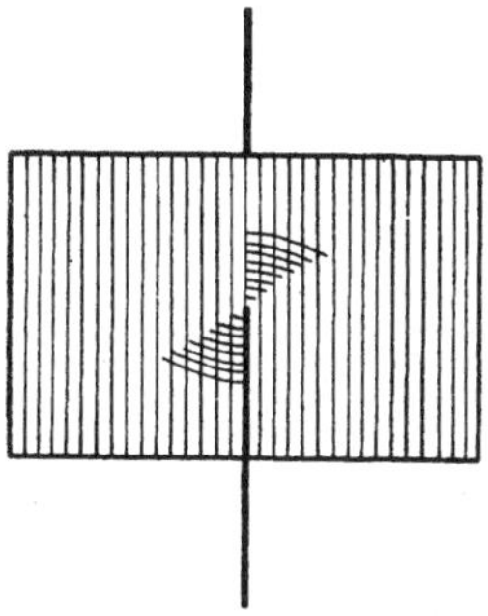

① 莫里斯·戈德哈伯（Maurice Goldhaber，1911—2011），美国物理学家，以发现中微子的“左手螺旋度”而知名。

② 原文如此，实际上两者有非常细微的差别。

粒子都存在。最简单的复合核D分解成一个中子和一个质子。

这表明，也许所有的原子核都可以由中子和质子组成。增加一个中子，质量增加1而电荷不变；增加一个质子，质量与电荷都增加1。由此，我们能想象到的原子都可以这样构成。例如，氦（$_2He^4$），是由两个中子和两个质子构成；锂的同位素$_3Li^6$，是由三个中子和三个质子构成；锂的同位素$_3Li^7$，是由四个中子和三个质子构成，以此类推。

这个观点现在被普遍接受，原因如下。

“原子核由质子和电子组成”的陈旧假设已经站不住脚，因为中子和正电子已经被发现了。有许多事实直接否定了这个假设。例如，可以用实验证明原子核在旋转，它们有角动量。这是根据各类观测得出的。许多谱线表现出一种非常精细的结构，即“超精细结构”。通过假设原子核具有旋转量子化、方向量子化，就可以解释这种结构。由此可以推断出原子核的角动量。拉比甚至成功地改进了斯特恩的磁偏转法，使得在许多情况下我们可以检测原子核的机械动量和磁动量。

这种方法和其他间接方法的主要结果是，质子具有与电子一样的“自旋”，即1/2（以量子单位计算，h是角动量的单位）。但是根据自旋组合的规则，如果原子核由奇数个粒子组成，它的角动量会是1/2或3/2或5/2……如果原子核由偶数个粒子组成，它的角动量会是0或1或2……然而事实并非如此。例如，假设氮（$_7N^{14}$）由14个质子和7个电子构成，粒子总数为21，是奇数，但$_7N^{14}$的角动量为1。

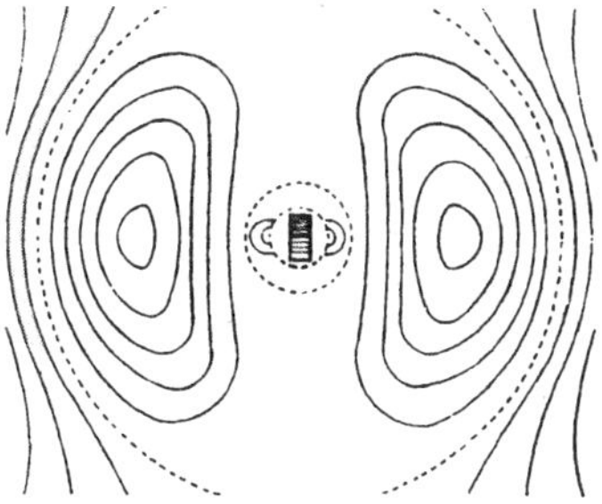

相反，如果像实验已经证实的那样，我们把自旋1/2归结于中子，一切就合理了。这样，氮原子核就由7个质子和7个中子构成，也就是总共14个粒子，这个数字与角动量1不矛盾。

同样，在许多其他情况中：质子和电子的假设产生了矛盾，而质子和中子的假设与实验相符。

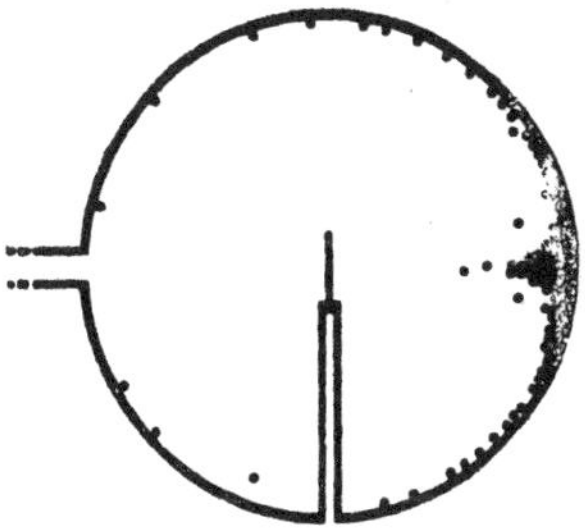

中子角动量为1/2的假设，与氘核角动量为1的实验事实相符。质子的自旋与中子的自旋都等于1/2，它们简单相加就得到1。

然而，支持质子和中子假说最重要的论据是，它能够解释周期系统非常惊人的规律性，即轻原子的原子量通常正好是原子序数的2倍，而重原子的原子量相较于原子序数的2倍高得越来越多。要做到这一点，我们只需要对中子和质子之间的力做出以下非常合理的假设：

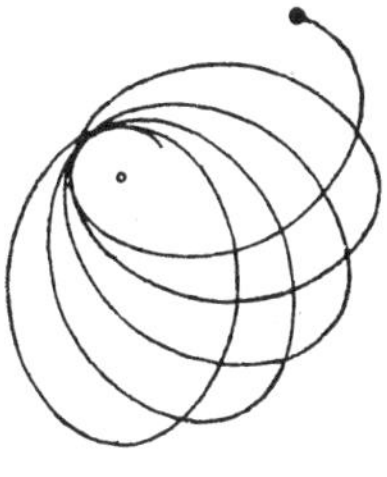

（1）中子对彼此的影响很小；

（2）质子由于带电荷而相互排斥；

（3）质子和中子以一种非常强的力相互吸引，这种力像化学力一样表现为饱和。

的确，我们不知道这些力的确切性质，但我们可以大致了解它们是如何产生的。就化学力而言，吸引力源于外层电子的交换。我们也可以设想，质子和中子处于类似的状态：质子把多余的电荷给中子，使中子变成质子，然后这个过程反过来继续进行。我们甚至可以认为是正电子的直接交换

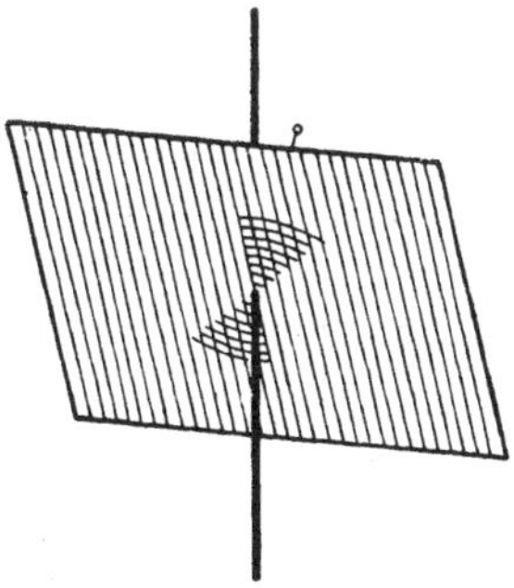

（如果从中子开始，就是电子的直接交换）。但无论如何，氘核的存在会使这种力的作用立刻显现出来。

现在，根据海森堡的理论，可以对上面提到的规律性做如下解释。原子核形成尽量多的饱和的中子–质子对。若干中子–质子对形成一个原子核，其质量当然就是电荷数的2倍。然而，如果粒子数量增多，质子的电斥力就会起作用；质子倾向于挤走其他质子，因此中子多于质子的系统就会更稳定；也就是说，原子量会大于电荷数的2倍。

这个论点可以扩展和改进，从而涵盖更多的细节。

那么，偶尔飞出原子核的电子与正电子来自哪里？

这里，“原子核由质子和中子构成”的假设同样有很大的优势。它把轻粒子的发射简化成单一的基本过程，而且有很好的实验依据。当原子核瞬间被一个粒子击碎时，电子和正电子绝对不会出现；但在自然的或人为诱导的放射性衰变中，它们有可能出现。

我们假设电子和正电子产生于前面提到的核嬗变：

质子→中子＋正电子

中子→质子＋电子

如果因此假定原子核处于一种更强的状态，这些反应就会自发地进行。假设逸出一个α粒子后，产生了比合适状态多一个中子的原子核；然后，中子交出一个电子，变成一个被牢牢控制住的质子。

由此产生了一个与自旋有关的问题：中子、质子和电子

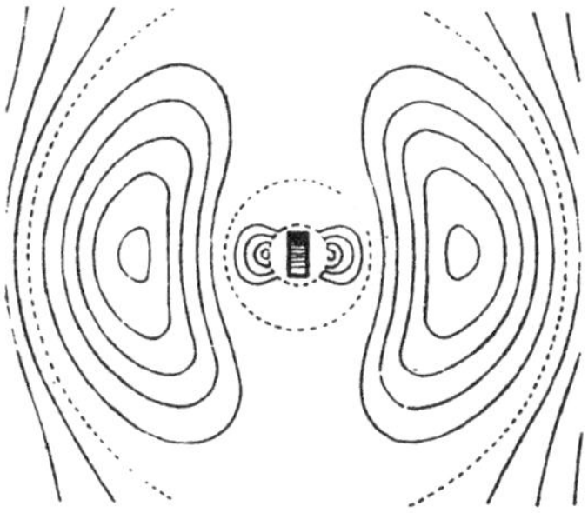

的自旋都是1/2，如果质子与电子结合，自旋要么是1/2－1/2＝0，要么是1/2＋1/2＝1，但不会是1/2。更糟的还在后面。

轻粒子的发射都表现出一种灾难性的特征：这些粒子没有确定的能量，而是以任意可能的速度飞出去。这是一个难点，是对核物理的严峻挑战。如果原子核在发射前后都处于一个特定的状态，它就一定给出了确定量的能量。那么，发射出去的电子怎么可能具有不确定的能量呢？只有两条路：要么假设能量可以凭空产生或可以湮灭，我们非常不愿意这么做；要么假设还有一种无法直接观察的不可见的新粒子，它偷偷带走了丢失的能量。这种粒子的自旋一定是1/2，那么，前面提到的组合自旋的难题就会迎刃而解。此外，这种粒子一定不带电，与电子一样轻。如果可能的话，它应该像光量子一样根本没有静质量。它有一个很好听的名字——“中微子”。在此基础上，费米成功地发展出了一个令人满意的β衰变理论。

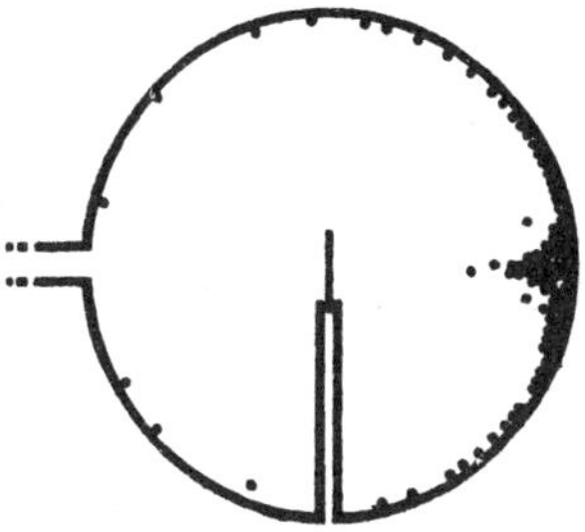

插图Ⅷ客观地总结了核物理的现状，告诉我们一切才刚刚开始。印刷公司的“坏蛋”曾经跟我开了个玩笑，把“核物理”（nuclear physics）改成了“糊涂物理”（unclear physics）。他并没有错得太离谱。我确信，物质的二象性不可能终结于粒子通过电磁场相互作用。粒子和场必然形成更高的统一体；它们之间的关系一定比波动力学假定的关系更密切。

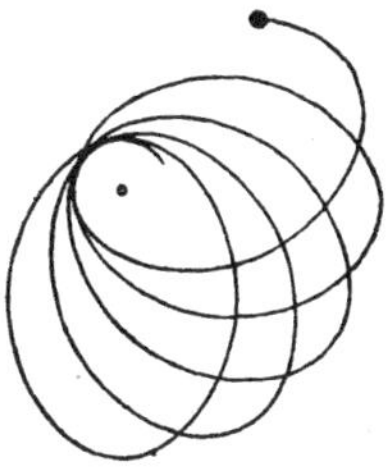

物质之谜仍没有解开。但我们已经把它归结为终极粒子的问题。解决这个问题是未来物理学的任务。

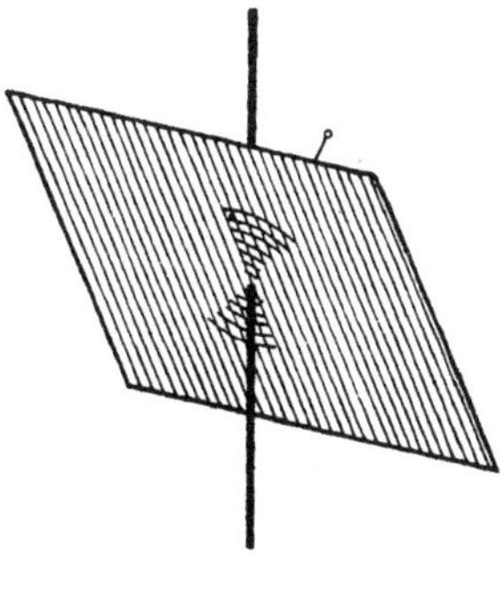

9. 结论

我们已经走完了探索物质深处的旅程。我们寻求坚固的根基，却一无所获。我们越深入，宇宙就变得更加躁动，因此也更加模糊。据说，对自己的力学充满自豪的阿基米德曾有狂言：“给我一个支点，我可以撬动地球！”宇宙中没有固定的支点，一切都在奔腾不息，跳着狂野的舞蹈。但我们说阿基米德自以为是，不仅仅是这个原因。撬动地球意味着违背它的规律，而这些规律是严格且永恒不变的。

科学家对研究的渴望，就像是虔诚者的信仰或艺术家的灵感，表达了人类对某种固定的、在宇宙旋涡中静止的东西的渴望：上帝，美，真理。

真理是科学家的追求。他发现宇宙永不停息、瞬息万变。并非一切都可知，更别提预测了。但人类的头脑至少能掌握或理解造物的一部分：在纷繁现象的舞动中，有着永恒不变的法则。

我架起时辰的机杼，

替神性制造生动的衣裳。

——歌德，《浮士德》(*Faust*)

后记

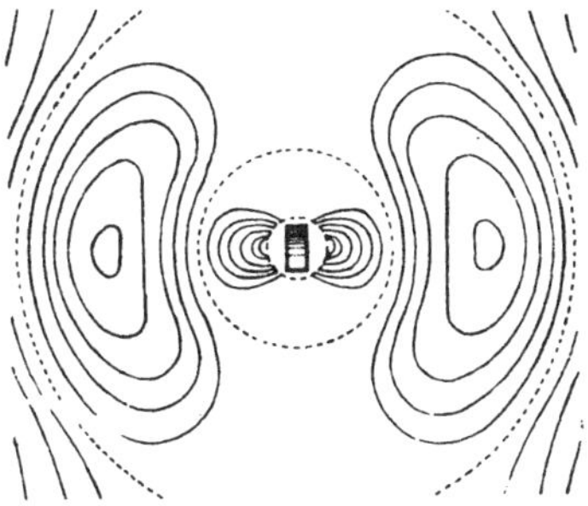

1. 科学与历史

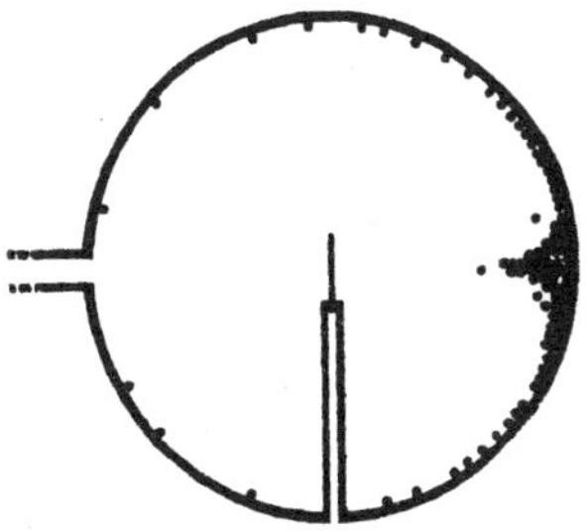

自从15年前我写下最后几行字以来，世界又发生了许多重大而可怕的事情[1]。原子、电子和原子核遵循上帝永恒法则的狂舞，已经与另一个永不停息的魔鬼操纵的世界纠缠在一起，那里充斥着人类争夺力量和统治的斗争。它们终将消亡。我的不追求私利、只寻求真理的乐观热情已经被严重动摇。我曾在书里提到过实现炼金术士之梦的现代方法，而当我重读之时，我惊讶于自己的天真：

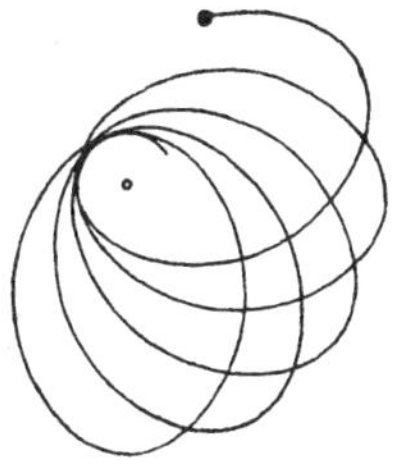

“然而，现在的动机已经不是以神秘魔术为幌子的对黄金的贪欲，而是科学家的纯粹好奇心。因为很明显，我们一开始就不期望获得财富。”

黄金意味着权力，统治的权力，占有世界财富较大份额的权力。现代炼金术甚至是实现这一目标的捷径，它能直接提供权力：一种前所未有的统治、威胁和伤害他人的权力。在战争的残酷行为中，在整个城市和其中所有人口的毁灭中，我们已经看到了这种权力。当然，这些行为是通过其他手段实现的。在那场战争中，在广岛以外的大部分城市，人口被

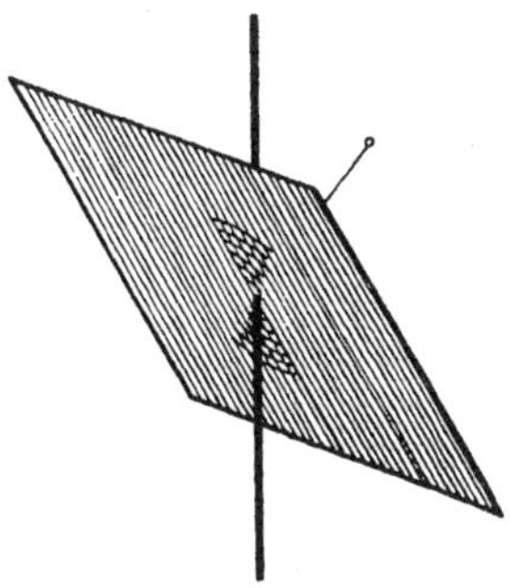

① 本书初版于1936年，再版于1951年（本书中文版以1951年版为蓝本）。在此期间的大事有：第二次世界大战、原子弹在日本爆炸等。

毁灭的速度只比普通爆炸慢一点儿。以前的每一场战争都有其在毁灭方面的技术“进步”，追溯到石器时代，第一批出现的青铜武器征服了燧石斧和箭头。但还是有区别的，许多国家、人口和文明因强权而消亡，但仍有大部分区域未受影响，并留下了新的发展空间。今天，地球变小了，人类面临着自我灭绝的可能性。

当被问到本书新版的时候，我觉得十分尴尬。为了使它与时俱进，我必须写一篇文章介绍1935年以来的科学发展。但是，尽管这个时期与以往任何时期一样，充满了令人着迷的发现、思想和理论，我却无法用写这本书的口吻来描述它们。也就是说，我无法再抱着这样的信念：深入探察大自然，是走向理性哲学与世俗智慧的第一步。在我看来，发明原子弹的科学家们技术精巧、创造力十足，但并非智者。他们把自己的研究成果无条件地交付给政治家和军人，因此失去了道德上的纯真和思想上的自由。

如果读者觉得下文干瘪枯燥，我会为此道歉。本文的目的不是提高人们的热情，而是描述目前的悲惨局面是如何产生的。

2. 订正

对本书原文我没有改动太多。除了一些细枝末节的润色，只有两处主要的修正。第一处（第二章第7节）涉及电子的

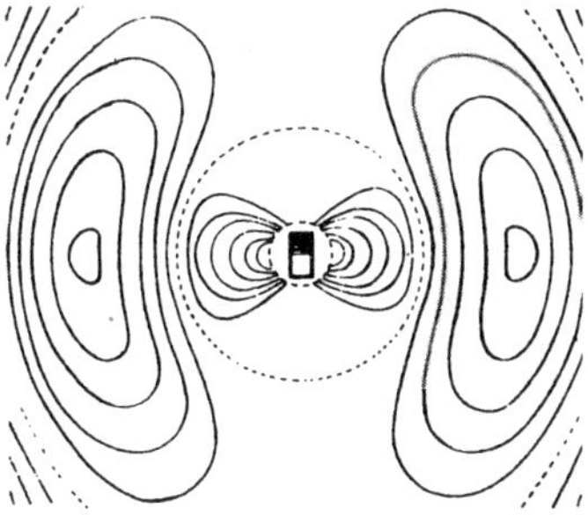

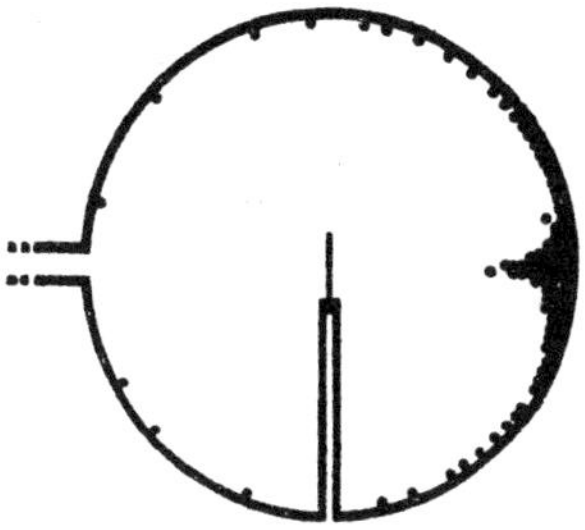

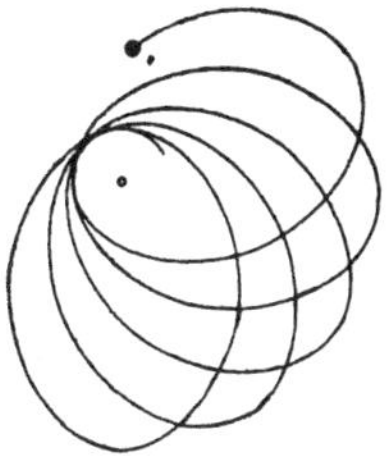

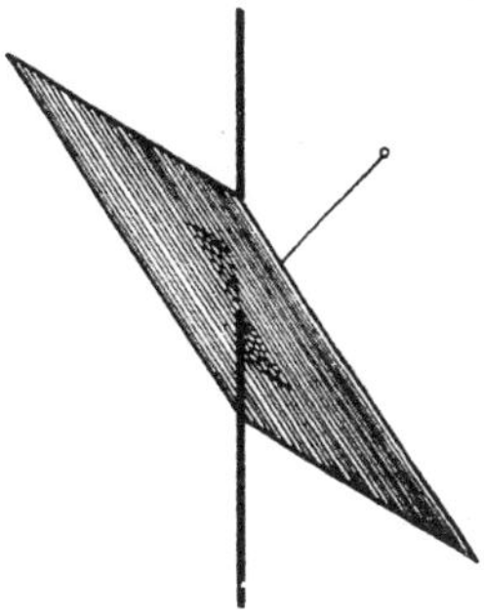

自能。我和几个学生合作研究出了电磁场的非线性理论[1]，希望它能解决这个问题，但没有达到目的。它在经典场论的框架下提供了一个令人满意的解。薛定谔已经证明，奇点的电磁自能同时也代表了质量的所有方面：作为惯性的度量和引力的度量。但把量子理论应用于非线性场方程却是最困难的，也最不尽如人意。海特勒[2]指出了原因：电磁场的特征是两个常数，光速c和电子的电荷e；而量子理论的特征只有一个常数，普朗克常数h（或者约化普朗克常数$\hbar$）。现在结果表明，hc的乘积与e^2具有相同的量纲，那么hc/e^2就是一个无量纲的常数，它的倒数叫“精细结构常数”。索末菲认为，精细结构常数决定了氢原子各项的分裂。这个组合的数值并不小，$hc/e^2 = 137$。经典理论是h值很小的量子理论的极限情况，因此对于给定的电荷e，组合hc/e^2也应该很小。而事实上，它是一个相当大的数字，137。所以，用电子的实际电荷值来发展电子的经典理论是没有意义的。

从量子理论出发，科学家做了大量的工作来阐述和解决电子的自能问题。在经典理论中，如果半径取0，那么自能会以一种非常不同的方式趋于无穷大。这些无穷大已经进入了许多可观测量的计算中，为了避免无穷大的灾难性后果，科学家进行了许多巧妙的尝试，通过建立规则来系统性地消除无穷大，并且已经取得了相当大的成功。这种精细的电磁场

① 指玻恩－英费尔德方程。

② 瓦尔特·海特勒（Walter Heitler，1904—1981），德国物理学家。

量子理论的最显著成就是由美国的施温格①和日本的朝永振一郎②独立完成的。兰姆和雷瑟福③的观测表明，狄拉克的电子相对性理论（第四章第5节）与实际情况存在偏差，而这个理论一度被认为是理论物理的完结。然而，我前面提到的内容也可以解释这种偏差。尽管取得了成功，但当前关于电子和电磁场的理论一点儿也不令人满意。“无穷大”并没有被消除，而是被转移到了一个暂时无害的地方。

第二处主要修正（第三章第10节）涉及一个术语问题，但它很重要，因为它与量子理论的哲学基础有关。在原文中，我用“互补”这个词描述光和物质的两个方面：粒子和波。但我与玻尔讨论过许多次，发现这并不是他的本意。他原本打算用这个词表示实验安排产生的两种物理情况，这两种情况有相同的物质对象，但目的是证明受限于不确定性关系的不同“共轭”性质。从这个角度来说，这种安排是互斥和互补的，因为它们共同定义了物体所有可观察的特征。“粒子”和“波”的概念并没有这种互补性，因为在许多情况下，要想正确地预测观察结果，两者都是必需的（波给出了发现粒

① 朱利安·施温格（Julian Schwinger，1918—1994），美国理论物理学家，量子电动力学的创始人之一，1965年获诺贝尔物理学奖。

② 朝永振一郎（Sinitiro Tomonaga，1906—1979），日本理论物理学家，量子电动力学的奠基人之一，1965年获诺贝尔物理学奖。

③ 威利斯·兰姆（Willis Lamb，1913—2008），美国物理学家，1955年获诺贝尔物理学奖。罗伯特·雷瑟福（Robert Retherford，1912—1981），美国物理学家，他是威利斯·兰姆的研究生。

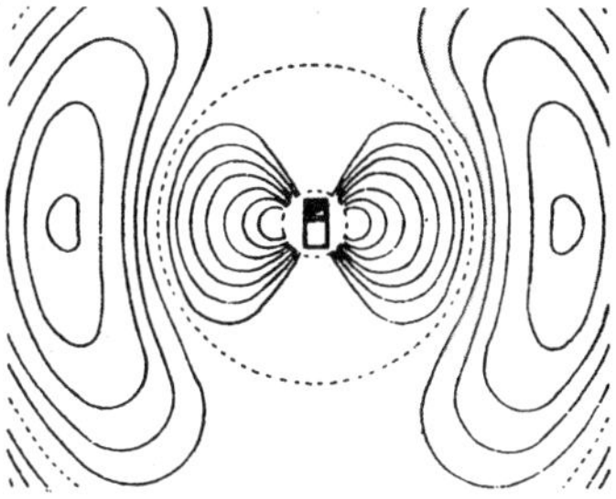

子的概率）。我们可以在这里讨论物质的“二象性”。这种差别似乎只是一个词的问题，但它是必不可少的，因为除了从可理解的角度解释自然现象之外，自然哲学还有什么别的意义呢？我认为，尽管经常含混不清，但玻尔的公式是我们所拥有的最好的公式，所以我修改了原文。

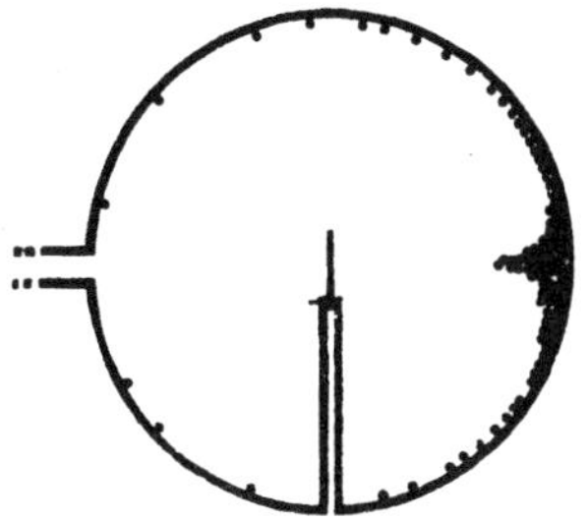

3. 无害物理学的进展

现在，我要试着概述1935年以来原子物理学的进展。我打算先从与超级炸药无关的“无害”物理学开始。我只提几个要点。

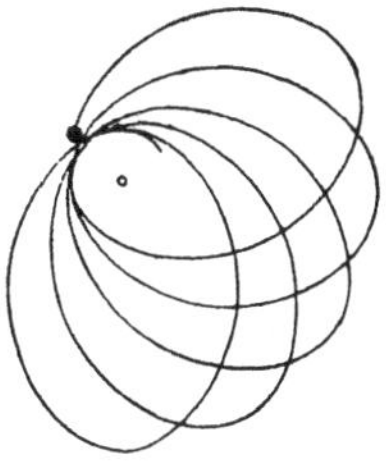

物理学家利用非常短的电磁波，已经发展出了一种强大的原子研究方法。这种产生“雷达”波的技术，最初是为战争目的而开发的，如今人们永远无法摆脱这不祥的一面。但是，雷达与其说是一种武器，不如说是一种辅助防御，所以我们可以暂时忘掉这一点。如果我们记住原子的光谱结构是由电子的旋转运动或进动引起的（第四章），就可以理解高频电磁振动对于原子研究的重要性。例如，塞曼效应产生于电子旋转轴的进动或磁场中合成角动量的进动。与其用谱线观察这些旋转状态的能量差异，不如试着通过把系统暴露在电磁波中来找到其本身的状态。如果波的频率非常接近，与任何原子频率“共振”，那么波的传播将受到强烈的影响（它会被吸收或散射），因此可以通过实验检测共振频率。这样就直接证实了原子内运动的理论图像，并以非常高的精度测量了

它们的频率。

这种思考证明了在整个频谱中扩展电磁波频率范围的重要性。事实上，雷达波几乎完全填补了用于广播的“赫兹波”与炽热物体发出的最长红外线之间的空白。因此，一种研究原子结构的新型而强大的武器诞生了。书中第四章第8节提到的用于确定原子核角动量的拉比法就是一个例子。与斯特恩一样，拉比利用了原子射线在非均匀场中的偏转，但将其叠加在一个频率可调的振动场上。如果这个频率与原子核角动量进动的某个频率共振，相应的原子就会受到强烈的影响，原子束就会削弱。我们用这种方法测量了许多原子核的角动量和磁矩；尤其是它证实了质子和中子的自旋都是1/2。

另一个例子是兰姆和雷瑟福的发现（前一节已讲过），氢原子的精细结构与狄拉克理论的预测有微小的偏差。这些最早通过共振方法观察到的现象，已经被库恩和希瑞斯①用常规光谱方法证实。

新方法广泛应用于研究各种物质的磁性行为，它极大地拓展了我们的知识范围，也拓展了我们的理论解释。但这些细节不在本书的讨论范围之内。

原子物理学的许多其他分支也是如此，在过去的15年里，

① 海因里希·格哈德·库恩（Heinrich Gerhard Kuhn，1904—1994），德裔英国物理学家。乔治·威廉·希瑞斯（George William Series，1920—1995），英国物理学家。

它们取得了巨大的进展，例如第五章第1节提到的化学力理论。描述这些成果足以写出另一本书，但由于没有出现实质上的新理论，因此在这里省略。

4. 核物理的实验进展

现在我们来谈谈核物理，并将从简述实验技术的惊人进展开始。

首先是布莱克特[①]发明的计数器控制云室，主要应用于研究宇宙射线粒子。我们要粉碎原子核的盔甲，这些速度极快的粒子将是最理想的帮手，前提是原子核有较大的可能性暴露在外，并且是正面相撞。为了改进这个过程，布莱克特把威尔逊云室与两个计数器结合起来，一个在上，一个在下，只有当一个粒子通过了两个计数器，也就是通过了威尔逊云室之时，才会产生电脉冲。电脉冲的作用是使云室的机构处于运动状态，包括拍摄形成水滴的轨迹所需的瞬时照明。有了这种巧妙的装置，可供研究的碰撞次数大大增多了。

同样的结果也已经通过另一种完全不同的方法得出，发现者是维也纳的两位女性物理学家，布劳女士和沃姆巴赫女士。她们发现感光板可以用于记录核事件。在暴露于放射性辐射或宇宙辐射之下的感光板上，会出现在显微镜下可见的细微轨迹。很明显，轰击粒子对感光乳剂颗粒的影响与光的

---

① 帕特里克·布莱克特（Patrick Blackett，1897—1974），英国物理学家，曾任英国皇家学会会长，1948年诺贝尔物理学奖得主。

影响相同。这在核研究中是一种非常有效的方法。感光板的每平方英寸上往往能发现数千条轨迹，相比之下，威尔逊云室显得很笨拙。但在实际应用之前，感光板的制造商需要完成许多工作，他们必须生产出颗粒更细的感光乳剂。同时，物理学家必须学会区分各种不同粒子产生的轨迹，并设计方法来研究由此获得的大量材料。对这项工作做出最大贡献的是鲍威尔[①]领导的布里斯托尔物理学院（插图IX和插图X）。

科学家在制造大量快速粒子方面的进展，与对这些粒子进行观测方面的进展一样引人注目。

考克饶夫和沃尔顿使用的“直线”加速器已经得到改善，使用了更高的电压。范德格拉夫[②]发明了一种有趣的机器，相当于我们在学生时代见过的静电感应装置的放大版。

制造快速粒子方面的主要进展是使用相对较小的电压和重复加速。在大多数仪器中，带电粒子在磁场的作用下沿着圆形轨道或螺旋轨道运动。我们可以用与之不同的方式施加加速度。在克斯特和瑟伯尔研制的“β 加速器”中，电子被普通磁感应效应加速；他们在恒定的磁场上叠加了一个交变

---

① 塞西尔·鲍威尔（Cecil Powell，1903—1969），英国物理学家，1950年诺贝尔物理学奖得主。

② 罗伯特·杰米森·范德格拉夫（Robert Jemison Van de Graaff，1901—1967），荷兰裔美国物理学家。他发明的仪器叫范德格拉夫起电机，是一种产生静电的装置。

磁场，该磁场以与电子旋转相同的节奏振荡变换。在劳伦斯[①]研制的回旋加速器中，当离子通过一定直径的圆形路径时，它们在一个振荡系统的帮助下被电加速，该系统已经调谐至正确的节奏。维克斯勒[②]的同步加速器综合了这两种原理。描述这些神奇仪器的技术细节超出了本书的框架，也超出了我的能力范围。

通过这些方式，我们获得了巨大的粒子能量。按照一伏电势加速一个电子获得的动能计算，电子的自能 mc^2 大约相当于50万伏。直线加速器中使用的电压在几十万到一百万伏之间。而如果以相同的单位计算，圆形轨道加速器产生的粒子电压超过1亿伏，接近10亿伏。这个值是一个理想的目标，因为它等于质子和中子的自能的数量级，也就是电子自能的1836倍（50万的2000倍是10亿）。

宇宙射线中存在速度更快的粒子，因此建造强大的加速器将是没有终点的事情。在卢瑟福的时代，核物理是一场智慧与技巧的竞技，个人参与的花费不高；而现在，它已经成为工程师的工作，耗费数百万美元，由专家团队完成。

5. 核理论的进展

投入了如此巨大的创造力、人力和资金，我们取得了什

① 欧内斯特·劳伦斯（Ernest Lawrence，1901—1958），美国物理学家，1939年诺贝尔物理学奖得主。

② 弗拉基米尔·维克斯勒（Vladimir Veksler，1907—1966），苏联著名的实验物理学家。

么成就呢？结果数量太多、差异性太大，再次挫败了所有想要通过简短叙述描述它们的努力尝试。我们观察了无数的核反应，测量了它们的输出，发现并研究了新的同位素，并求出了粒子的特征常数，等等。我们对原子核的性质及反应已经了解了很多，这对专家来说很有价值。但在本书中，我们并不关心事实的积累，而是对这样一个问题感兴趣：从终极的自然定律，从永不停息的宇宙的蓝图，我们能学到什么？

如果回头看第五章，你会发现1935年印刷错误的“糊涂物理”似乎是对当时核物理状态一个不错的描述。今天，这个笑话已经过时了。在这15年里，我们对核力已经有了一些了解，尽管还很不完全。

核理论的发展遵循两个明显不同的阶段。首先我们要应用成熟的量子力学定律，看看能走多远。结果表明，通过这种方式，我们可以理解核物理的许多一般特征，但不是全部。我们已经向未知迈出了一步，而且取得了相当大的成功。我先简要地描述第一阶段。

6. 核的结合能与稳定性

我们不了解核力的确切性质，只知道它们是短程力且取决于粒子的自旋和电荷，在这种情况下，我们可以解释原子核的许多性质及其核反应。这是因为重粒子（质子和中子）的速度很慢，德布罗意波长相当长，比力影响的范围更大。

如果把量子力学应用于这样一个系统，结果表明，静止状态及碰撞的有效横截面，较少依赖于随距离改变的力，而较多依赖于随自旋与电荷（以及粒子之间的电荷交换）改变的力。而后一种力基本上取决于对普遍对称性的考虑，而没有任何特殊的假设（除了一些常数）。这样就发展出了一种相当令人满意的关于氘核与其他简单核的理论。

对于更复杂的原子核，即便是比较粗糙的方法也能得到好的结果。在第五章第3节，我解释了如何通过实验测量的质量亏损来确定结合能。结果是，原子核的结合能随质量数的增加而减小，直到铁元素附近达到最小值，然后随着质量数的增加而增加。这意味着，除了位于中间的靠近铁的原子核，大体来说所有的原子核都是不稳定的，理应转变成更稳定的原子核。轻原子核通过结合，即“核聚变”；重原子核通过衰变，即“核裂变”，直到达到更稳定的“铁”原子核状态。这种灾难只能靠极小的反应速度来防止，当然也有办法加速，原子弹的故事已经证明了这一点。魏茨泽克[1]提出的最原始的模型可以解释这一切。我们只有假设每增加一个核粒子（质子或中子）都会释放等量的能量（近距作用），然后计算原子核中储存的总能量。考虑到一些粒子位于表面，比内层的电子对总能量的贡献小，因此，短程力的总能量，一项与体积成正比，另一项与表面积成正比。再加上质子的静电能，我

① 卡尔·冯·魏茨泽克（Carl von Weizsäcker，1912—2007），德国物理学家、哲学家。他参加了第二次世界大战期间由海森堡领导的德国核研究小组。

们就得到了用中子数和质子数表达的结合能，这很好地描绘了实际原子核可能存在的区域。因此，用很简单的方法就可以解释原子核稳定性的一般特征。更微妙的问题当然需要更精细的理论，比如某一特定元素的同位素数量。

尼尔斯·玻尔用这种原子核模型解释其他许多具有动力学特征的核现象。把核物质的量子态与普通物质的固态或液态进行比较是具有启发意义的，但没有迹象表明原子核具有固态晶体结构。事实上，这是不可能的，因为根据量子力学，即使系统的最低态也具有大量的动能（零点能）。因此，有人谈到了原子核的“液滴模型”。现在，如果一个粒子击中一个这样的液滴，那么很明显，粒子不会简单地偏转，而是会进入液滴内部，并将其能量转化成大部分核粒子的能量，并“加热”总质量。这个被加热的核会像普通水滴一样蒸发，这意味着它会释放出其中的一个（或一些）粒子。这正是我们所观察到的：轰击原子核很少会导致简单的散射，而是会吸收原来的粒子，随后释放另一个粒子（人工放射性）。这个简单的想法导致了一个非常成功的严谨的核反应理论。

7. 介子

所有这些仍然停留在核理论的第一阶段，只用到了众所周知的定律和原始的图像。汤川秀树[①]达到了第二阶段，他

① 汤川秀树（Yukawa Hideki，1907—1981），日本理论物理学家。他因预测介子的存在而获得 1949 年诺贝尔物理学奖，是第一位获得诺贝尔奖的日本人。

找到了更深入了解核力的途径。这一基本进展的取得，并不是依靠详细地分析已积累的实验材料，而是依靠对最一般特征的合理解释。这也不是集体努力与团队合作的结果，而完全是一个人的天才之举。在这方面，它类似于麦克斯韦的电磁波理论，甚至与这个伟大的发现有密切的联系。它们的共同点是力场的理念。受启发于法拉第对电磁相互作用的直观描述，麦克斯韦用围绕电荷的力场取代了电荷与电荷之间直接作用的静电力。力场由一个定律决定，该定律把一个点的强度与离它无限近的点的强度通过微分方程联系起来。接着，如果假设把能量从一处传递到另一处需要一点儿时间，那么场的扰动就不会瞬间发生，而是有一个有限的速度，这就得到了电磁波。

汤川秀树以同样的方式构建了短程力，它可以被翻译成场的语言。结果表明，这实际上只能用一种方法来实现。当然，微分方程比静电方程更复杂，因为它涉及一个特定的长度常数a，表示核力的范围。汤川秀树接着模仿麦克斯韦的第二步，引入扰动传播在时间上的延迟。这一步是非常清楚的，因为如果给出了静态的定律，相对论就完全确定了动态的定律。因此，汤川秀树预言了一种新型波——核力波的存在，并计算了它的速度，结果表明速度比光速小，差值取决于常数a。

现在的问题是，能观测到这些波吗？通过应用量子理论，汤川秀树又迈出了决定性的一步：正如电磁波联系着光子，核力波一定也联系着某种新型的量子。他计算了该量子的静质量，发现了一个简单的公式：

$$m = h/ac$$

如果引入众所周知的量子常数h、光速c与核力范围a（大约10^{-13} cm），得到的质量是电子质量的200到300倍（质子质量的1/6）。因此，汤川秀树的理论预言了质量“介于”电子和质子之间的粒子。它们后来被命名为“介子”（meson，在希腊语中的意思是“中间”）。

它们真的存在吗？第一个迹象来自宇宙射线。宇宙射线有一种普遍存在于海平面上的穿透性成分，并能在威尔逊云室中留下轨迹。这种轨迹不像是电子的轨迹，而属于更重的粒子。它们在磁场中的偏转表明，负电荷粒子与正电荷粒子一样常见，因此它们不可能是质子。最终，它们的质量被测定出来，大约是电子质量的200倍。这是证明介子存在的第一个实验证据。然后，通过观察感光板上的轨迹（插图Ⅸ），并在回旋加速器的帮助下人工制造它们，所有的疑问都烟消云散了。但又出现了新的难题。汤川秀树自己也考虑了这个问题：为什么他的新粒子不是普通物质的一部分？他的回答是，这些粒子不稳定，它们寿命很短，会衰变成电子和中微子。它们的衰变已经被实验直接证实。例如，将主要由介子构成的宇宙射线穿过一层凝聚态物质（如地铁站上方的地面）和一层包含同样原子数的空气，然后比较弱化后的宇宙射线：空气中损失的介子更多，这表明由于延伸程度更大，更多的介子有时间衰变。但是，当我们把感光板应用进来，发现的轨迹揭示了一个新现象：原子核发射的主要介子突然消失，然后射出另一个质量稍小的粒子。（当然，一定还有另一个看不见的粒子，即通过反冲保持动量平衡的中性粒子。）

因此，人们相信有两种介子存在：一个稍重，质量大约相当于300个电子的质量，叫 μ 介子[①]；另一个稍轻，质量大约相当于200个电子的质量，叫 π 介子[②]。μ 介子是汤川秀树考虑的粒子，是属于核力场的量子。因为它们是由原子核发射的，当它们撞击原子核时与其剧烈反应，从而产生强烈的爆炸（插图X）。π 介子自发地衰变成电子和（可能的）中微子，它一定与原子核的 β 衰变有关（插图X）。

汤川秀树的发现引发了大量的实验和理论研究，彻底改变了核物理学界的面貌。似乎还有其他介子存在的证据，其中一个质量为电子1000倍的介子已经被确证。有一件事似乎是肯定的：构成普通物质的粒子——质子、中子和电子，只是质量不同的众多粒子里面特别稳定的几个。因此，物理学的中心问题已经转移：我们必须确定为什么宇宙创造了这么多粒子，而不是研究她提供给我们的少数几个粒子的运动定

① 1936 年人们发现了 μ 子，其质量大约是电子质量的 206 到 207 倍。人们曾经将 μ 子称为 μ 介子，认为这就是汤川理论所预言的介子，但多年研究发现其与原子核的相互作用很弱，因此 μ 子并不属于介子。

② 1947 年鲍威尔发现了一种质量约为电子质量 273 倍的带电粒子，被命名为 π 介子。人们公认，π 介子才是汤川秀树理论中传递核力的粒子。

律和作用规律。或者用不那么神秘的方式表述：我们必须寻找一种普适的原理，根据它可以推导出可能的场和相应的粒子，以及它们的质量与耦合常数的数值比（这里我指的是耦合电子与光子的电荷之类的量）。这个方向的尝试刚刚开始。我自己也曾以“倒易原理”为题做过研究，该原理产生过许多质量比可以确定的粒子，只是太多了，而且数量无穷无尽。这在经验中似乎没有道理。无论这些最初的实验多么原始，汤川秀树的工作都很可能是寻找终极定律的一个转折点。

8. 核裂变

读者可能发现了，我在写这本书的初版时所怀有的激情，同样反映在我对这些事件的叙述上。事实上，它们体现了研究的精神，表达了揭露自然奥秘的无私愿望，这一点在今天和过去同样活跃，甚至有过之而无不及，因为它已经从欧洲和美洲的少数几个中心传播到整个世界所有国家。但正是这种揭开神秘面纱和在表面混乱中发现和谐的魅力导致了当下的危机。满足学者崇高的好奇心只是研究的一个方面。许多人说，科学也是一种集体努力，是为了人类生活的利益而获得战胜自然的力量。这就是问题的根源。

这个故事的开头是无害的。当时，物理学家正在用最重的钍核与铀核做实验，以确定通过捕获中子能否将其转变成“超铀”元素，即原子序数大于92的元素。然而，两个德国人哈恩[①]和施特拉斯曼发现，中子轰击原子核的效果相当不同。例如，铀核分裂成两个大小相当的部分：

$$_{92}U \rightarrow {}_{56}Ba + {}_{36}Kr$$

这种伴随有大量能量释放的过程，即为核裂变。另外两个德国人，奥托·弗里施和莉泽·迈特纳，根据玻尔的液滴模型的谱线提出了一个简单的解释。钍核与铀核含有的质子数非常多，以至于静电力的排斥能几乎与短程核力（介子力）的排斥能一样大，如果捕获一个中子，就会超过稳定极限，并分解成大小差不多的碎片。这些碎片会飞离，同时释放出8到10倍普通核反应的能量。玻尔和惠勒[②]对这种稳定性做了更详细的研究，并且能够预测不同速度的中子的效率（有效碰撞的横截面）。他们的一项研究成果开启了一种极其重要的可能性。

铀的裂变伴随着发射中子，这些中子要么在裂变的同时发射，要么以不稳定碎片形式的衰变产物滞后出现。每个中子都有可能撞击另一个铀核并使它裂变，然后再次发射中子，以此类推。这可能会引发一场雪崩式的裂变。这种“链式反应”在化学中很常见。如果能产生链式裂变，那么积累在重核里的巨大能量就可以应用于实际。通过观察不同速度的中

① 奥托·哈恩（Otto Hahn，1879—1968），德国放射化学家、物理学家，1944年诺贝尔化学奖得主。

② 约翰·惠勒（John Wheeler，1911—2008），美国理论物理学家，几何动力学的奠基人。

子产生裂变的效率，我们得知，较快的中子对钍和铀的影响差不多，较慢的中子对铀的裂变效率影响更大。玻尔从理论方面推断，普通铀同位素 $_{92}U^{238}$ 无法解释这个事实，并提出原因是存在少量（0.7%）的 $_{92}U^{235}$ 同位素。后来，劳伦斯及其合作者完全证实了这个推论。

到目前为止，我们还可以仅仅讲述科学发展，好像它与世界上发生的事情没有任何关联。这是大多数老一辈科学家的态度，我也是其中一员。我的书也是以这种风格来写的。文明、和平、表面上稳定的欧美社会能够承受这种抽象的奢侈。

9. 政治裂变与核聚变

但这一时期随着1933年希特勒的上台而结束。他的极权主义体系与世界其他地方的自由、民主和社会主义思想产生了分歧。这种知识、道德和政治上的分裂，导致德国的人才被其他国家吸收。抵达美国的难民中有一批优秀的科学家。大约100年来，德国一直走在学习和研究的前沿。德国的理论物理水平特别高；相对论、量子理论和许多重要的思想都起源于德国，通过浏览本书中提到的人名就可以看出来。因此，美国从德国对学者的驱逐中受益。这里有一个例子必须要提，它涉及用核聚变解释恒星的能量。

本书没有讨论过这个问题，也没有讨论过其他宇宙学方面的问题，这当然是很遗憾的。实际上，“宇宙”这个词更容易让人联想到充满恒星的宏观宇宙，而不是原子尺度的微观宇宙。我唯一的道歉是，我是一名物理学家，而不是天文学家。尽管如此，这两个最大和最小维度的世界仍然以最密切的方式互相关联着。我们关于恒星的所有知识都是来自它们发出的辐射，这是一个原子层面的过程，必须用原子理论来解释。

地球上的生命依赖于太阳。太阳是许多古代神话的重要成员，比如古埃及的拉、古希腊的阿波罗等。太阳永不停歇地往外倾泻巨大的能量，这些能量来自哪里？大约100年前，开尔文勋爵给出了最早的合理答案。他指出，太阳在自身质量的作用下一定会收缩，并计算了这个过程中由引力能转换成的热能。尽管这个数字非常大，但远远不足以支撑太阳存在这么久。尤其是当人们学会了用放射性法估计地球上天然岩石中矿物质的年龄之后，根据开尔文的想法得出的时间尺度被证明太小了。这些方法很容易理解：我们知道放射性物质的半衰期，因此可以计算给定的时间内原始元素的量和它的衰变产物的量的比值。反过来，通过分析岩石内部的这个比值，我们就可以确定岩石形成以来所经历的时间，这样就得到了地壳年龄的可靠值。我们已经说过，这与开尔文提出的太阳能量引力理论是不相符的。

但放射性也为解决这一难题提供了线索。我们已经知道原子核的衰变会产生巨大的能量，因此，似乎很明显，我们可以通过假设太阳和恒星内部发生了一些核反应过程，来解释它们的辐射。但具体是什么过程呢？

在美国避难的德裔学者汉斯·贝特给出了答案。大多数恒星本质上是氢球，这是从它们的光谱和密度（目前已知的）得出的。我们已经讲过，轻核通常是不稳定的，并且有通过“聚变”形成重核的趋势。在第五章第3节，我们计算了由4个氢核（2个质子和2个中子）形成1个氦核所释放的能量，发现它大于其他原子核的结合能。因此，如果这个过程以合理的速度进行，就能提供足够的能量。但这正是困难所在。原子核带正电，因此相互排斥，聚变需要非常高的相对运动，即需要非常高的温度。此外，四个以上氢核同时碰撞形成一个氦核，显然是非常不可能的。贝特提出的解决方法就是化学家所谓的“催化过程”。氦的形成并不是一步到位，而是连锁的四步，每一步都是与另一个粒子的简单碰撞。由于第一步的催化过程用到了碳的一种同位素，因此我们称之为“碳循环”。所有的催化核都被重组，最终的结果是四个氢核消失，一个氦核形成。这个理论非常成功地解释了太阳与恒星产生的热量，以至于核聚变的存在几乎不再被怀疑。

因此，很明显，普通物质是不稳定的、易爆炸的，我们正坐在火药桶上。但危险似乎还很遥远，因为普通的火花并不会起作用，核聚变点火需要的温度要超过百万摄氏度，即达到恒星中心的温度。相反，核裂变不需要在高温下点火，因为中子不会与核电荷排斥。一切都取决于能否建立起裂变链。

10. 原子弹

没有人能够断言，假设没有战争的干扰，许多物理学家心中的这个问题会如何发展。进展可能会慢很多，慢到足以让人们深思其在经济和政治方面的后果。随着时间的推移，一种恐慌开始蔓延。避难学者不仅传播了知识，也传播了这样一种信念：希特勒政府将竭尽全力地研制核弹，并将毫不犹豫、残酷无情地使用它。英国和美国的物理学家很快被说服了，认为必须研究核裂变；许多实验室和许多理论团队开始为之工作。

我从来都不是这些团队的成员，我对他们工作的了解仅限于出版物。因此，我不能对大家都知道的事实添加任何新的消息和个人看法。我将只概述这件事。

人们发现，只要中子的损失保持在足够低的水平，链式裂变就有可能发生。这主要取决于两个条件：保持铀的纯净来避免吸收，使用足够大的铀块来避免逸出。这些要求带来了众多的技术问题，美国政府也给这项工程拨了庞大的经费。问题在于，如何从天然金属中提取稀有的铀同位素 U^{235}。对于分离化学性质相同、质量几乎相等的原子，所有已知的方法都非常低效和缓慢。然而，通过使用大型仪器，重复应用扩散等方法，U^{235} 的浓度大大增加了。最后使用一种大型质谱仪，通过电磁分离方式实现了最终的分离。

还有一种得到可裂变物质的可能性，即构建超铀元素。

当普通的铀核$_{92}U^{238}$捕获一个中子时，形成的$_{92}U^{239}$很可能是不稳定的，并可以通过连续发射电子衰变成新的元素，后来被称为为镎$_{93}Np^{239}$和钚$_{94}Pu^{239}$。钚239似乎有可能在裂变中捕获中子并发生反应。这些预测已经被实验证实。实验中使用的方法及最后形成钚的方法被用于建设“核反应堆”，即用轻原子（石墨或重水）组成的物质隔开并规则排列的铀块或铀棒。轻原子组成的物质充当“慢化剂”，用于减慢中子发射的速度。在一定的速度范围内，快中子使U^{238}变成钚；而那些减速到热速度①的中子则维持着U^{235}的裂变链。在吸收材料（镉）棒的帮助下，可以控制反应速度。

1942年12月2日，在费米的指导下，第一个自持式链式裂变反应装置建立起来了。由此产生的钚的性质与预期相符。它与铀的化学性质不同，可以通过化学方法提取，比分离同位素的方法更简单、更快速、更高效。由于这种材料会释放致命的辐射，整个过程必须在自动化工厂中遥控完成，因此技术任务仍然很艰巨。

在获得足够数量的可裂变物质后，必须解决的是制造炸弹的问题。裂变有一个临界尺寸，小于该尺寸的铀235或钚块是无害的，但大于该尺寸的会立即爆炸，因为总会有游荡的中子引发链式裂变反应。因此，问题是在尽量短的时间内把两个物质块放在一起，使材料得到最好的利用。

① 热速度是构成气体、液体等的颗粒热运动的典型速度，比如室温下空气的热速度为464 m/s。

为这个目的而开发的方法是保密的，从科学的角度看它并没有太大的吸引力。该方法完全成功了。1945年7月16日，第一颗试验炸弹在美国新墨西哥州洛斯阿拉莫斯附近爆炸。如果不从思想的精妙性本身来衡量，而是从金钱、科学合作与产业组织的努力来衡量，这无疑是理论物理最伟大的成就之一。由于没法做预备试验，科学家冒着巨大的风险，他们只能相信基于实验室的理论计算是准确的。因此，目睹了第一次核爆炸的物理学家感到非常自豪，并从沉重的责任中解脱出来，也就不足为奇了。他们已经为自己的祖国和同盟国做出了巨大贡献。

但是，几周后，两枚“原子弹”从日本上空落下，摧毁了广岛和长崎这两座人口稠密的城市。他们发现，一个更加难以逃避的责任落在了自己肩上。

11. 天堂或地狱

核能的释放可以媲美史前人类的第一次点火，虽然没有现代的普罗米修斯，只有一群聪明但不那么英勇的科学家。许多人相信，这种新发现要么带来巨大的进步，要么招致巨大的灾难，要么升入天堂，要么堕进地狱。然而，我认为这个世界还会是它本来的样子：天堂与地狱的混合，天使与魔鬼的战场。让我们看看，这场战争的前景如何？我们能做什么有益的事情？

我们先从魔鬼的部分开始，也就是氢弹。我们已经看到，尽管绝大多数物质是不稳定的，但地球的低温使我们免遭核灾难，哪怕是人类温度最高的熔炉，也不足以引发核聚变。但核裂变的发现摧毁了这种安全感。据推测，在“碳循环”或类似的催化过程的帮助下，铀弹爆炸的温度足以启动核聚变。碳循环就是恒星能量的来源。因此，我们有充足的物质可以制造出比裂变炸弹效率高数千倍的炸弹。当然，工作是从通常的论证开始：如果我们不做，别人也会做。如果成功了，就会出现一种大规模破坏的新手段，但似乎不可能和平地应用这种力量。目前还没有办法减缓核聚变的速度并将其用作燃料。这是完全地狱般的前景。

然而，裂变在和平的方面有不少深远的应用。它可以用作燃料，因为裂变的反应速度是可控的。每个核反应堆都产生大量的热，这些热量大多被浪费了。我们有可能建造以铀或钍为燃料的发电站，因为涉及有害辐射的难题肯定可以克服。然而，这是一个经济问题。原材料很稀有，如果用核反应堆生产与燃烧煤相等的能量，那么现在的和未来的所有铀矿石将在不到50年内用完。因此，这种新燃料不太可能与煤和石油竞争。然而，在某些条件下这是有可能的，也就是相比于煤或石油，核燃料的小而轻成为决定性优势的时候。我们有可能通过“增殖”提高裂变的效率，也就是通过某种方式指导核反应堆中的过程，使大部分核转变成可裂变的同位素。这意味着延长原材料的使用期限。

核反应在发电方面的应用还有些问题，但除此之外，许多其他方面的应用已经取得了重大进展而且前景广阔。首先，核反应堆中产生了一批新的同位素。我们对核的稳定性及其相互作用规律的认识已经大大增加。有些放射性产物可以用于医疗，比如替代镭来对抗癌症。最重要的应用是“示踪法”，它正在给化学和生物学带来革命性的变化。早在放射性研究第一阶段，德海韦西[①]就有了这一想法：通过添加少量的放射性同位素来追踪原子在化学和生物过程中的命运。这是通过辐射揭示原子的存在，而由于探测辐射的方法非常敏感，它的灵敏度比天平高得多。我们甚至可以研究活体组织中原子的分布。过去，这种想法的实际应用仅限于已知的、有自然放射性同位素的少数几种原子。现在，周期表中几乎所有元素都有这样的同位素了。这方面的工作虽然刚刚开始，但已经产生了重要的结果，并且还将产生更多的结果。

这个已经准备好利用科学的馈赠来研究大规模杀伤性武器的世界，如果她能耐心倾听和解与合作的信息，那就善莫大焉。

① 乔治·德海韦西（George de Hevesy，1885—1966），匈牙利化学家，1943年度诺贝尔化学奖得主。

插图

插图Ⅰ

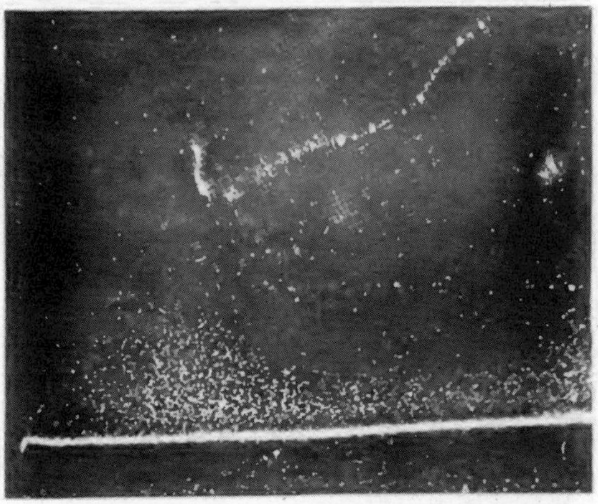

（a）一个电子和一个 α 粒子在威尔逊云室中的轨迹

（b）圆形波

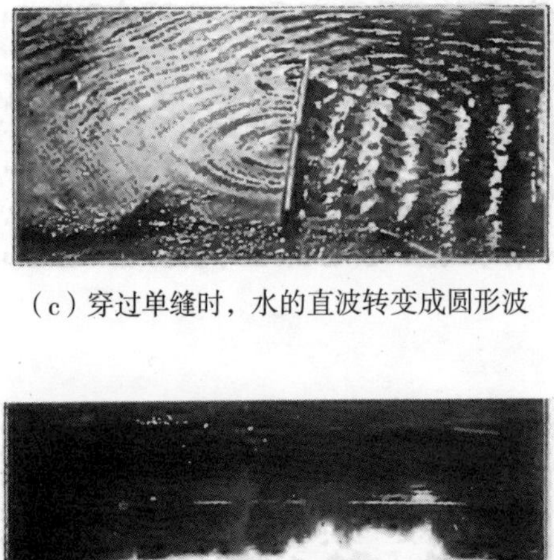

（c）穿过单缝时，水的直波转变成圆形波

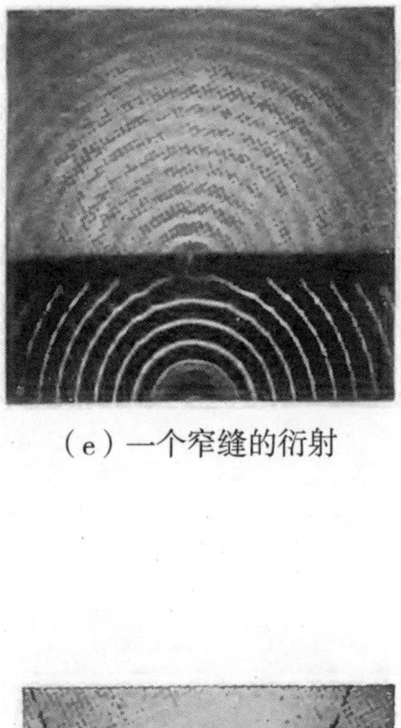

（e）一个窄缝的衍射

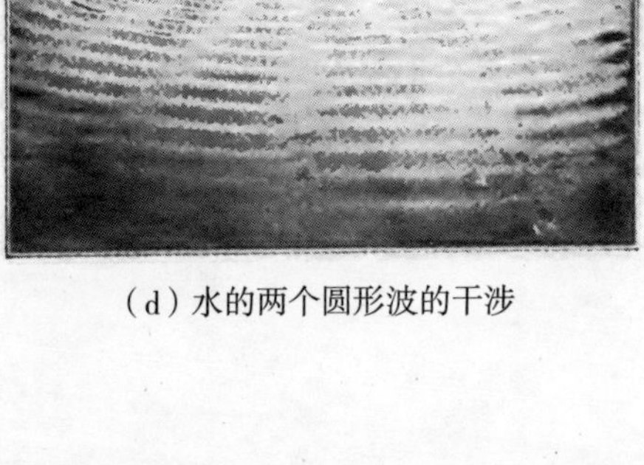

（d）水的两个圆形波的干涉

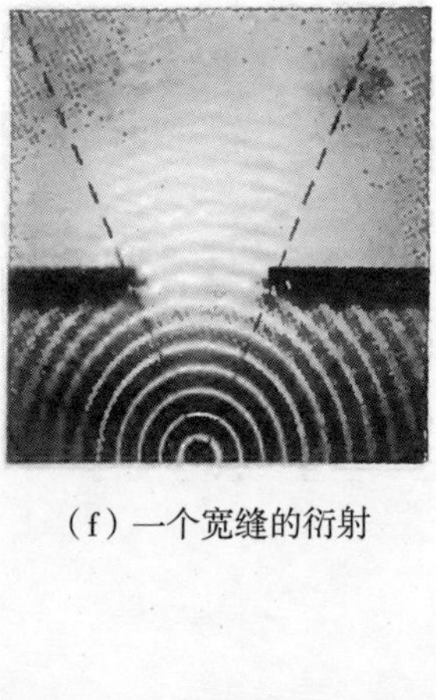

（f）一个宽缝的衍射

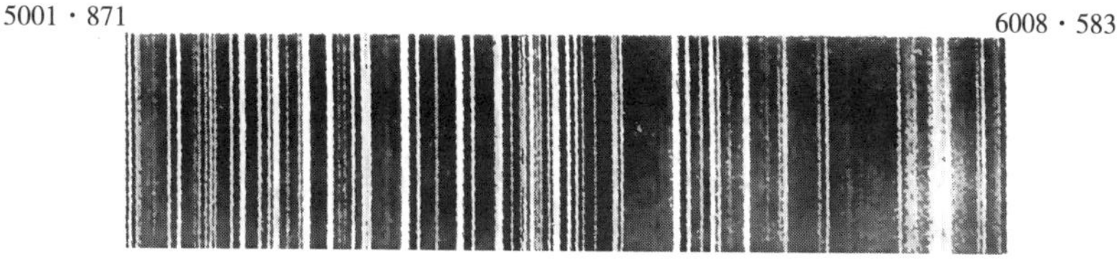

（a）铁光谱

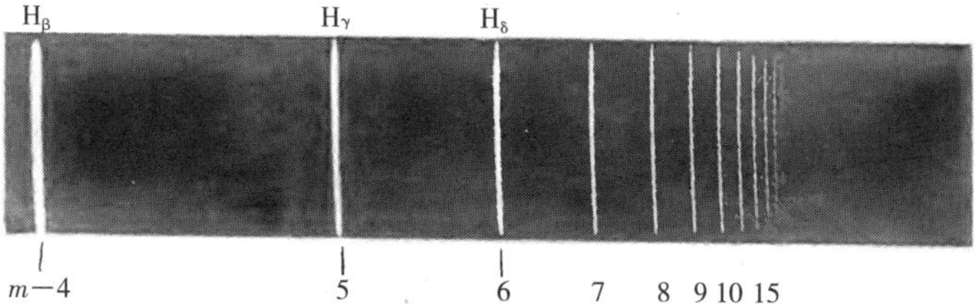

（b）氢光谱

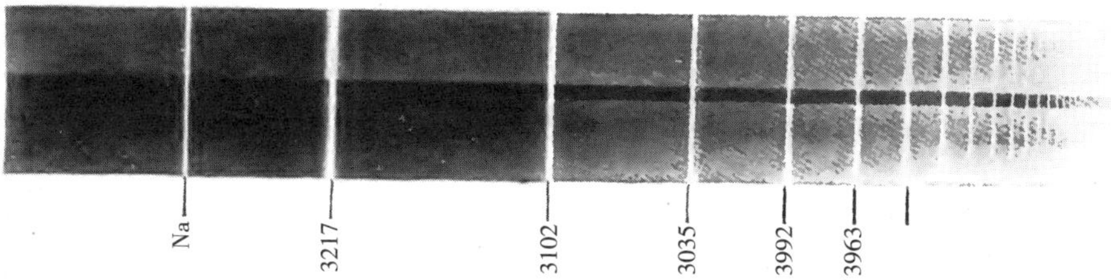

（c）钾光谱

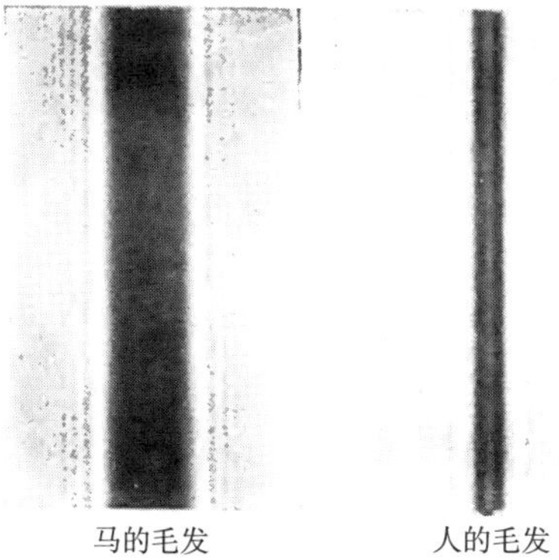

（d）小障碍物的衍射

［来自《物理学百科》（*Handbuch dev Physik*），
施普林格出版公司］

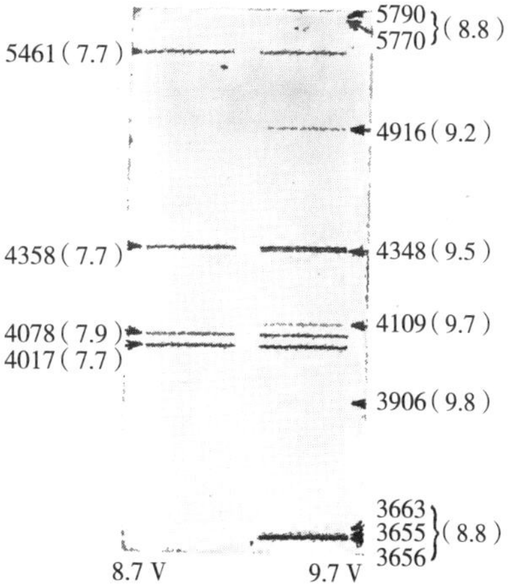

（e）以8.7 V和9.7 V的电压加速电子得到的汞元素的激发谱线

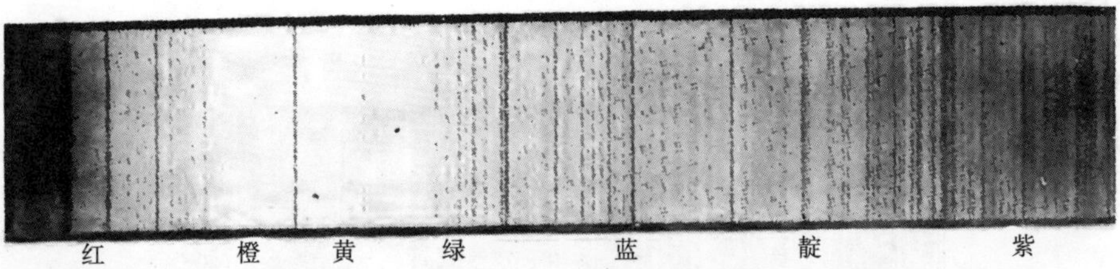

（a）夫琅和费的太阳光谱图
（由慕尼黑科学研究院提供）

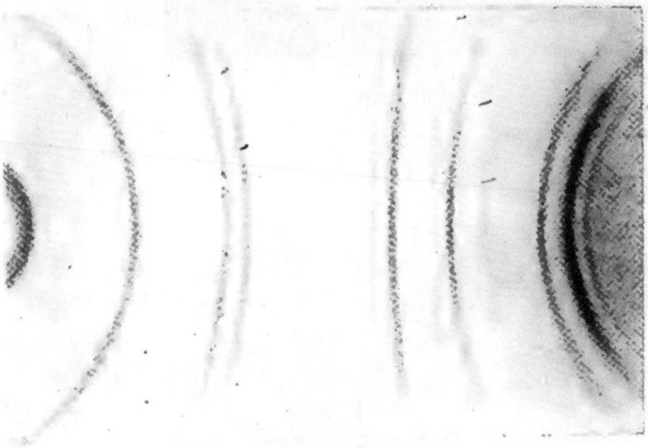

（b）X射线的衍射环
［来自《物理学期刊》（*Physikalische-Zeitschrift*）］

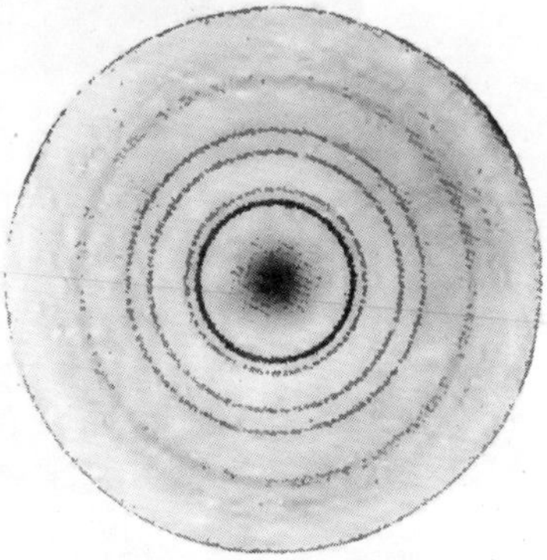

（c）电子的衍射环
（参考H.马克和R.维尔）

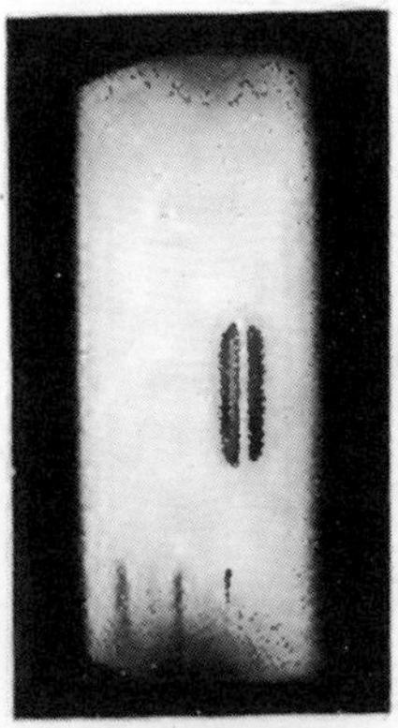

（d）通过斯特恩－格拉赫法得到的锂粒子束的磁分裂

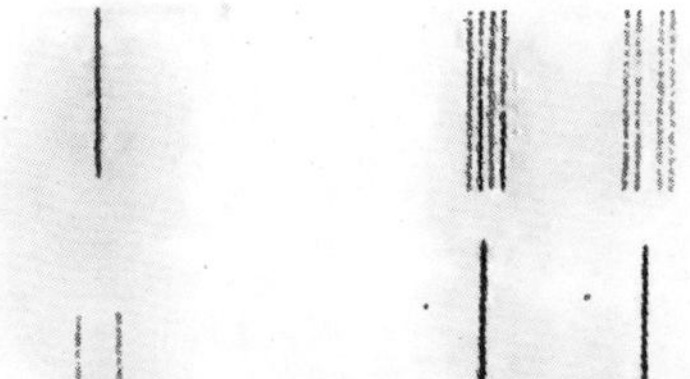

（e）　　　　（f）

（e）正常塞曼效应
（f）钠元素D线的塞曼效应

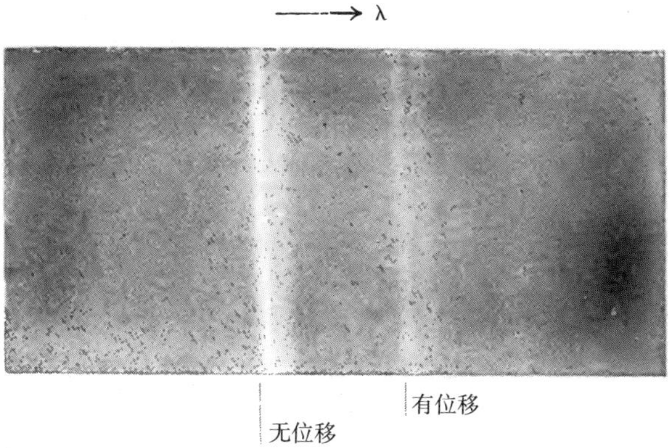

（a）康普顿效应，Zn的Kα线
（来自《物理学百科》）

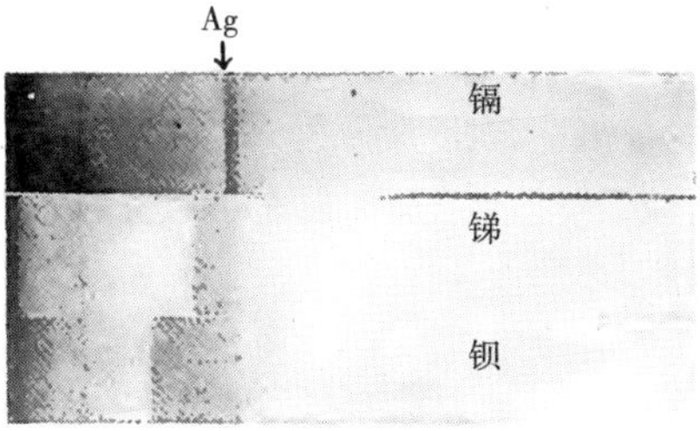

（b）镉、锑和钡的K吸收边
［来自爱德华·安德雷德所著《原子的结构》
（*The Structure of the Atom*），Bell & Sons
出版公司］

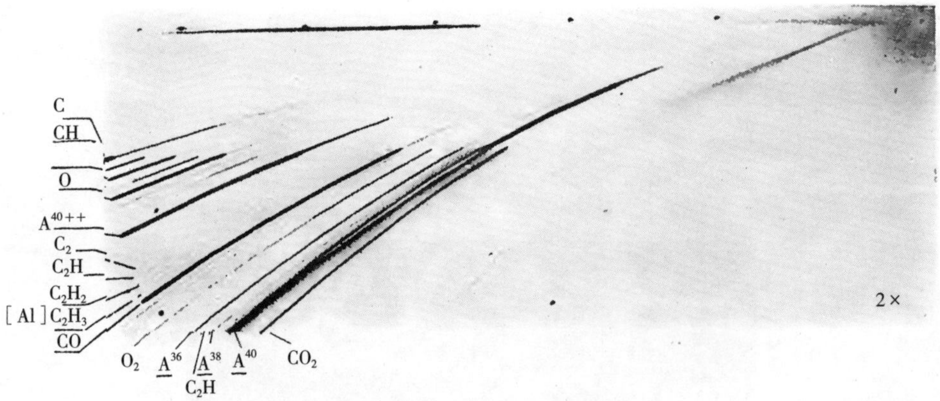

（a）阳离子射线抛物轨迹（参考塞曼和德吉尔）
（由阿姆斯特丹皇家研究院提供）

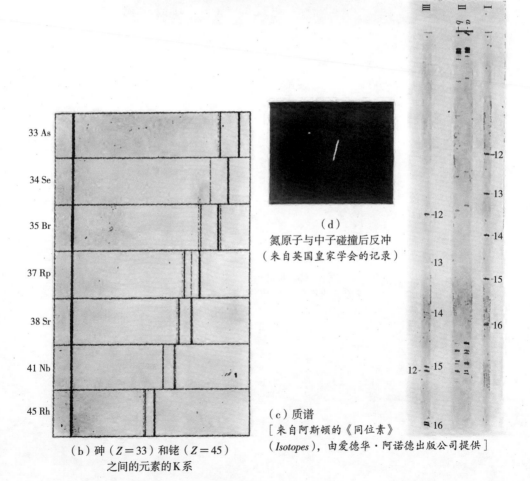

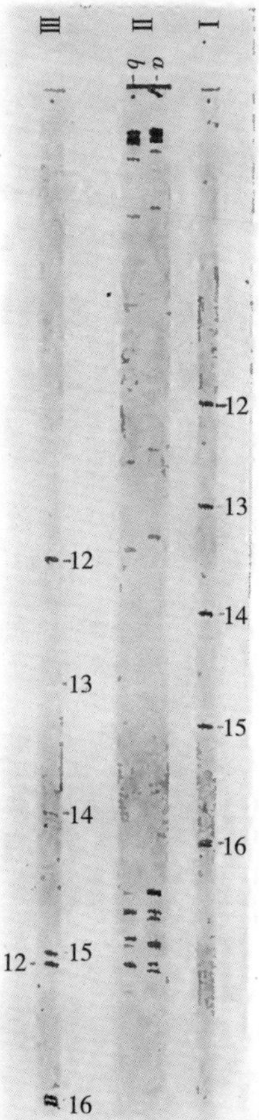

（d）
氮原子与中子碰撞后反冲
（来自英国皇家学会的记录）

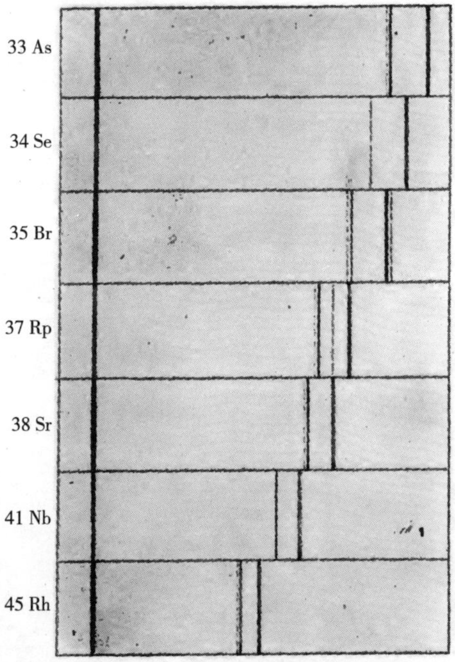

（b）砷（$Z=33$）和铑（$Z=45$）
之间的元素的K系

（c）质谱
［来自阿斯顿的《同位素》
（*Isotopes*），由爱德华·阿诺德出版公司提供］

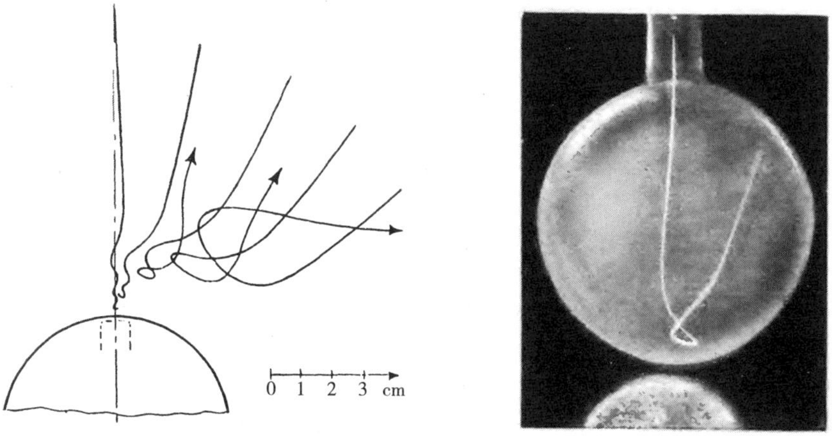

（a）阴极射线在磁球影响下的偏转（参考布吕歇），显示了极光的起源
（来自《物理学期刊》）

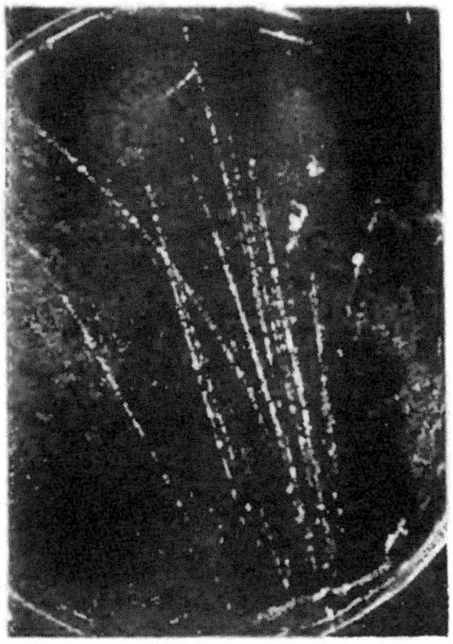

（b）宇宙射线雨，
显示了负电子和正电子
（来自英国皇家学会的记录，
1933年）

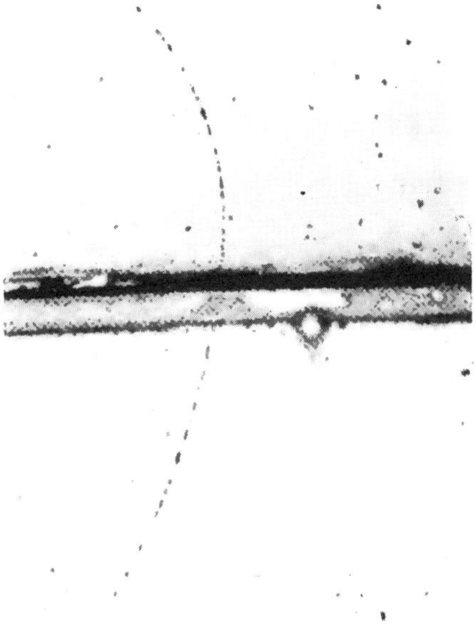

（c）一个电压为6300万伏的正电子穿过
一个6 mm厚的铅板，形成一个电压为
2300万伏的正电子
（来自《物理学百科》）

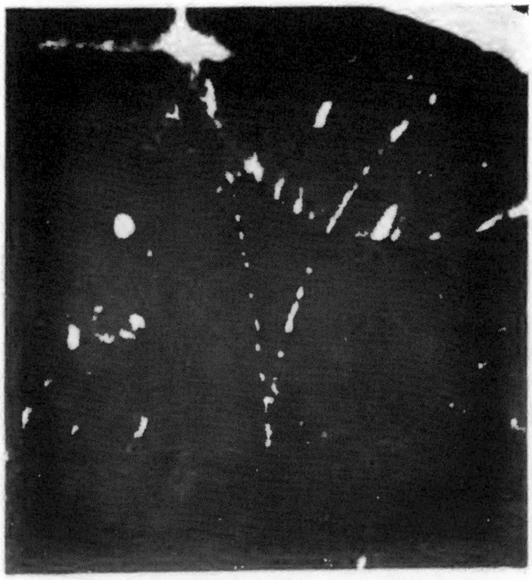

(a)一个质子与一个气体分子碰撞，
产生一对电子(一正一负)
(参考居里和约里奥)

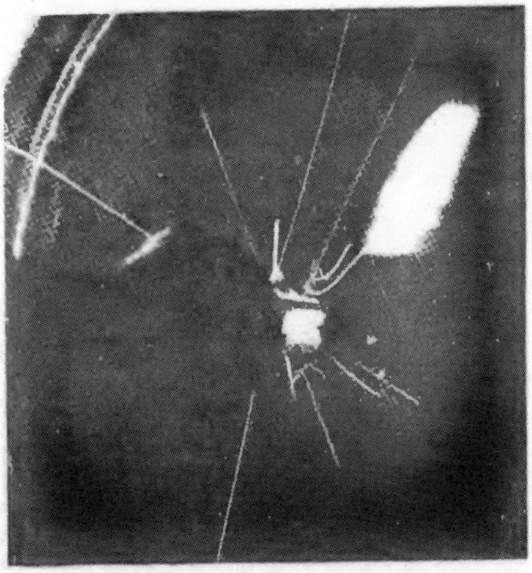

(b)一个氮原子核在一个 α 粒子的作用下
嬗变，发射一个很宽的质子

(c)锂原子核在一个质子的作用下嬗变
(形成两个氦核)
(来自英国皇家学会的记录)

插图Ⅷ

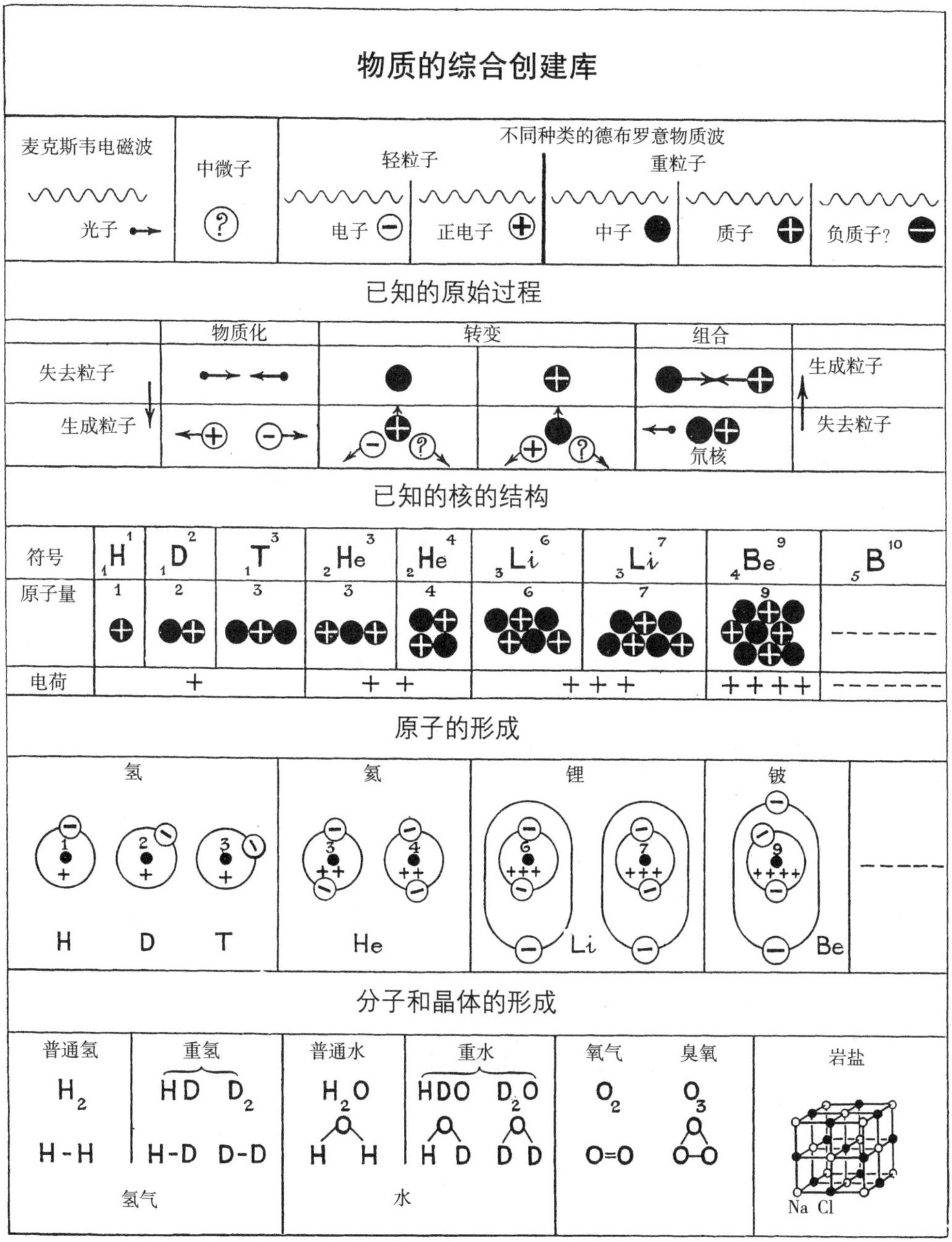
物质的综合创建库
麦克斯韦电磁波
光子
中微子
不同种类的德布罗意物质波
轻粒子
重粒子
电子
正电子
中子
质子
负质子？
已知的原始过程
物质化
转变
组合
失去粒子
生成粒子
生成粒子
失去粒子
氘核
已知的核的结构
符号
原子量
电荷
H D T He He Li Li Be B
1 2 3 3 4 6 7 9
+
+ +
+ + +
+ + + +
原子的形成
氢
氦
锂
铍
H D T He Li Be
分子和晶体的形成
普通氢
重氢
普通水
重水
氧气
臭氧
岩盐
H2 HD D2 H2O HDO D2O O2 O3
H-H H-D D-D O=O
氢气
水
Na Cl

插图Ⅸ

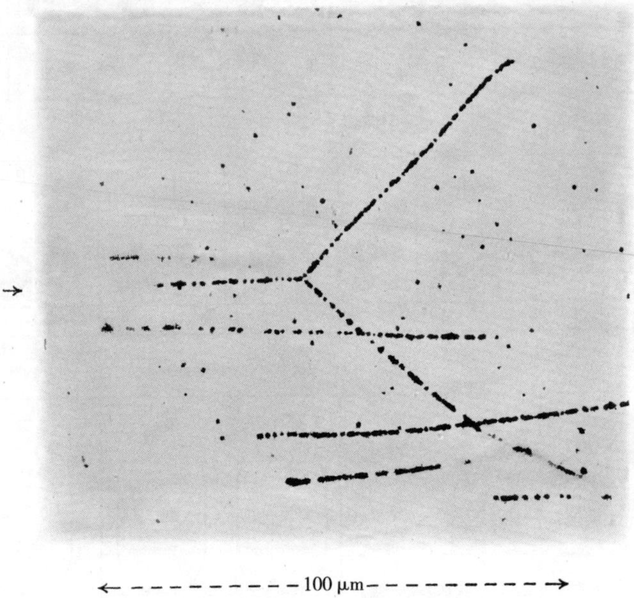

质子被质子散射

［来自鲍威尔和沃恰里尼所著《照片中的核物理》（*Nuclear Physics in Photographs*），牛津大学出版社］

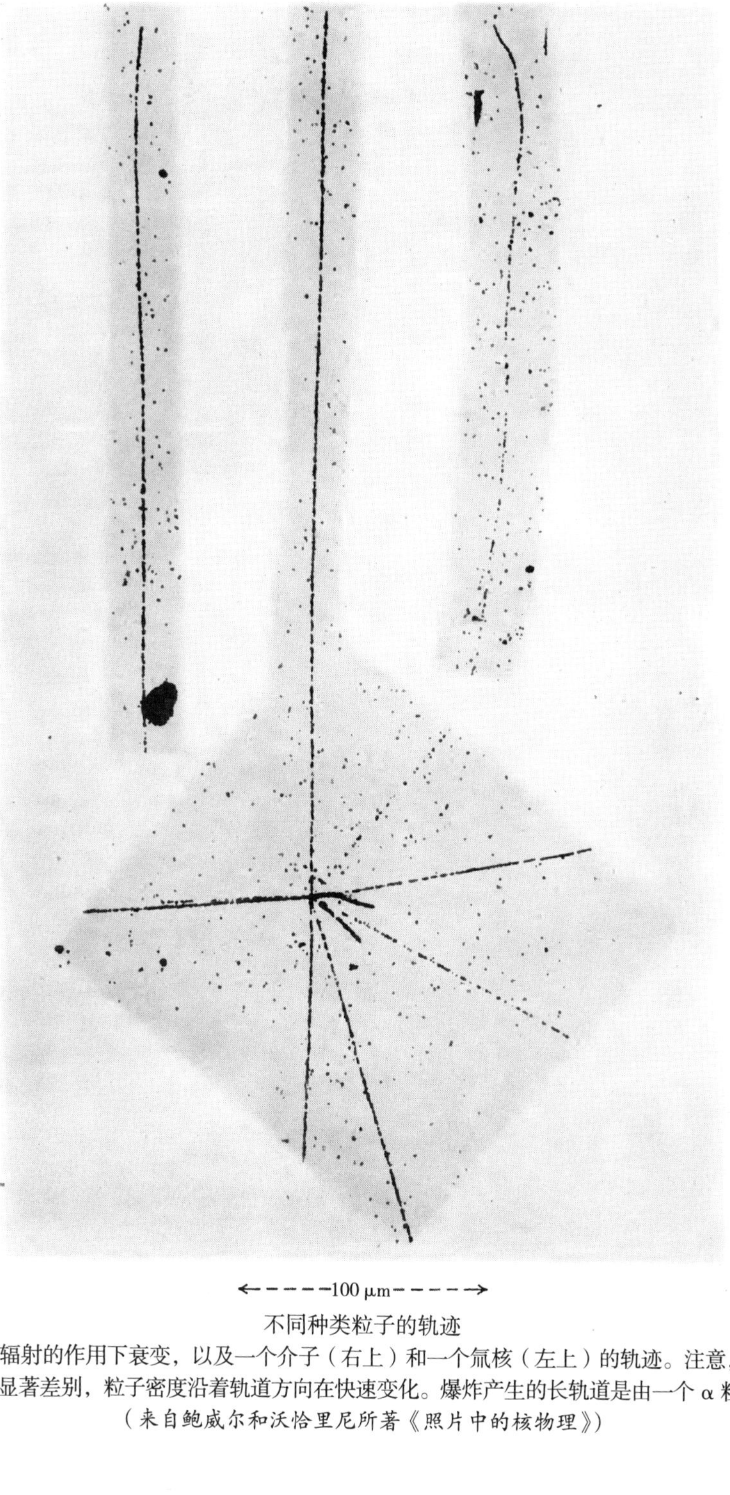

不同种类粒子的轨迹

一个重核在宇宙辐射的作用下衰变，以及一个介子（右上）和一个氚核（左上）的轨迹。注意，介子的散射与重粒子的散射有显著差别，粒子密度沿着轨道方向在快速变化。爆炸产生的长轨道是由一个 α 粒子造成的

（来自鲍威尔和沃恰里尼所著《照片中的核物理》）

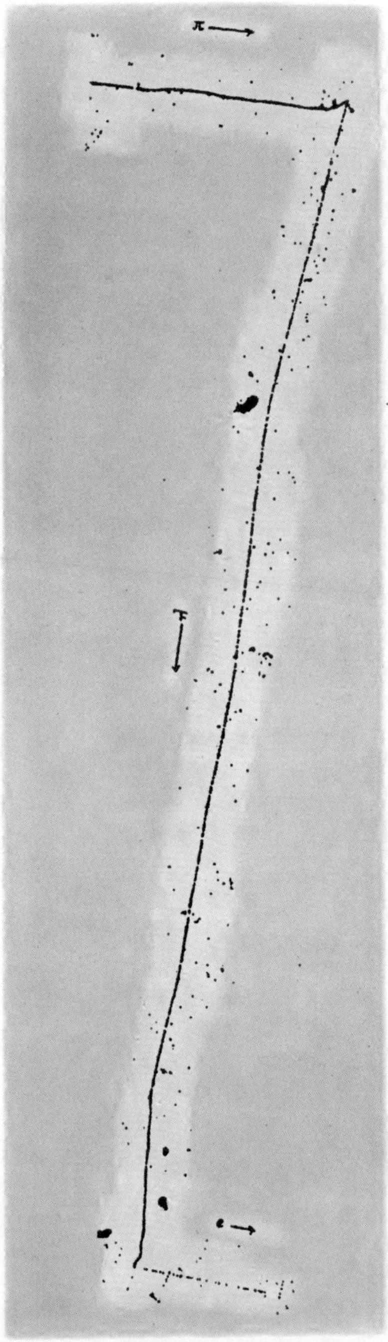

一个 π 介子衰变成一个 μ 介子和一个不可见的（中性）粒子。通过黑色颗粒的增加，我们可以看到 μ 介子的方向。最后 μ 介子衰变成一个电子和一个不可见的粒子。这张照片是把不同焦距拍摄的轨道的显微照片拼接起来形成的

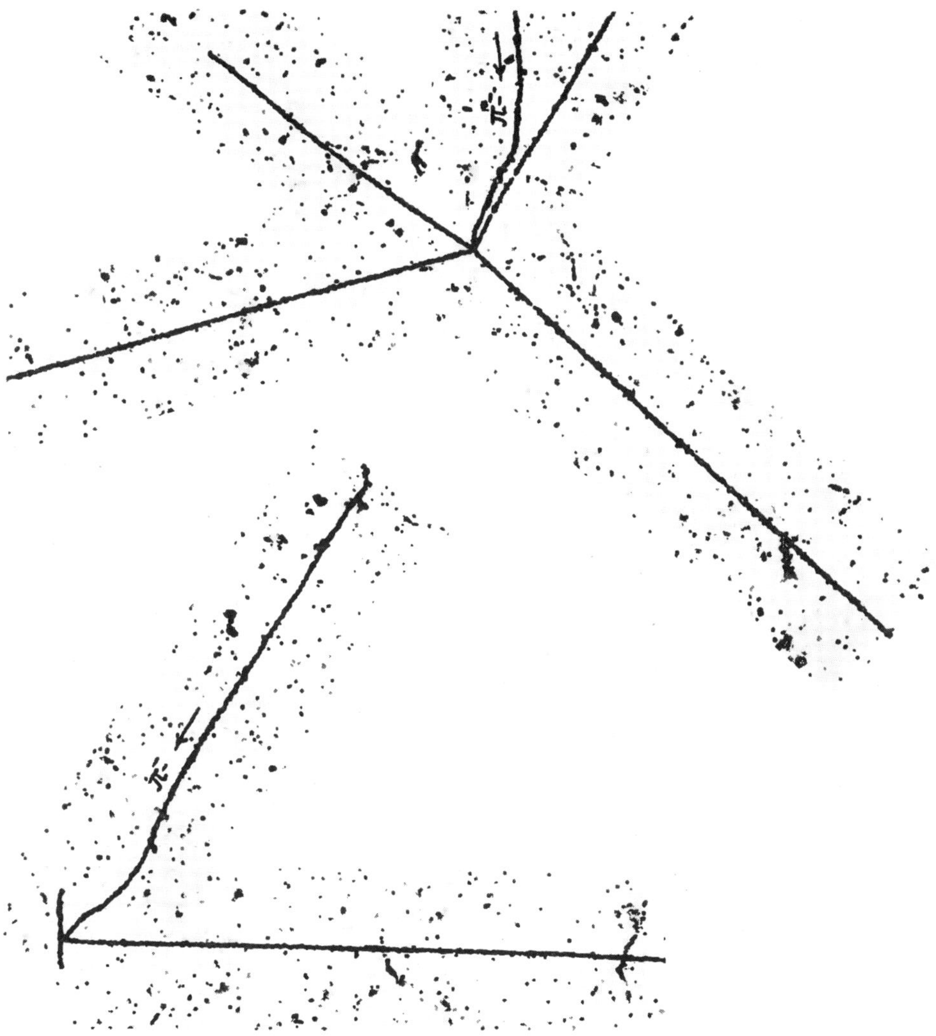

π 介子产生的核衰变